电气产品合规和安全工程

［以］斯泰利·洛兹宁（Steli Loznen）
［加］康斯坦丁·博林蒂内亚努（Constantin Bolintineanu） 著
［美］扬·斯瓦特（Jan Swart）

何 骏
尹 勇 译

上海科学技术出版社

图书在版编目（ＣＩＰ）数据

电气产品合规和安全工程 / （以）斯泰利·洛兹宁，
（加）康斯坦丁·博林蒂内亚努，（美）扬·斯瓦特著；
何骏，尹勇译. -- 上海 ：上海科学技术出版社，2021.4
书名原文：Electrical Product Compliance and
Safety Engineering
ISBN 978-7-5478-5311-5

Ⅰ. ①电… Ⅱ. ①斯… ②康… ③扬… ④何… ⑤尹
… Ⅲ. ①医用电气机械－技术规范②医用电气机械－安全
工程 Ⅳ. ①TH772

中国版本图书馆CIP数据核字(2021)第062692号

First published in English under the title
Electrical Product Compliance and Safety Engineering
by Steli Loznen, Constantin Bolintineanu and Jan Swart
© 2017 ARTECH HOUSE

上海市版权局著作权合同登记号　图字:09-2019-1105 号

电气产品合规和安全工程
[以]斯泰利·洛兹宁(Steli Loznen)　　[加]康斯坦丁·博林蒂内亚努
(Constantin Bolintineanu)　　[美]扬·斯瓦特(Jan Swart)　著
何　骏　尹　勇　译

上海世纪出版(集团)有限公司
上 海 科 学 技 术 出 版 社　出版、发行
(上海钦州南路 71 号　邮政编码 200235　www.sstp.cn)
上海雅昌艺术印刷有限公司印刷
开本 787×1092　1/16　印张 26.5
字数：400 千字
2021 年 4 月第 1 版　2021 年 4 月第 1 次印刷
ISBN 978-7-5478-5311-5/TN·29
定价：198.00 元

现代技术飞速发展，日趋复杂，日渐精益。这一点明显表现在由通信和信息技术产生的医疗、家庭、控制器、测量和机械应用，以及这些产品中包含的相关软件、硬件和无线系统技术中。单一电气产品或组件不再是常态，相反，它们被融入设计、制造和营销等流程中，以实现所期望的有效性和安全性目标。

管理的定义是指利用人力、财力等资源制定策略并协调活动，以完成目标。因此，对于可能从概念阶段开始就参与这些产品开发的所有组织或个人来说，必须建立有效的管理流程。本书并未明确讨论这样的管理体系，但在整个过程中，概述了电气产品开发和实施管理中必须考虑的要素。因此，要开发和制造电气产品，必须建立合规性和安全性文化。

本书侧重介绍必要的产品合规和安全工程，确保电气产品的设计、测试、制造和市场营销的有效性。本书的三位作者利用其丰富的经验知识，详细介绍有效管理电气产品和系统的开发过程并提供所需的实用要素和解决方案，将使读者受益匪浅。

为用户提供安全有效的电气产品是全球范围内电气产品标准和规范的依据。设计符合这些标准的产品，包括符合特定产品的标准和各种广泛使用的标准（如《风险管理标准》），将有助于解决认证过程和市场营销中的问题，还有助于防止设计变更和试验失效而造成的高成本的项目延误。作者在前三章中对此做了说明，并介绍了本书的内容依据、法规标准及其对市场准入的影响。随后，作者分析了产品合规性和安全性的要素和概念，并在过程中全面识别了需要解决的问题，以便管理电气产品和系

统的开发。这些关于国际法规、产品安全标准、风险管理、合规性测试和
安全生产等问题的讨论,不仅仅简单地提供了如何满足合规性要求的检
查列表,而且更加积极地提供了电气产品开发管理过程中需要考虑的关
键性要素。

本书是电气产品和系统合规性、安全性方面的一部佳作,其出版将有
助于满足行业对合规性、安全性工程领域专业人才的需求。

此外,管理人员和以其他方式参与这些产品和系统开发及应用的人
员均有责任了解和解决本书所探讨的合规性和安全性问题。此责任简单
来说,就是为社会大众提供这些产品和系统应该具有的安全性和有效性。

Alfred M. Dolan
荣誉教授
多伦多大学

前　言

　　产品合规和安全可以帮助从业人员开发利润更高的产品，更全面地满足客户需求、降低责任风险，并建立信心以满足标准和监管机构的要求。本书可作为电气产品合规性和安全性专业人员的指导手册，以促进术语和有效研究方法的建立。

　　本书凝聚了作者多年心血，我们希望读者能从中受益并汲取经验。随着标准的变化或更新、新标准的制定、新安全隐患的发现或新技术在不同应用中的引入，本书内容的相关性可能随着时间的推移而变化。因此，各位读者可以本书为基准，再进一步验证标准的相关性和时效性，并确定是否存在新标准或附加标准。

　　本书介绍了为何要了解电气产品合规性和安全性工程，以及如何使用书中所提供的信息。产品合规性和安全性问题以一套完善的理念为指导，是一个广泛的多学科领域，包括电气、电子、机械、化学、材料和常规工程问题。本书分析了一系列概念、原理和方法，然后将其提炼出来，使读者对产品合规性和安全性有准确的理解，并强调了如何使用这些概念、原理和方法。

　　本书包括以下内容：

* 国际规范
* 产品安全标准
* 失效分析
* 风险管理
* 产品安全概念

- 元器件选用
- 产品结构
- 合规性和安全性测试
- 安全产品制造

本书的主要受众为从事设计、质量保证和控制、测试、监管、制造、服务和营销的相关人员,读者不需要专门的电气和电子工程领域专业背景,只要熟悉具体主题即可。本书还面向工程类大学电气和电子专业的师生,为他们增加一个以前被忽视的课程主题。本书内容也可以帮助未经过系统学习产品合规性和安全性的从业人员,为其专业发展带来机遇。

本书各章内容如下:

- 第 1 章通过参考 21 世纪的产品合规性和安全性,介绍了对产品合规性和安全性的需求、电气产品安全法规和责任、安全设计和安全性成本估算。
- 第 2 章介绍了国际法规和全球市场准入法规,讨论了区域法规及其差异、CE 标志、国家认可测试实验室(如 NRTL)、国际电工委员会电工设备及元件合格评定组织 CB 体系、产品认证标志和 ISO 注册过程。
- 第 3 章讨论了产品安全标准和标准化、产品安全标准的结构、与标准的符合性、产品安全标准的类型及其目标,还列出了主要的标准制定组织。

- 第 4 章涵盖了电气产品安全性原理，分析了安全的概念、可靠性工程、产品安全、风险认知、失效、单一故障安全、冗余和安全因素等问题，总结了安全生产和产品安全的区别。
- 第 5 章介绍了失效分析的方法，包括失效模式与效应分析、故障树分析、危害与可操作性分析、动作错误分析和事件树分析。
- 第 6 章详细介绍了风险管理的流程，即危害识别、风险估计、风险评估和风险控制，另外还介绍了功能安全和风险管理使用的标准。
- 第 7 章介绍了电气产品安全的保护措施，包括防护方法、绝缘图、安全电流和电压限制、漏电流、电气间隙和爬电距离、通地/接地、防火外壳、电气外壳、机械外壳、额定值、电路类型、正常负载及异常运行条件。
- 第 8 章专门讨论了元器件的选择，包括半导体、无源元件、温度控制装置、电机和风扇、热塑性材料、接线端子、连接器和内部线路。
- 第 9 章介绍了蓄电池，详细说明了原电池和二次电池，包括主要适用标准及需要特别注意的蓄电池安全设计。
- 第 10 章介绍了电源及其相关组件，包括电源插头、连接器和电线元器件、保险丝/保险丝座、电源输入模块、开关、压敏电阻器、变压器和电源。
- 第 11 章介绍了一般产品结构要求，包括外壳、电路隔离、接地和连接、耐火和阻燃等级、联锁装置、运动部件、受压部件和与电磁兼容性相关的结构。此外，该章还讨论了服务性。

- 第 12 章介绍了标志、指示灯、描述内部和外部标志、安全标签的随附文件、控件和仪器的标记、指示灯颜色、用户手册和安装说明、安全说明、注意事项和警告等。
- 第 13 章介绍了人因工程和产品安全，主要侧重于操作员、服务人员、人因工程和人类工效学危害。
- 第 14 章详细介绍了合规性和安全性测试，包括产品基本安全和电磁兼容性测试类型、通常所需信息、实验室工作安全、测试设备、一般测试条件，以及产品基本安全测试、电磁兼容性测试和软件测试。
- 第 15 章介绍了安全电气产品的制造，制造商需要特别注意的责任、供应链、可制造性、集成和常规测试(产线测试)等。
- 第 16 章介绍了合规性和产品安全专业人员所需的教育和培训，分析了高级设计课程、培训资源开发和专业认证中的合规性和产品安全性工程。
- 附录中的术语可作快速参考使用。

尽管我们在撰写本书时已尽全力保证内容的准确性和时效性，但由于存在大量技术细节问题，仍然存在失误和文档编制错误之处。此外，对于参考文献，我们无法保证其准确性，但都是非常谨慎摘选而出。最后，由于时间和水平所限，部分内容未经验证，如有采用须自行负责相应验证工作。

　　希望本书能够提高人们对产品安全的意识,从而帮助读者避免危险情况,使产品满足安全要求,使制造商、用户和服务人员从中略受裨益。

　　衷心感谢 Aileen Storry 和 Artech House 的员工,他们提供了有效的输入信息和仔细的审查工作。由于审查人员选择匿名,只能对他们在本书出版过程中的专业度和审查工作的准确度表示衷心的感谢。

著者

目 录

3 产品安全标准 031

4 电气产品安全理念 051

8 元器件的选择   139

9　蓄电池　　　　　　　　　　　　　　　　169

10　电源　　　　　　　　　　　　185

11　产品结构要求　　　　　　　　　226

为什么人们需要电气产品合规和安全

1.1 21 世纪的产品合规和安全

普遍共识认为,世界各地的制造商均有责任向社会各界提供满足安全预期的产品。作为跨职能规则,安全日益发展为全球性职能领域,对人们的生活具有直接影响。"安全"一词具有许多不同的含义,并且可能与许多不同的概念相关,如职业健康和安全、道路安全或产品安全。

大多数人认为产品安全问题在专业领域、工程领域、管理及其他领域非常重要。此外,由于全球化的市场关系,产品安全现已成为全球性关注的问题。

什么是安全? 安全有许多不同的定义,但被广泛认可的是"免受不可接受的伤害风险,即死亡、受伤、职业病、设备或财产受损或破坏及环境遭到破坏"[1],表示对风险可接受性的判断。反之,风险又是对人类健康或环境等实体造成损害的概率和严重程度的度量。如果一个事物的危害带来的风险被判定为可接受,则其是安全的。很明显,安全和风险紧密相关。通常情况下,安全要求源于对需要解决危害的理解。安全要求如果得到满足,即可缓解一个或多个危害。

当按预期目的安装、使用和维护时,产品数量和复杂性增加,其对应的人员或财产安全的潜在危险也在增加。

1.1.1 产品安全

产品安全在指导设计和风险接受准则、符合适用本地法规标准和规范方面起着至关重要的作用，尤其是新技术的发展正在催生新的产品安全科学，它将通过改进产品从概念到退役的整个生命周期中的安全手段来预防不良事件的发生，使相对于风险的效益最大化。这种新科学可以在可能造成伤害之前快速识别安全问题，将成为我们预防不良事件的工具。

为了对本书有较好的理解，掌握下列术语尤为关键[1]：

- **产品**：复杂程度不同的材料、组件和软件的组合。按预期功能需求使用本组合实体要素来执行规定的任务。所有产品必须达到与描述相符的、令人满意的质量。这意味着，产品必须满足客户期望的功能，使顾客愿意购买。
- **电气产品**：任何使用低电压或高电压的用电设备或配件。
- **配件**：除用电设备外，一种与用电设备相关的或电气安装接线的装置。
- **低电压**：通常超过特低压（导体之间或导体和地面之间最大 50 V rms AC 或 120 V DC），但通常不超过 1 000 V rms AC 或 1 500 V DC（导体之间）及 600 V rms AC 或 900 VDC（导体和地面之间）的电压。
- **高电压**：通常超过低压的电压。

> **注**：根据电气产品的应用和类型，特低电压值和低压值可能与上述限值有所不同。详情见第 7.3 节。

- **安全产品**：在正常或合理可预见的使用条件（包括使用期限、服务、安装、使用和维护要求）下，只存在与功能兼容的最低可接受风险且与涉及相关风险的最高级别保护一致的产品。
- **产品合规**：产品符合规范、政策、标准或法律等规则。制造商的目标是实现产品合规性，因此须采取措施满足相关的法律法规。
- **产品安全**：应用工程和管理原则、标准和技术，在产品生命周期各个阶段功能有效性、时间和成本的约束下，优化安全性的各个方面。

要应用产品安全的概念,就必须了解什么是产品安全,以及如何努力做到产品安全。产品安全的基本目标是识别、消除、控制和记录产品的危险。

因为不可能完全避免一切危险情况,所以也不可能实现绝对安全。因此,安全是一个相对概念,意味着风险等级得到认知和接受。

产品安全作为一套规则,从最初的设计步骤到产品处理的整个过程中都是优化风险水平,其受成本、时间和运行有效性的约束,要求对风险进行评估,并确定该风险是否被接受。这是产品安全性对工程和管理功能要求的基本来源。

产品安全有时会与产品可靠性混淆,即使最可靠的产品也不一定安全。产品具有可靠性是必需的,但仅靠产品可靠性并不足以确保产品的安全性。

产品安全考虑了系统出错导致伤害的概率和伤害的严重程度。

可靠性工程仅通过忽略严重程度来考虑概率问题,并且考虑产品以无损性能运行的概率,但是忽略了同时存在故障的可能性及可能造成伤害威胁的常规原因。

安全产品通过实施和谨慎执行产品安全程序得以实现。产品安全程序的目标在于:

- 在符合运行要求的情况下,及时以高成本效益的方式将安全性设计到产品中。
- 在产品的整个生命周期过程中,危害可被识别、评估和消除,或者将相关风险降至可接受的水平。
- 考虑和使用历史安全数据,包括从其他产品中汲取经验。
- 在验收和使用新设计、新材料和新生产试验技术时,力求将风险降到最低。
- 记录为消除危险或将风险降至可接受水平而采取的措施。
- 在维持可接受风险水平的情况下完成设计、配置或运行要求的变更。
- 在处理与产品相关的任何有危害材料时,应充分考虑安全性和方便性。

- 将重要安全数据记录为"经验教训",并提交至数据库、设计手册或指导文件。
- 根据计划限制条件尽可能降低生产后识别出的危险。

产品安全程序是对工业社会提出伦理需求做出的响应。在这样的社会背景下,工程师负有特殊责任,因为他们的工作涉及高能量源、危险材料和新技术,这些为社会带来了巨大的好处,但也有发生事故的可能性。

1.1.2　产品安全过程

在讨论产品安全的各个方面之前,必须了解一般产品安全过程[2-3]。产品安全过程是实现产品安全目标的一种逻辑工程方法。图 1.1 为产品安全过程的简化模型,产品安全过程的步骤如下:

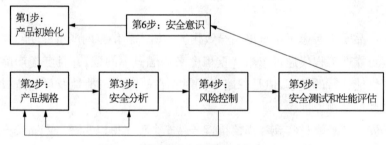

图 1.1　产品安全过程

- **第 1 步**:产品初始化。表示从与所设计产品相似的产品中获得的经验和知识,特别是之前为纠正造成过意外损坏、损失或伤害的设计特性而采取的措施。该步骤包括设计变更、生产/运行改造和运行/维护程序变更。
- **第 2 步**:产品规格。这一步明确定义了所设计的产品。必须尽早确定产品要素,并在产品生命周期中做出必要修改。产品定义还必须包括主要产品界面、产品运行条件、环境条件和人在产品操作中的作用。确定产品规格的目的是为过程中的后续步骤设置限制,并将复杂的产品分为可控的各个部分。
- **第 3 步**:安全分析。这是产品安全过程的核心,要求对产品及其要素进行全面、系统的分析。通过严谨的头脑风暴,发现可能的产品隐患和危险情况,以实现事前事故预防。为保证综合、全面,必须分析考虑产品可能发生的所有意外事件,以及出现意外事件的条件及其后果。结果需要高度可信,在寻找潜在危害的过程中,无遗漏未经处理的失效情况或错误。应通过全面的分析,识别可能的隐患和危险情况;估计每种危害和危害处境的相关风险;确定伤害发生的概率,对其严重程度进行分类;根据这些结果确定风险是否可接受,来评估风险水平;根据风险/受益分析提出可能的风险控制措施;还应将风险控制措施纳入分析,进行审查,以评估其有效性(更多风险分析信息见第 6 章);必须保持闭环危害识别和产品跟踪,从而通过风险控制措施跟踪到所有已识别危害。

　　这类文档虽然不是分析的一部分,但是基于产品安全计划落实的管理工作。本步骤中必须避免将风险管理过程与失效分析方法混淆。这些方法对于危害和危害处境识别是必需的,但并不是完整的风险管理。

- **第 4 步**:风险控制,即消除或控制危害。本步骤之前,产品安全过程中所做的一切均不能预防危害。在采取措施消除或控制已识别的危害之前,这一过程不会产生有用的结果。但到目前为止,所有步骤都是为了采取最适合的措施而进行的。本步骤由项目经理负责,职责包括行动决策及完成工作所需的资源分配。这可能是整个过程中最关键的一步,因为结果实际上是通过本步骤获得的,其采取的任何措施都将修改或改变产品的某些要素。

　　这些修改涉及硬件和软件,可以修改关于运行条件的初始假设,也可以更改基本规格。由于产品经过修改,第 2 步中涉及的产品初始规格和要素也需要相应地修改。然后,根据需要重复这一过程,直到产品修改引起的新增危害导致的风险达到可接受水平。这些步骤的重复需要确保纠正一种危害采取的措施不会引起产品中其他方面出现更多危害。

- **第 5 步**:安全测试和性能评估。大部分电气产品开发计划包括验证性能,以及证明产品符合法规、标准和规范安全要求,目的在于确保用户按照需求使用产品和发现产品缺陷。当与已识别危害相关的检测结果在安全要求规定的限值范围内时,且假定剩余风险处于可接受水平,则被测产品就无须采取额外的风险控制手段。

- **第 6 步**:安全意识。在有效性评估和测试表明产品安全过程已达到预期结果的领域,满足产品安全目标的保障也相应提高。之后,这种保障作为产品质量的要素,在下次程序时进行应用,或者应用于其他产品的安全程序中。通过这种方式,可以在原基础上不断地纠正不足。

1.2 电气产品安全法规和责任

通用产品安全(General Product Safety,GPS)受 GPS 法规的约束,该法规适用于所有产品(新产品和二手产品)。在规定具有与一般产品安全法规相似的目标领域中,针对特定产品的法规继续占据优先地位。

GPS 法规规定生产商和分销商的一般责任,要求投放市场或供应渠道的产品在正常条件或合理可预期的使用场景中安全可靠。此类法规的日常执行主要由地方主管部门负责。一般产品安全法规假定某些技术标准与一般安全要求保持一致,即符合这类要求的产品被认为是安全的。

参与产品开发的工程师、设计师和其他技术人员需要将产品安全工程原则应用到产品设计、制造和营销中。为制造安全可靠的产品,组织机构需要为规划、设计、开发、测试、实施和处理建立完善的流程和方法。

一般情况下,制造商或进口商对产品负责,但如果其他供应商(如零售商)无法确定制造商或进口商,则由其他供应商对产品损坏负责。对于由制造或供应产品的意外或失效而给消费者或商家带来的伤害,制造商、进口商或供应商可能要在法律诉讼中承担责任。

制造商、进口商和供应商须通过承担以下责任确保产品安全:
- 提醒消费者注意潜在风险。
- 提供信息帮助消费者了解风险。
- 监测产品安全。
- 如发现安全问题立即采取措施。

电气翻新产品或修复后的转售受到一般产品安全法规的约束,翻新产品的供应商应确保这些产品符合适用的安全要求,并出具有效的安全合规性证明。

制造商可通过以下做法减少承担产品责任行动的风险：

- 定期审查产品的设计和生产。
- 实施和审查质量保证流程。
- 根据相关标准定期检测产品，包括批量检测。
- 进行适当的营销。
- 提供清晰和详尽的使用说明。
- 必要时对有缺陷或不安全的产品展开迅速且主动的召回。

此外，制造商、进口商、供应商和其他责任实体应确保购买了产品责任保险。保险为企业提供了有价保障，使其免受任何损失。尽管法律上没有要求此类保险，但当涉及与产品安全相关的索赔时，就可能关系着企业的生存。

欧盟当前是由制造商对产品进行自我认证（通过 CE 标志），这意味着，当法律（指令）允许时，制造商可以通过自己的声明宣告产品符合相关指令（所有适用指令），并接受监管机构的过程审核（上市后监督）。在产品发布后监管机构将判定产品是否安全，制造商也将承担此风险。

北美采用第三方认证，即利用国家认可测试实验室（NRTL）评估服务，证明产品符合安全标准和电气规范［《国家电气规范》（NEC）和《加拿大电气规范》（CEC）］。国家认可测试实验室在生产现场展开的定期跟踪服务监控已上市电气产品安全参数的维持性。

对于上述哪种方法更能有效地确保市场上产品的安全性，人们有不同的看法，以上两种方法均有利有弊。

在这两种情况下，由相关产品的制造商负责确保产品符合法规，未能符合法规的话可能导致被起诉。如果成品的某一特定组件存在缺陷，产品制造商和组件制造商均可能要承担责任。客户可根据销售不安全产品的相关法律起诉零售商。如果可以确定原始制造商，那么分销商（如商店）则不用承担责任。

在美国，除食品、药物、医疗器械［受美国食品药品监督管理局（FDA）监管］及汽车［受美国国家公路交通安全管理局（NHTSA）监管］外，消费品的安全责任由美国消费品安全委员会（CPSC）承担，该部门负责监管15 000多种不同消费品的销售与制造。自 2011 年起，美国消费品安全委员会还负责维护与其所监管的 15 000 种消费品相关的公共安全问题投诉公共数据库,该数据库为了解消费品安全趋势提供了不断更新的、非常丰富的数据。

欧洲消费品安全管理局是根据 GPS 指令的框架而设立的。欧盟快速预警系统——RAPEX,实现了成员国与欧盟之间危险消费品的快速信息交换,由其他机制涵盖的食品、药物和医疗器械除外。

1.3　安全设计

尽管有产品安全法规和标准,但很多产品仍存在不可接受的风险。许多导致电气产品安全问题的缺陷都可归咎于产品开发(包括工程和设计)过程中缺乏质量过程。

为防止这种情况的发生,需要建立一致性的产品安全文化,包括注重强调设计阶段的风险评估,超越最低标准要求,鼓励将产品安全管理系统与涉及健康、安全、质量和环境的其他系统结合。

设计时就考虑适用安全要求将有助于减少认证过程中出现的问题,还有助于防止设计变更和测试失败而造成的高成本的项目延误。

需要注意的是,大多数事故并不是来自未知的科学问题,而是未能适用众所周知的标准或工程经验造成的。仅靠技术修复并不能预防事故,要预防事故必须控制产品开发和运行的各个方面。

如将适用的安全要求融入产品设计开发各个阶段,则可简化产品认证过程,这样反过来可降低重新设计的成本,并缩短进入市场的时间。

以下步骤有助于将合规性融入新产品:

- 确定销售产品的市场。
- 实施适用的产品安全标准。
- 对设计工程师进行合规性方面的基础培训。
- 确保合规工程师与设计师协同合作,必要时提供更深层次的专业知识和法规标准的最新信息。
- 确保将安全要求(组件和结构要求)纳入设计阶段。
- 对初始样品展开早期设计审查和早期测试,以降低最终合规性测试中的风险。
- 确保项目进度匹配所有合规性的相关要求。

对产品设计进行关键审查，识别出的危害可以通过修改设计来控制。修改在设计、开发和测试的早期阶段最容易被接受，可以利用以前的设计经验避免缺陷再次出现。安全的实质是通过工程和管理技术来控制产品的危害。

安全要求必须与其他计划或设计要求保持一致。产品设计的优化是竞争规则之间一系列权衡的产物，以实现产品价值的最大化。安全与其他规则相互竞争，但不能凌驾于其他规则之上。

1.4 安全性成本估算

产品安全计划的成本是多少？这个问题的含义是，产品安全是否值得付出这样的代价。幸运的是，与项目总成本相比，产品安全计划的成本非常低。事实上，大多数项目在公司只需要一名或两名产品安全人员，一个人可以同时监督多个产品项目。

即使在最好的情况下，也难以对产品安全回报进行具体评估，因为人们往往很难估算没有发生的事，如一场已经避免了的事故。对安全工作的积极方面进行评价是非常困难的，当事故没有发生时，不可能证明某些特定设计功能防止了事故的发生。

只要应用了合理性检验，除了绝对衡量以外的所有方法都可能有效，如可以与材料失效事故的数据进行对比。此外，需要考虑获取要求的所有文件（如法规和标准）的成本，还可以将合规性测试的成本纳入总安全成本。

参 考 文 献

[1] ISO/IEC Guide 51，"*Safety Aspects — Guidelines for Their Inclusion in Standards*，"2014.

[2] U. S. Air Force Safety Agency，*System Safety Handbook*，2000.

[3] MIL-STD-882，*Standard Practice for System Safety*，U. S. Department of Defense，2012.

拓 展 阅 读

Amarendra, K. , and R. A. Vasudeva, "Safety Critical Systems Analysis," *Global Journal of Computer Science and Technology*, Vol. 11, Issue 21,2011.

Baram, M. , *Liability and Its Influence in Designing for Product and Process Safety*, *Safety Science 45*,2007, pp. 11 – 30.

Drogout, F. , et al. , "Safety in Design — Can One Industry Learn from Another," *Safety Science 45*,2007, pp. 129 – 153.

Fadier, E. , and C. De la Garza, "Safety Design: Towards a New Philosophy," *Safety Science 44*,2006, pp. 55 – 73.

Flaherty, E. , "Safety First: The Consumer Product Safety Improvement Act of 2008," *Loyola Consumer Law Review*, Vol. 21,2008, pp. 372 – 384.

Hale, A. , B. Kirwan, and U. Kjellen, "Safe by Design: Where Are We Now?," *Safety Science 45*,2007, pp. 305 – 327.

Jordan, P. A. , "Medical Device Manufacturers, Standards and the Law," *Sensible Standards*, 2012.

Leveson, N. , *Safeware System Safety and Computers*, Reading, MA: Addison Wesley, 1995.

McDermid, J. A. , "The Cost of COTS," *IEE Colloquium — COTS and Safety Critical Systems*, London, 1998.

Pidgeon, N. , "Safety Culture: Key Theoretical Issues," *Work and Stress*, Vol. 12, No. 3,1998, pp. 202 – 216.

Ponsard, C. , et al. , "Early Verification and Validation of Mission Critical Systems," *Formal Methods in System Design*, Vol. 30, No. 3,2007, pp. 233.

U. S. Consumer Product Safety Commission, "*Report to Congress Pursuant to Section 212 of the Consumer Product Safety Improvement Act of 2008*," Report to Congress, 2009.

国际法规与全球市场准入

2.1 区域法规：如何区分区域法规

证明质量、安全性、可靠性、兼容性、互操作性、效率和有效性符合标准、法规及其他规范要求的过程称为**合格评定**(CA)。ISO/IEC 17000 将此过程定义为：与产品、过程、体系、人员或机构有关规定要求得到满足的证实。

对任何营销部门来说，将产品推向国际市场都是一项艰巨的任务，在大多数情况下，这是一个复杂且困难的过程。试图获得全部(或尽可能完整)的全球市场准入需要多种资源参与。

任何电气产品的制造商或供应商都需要寻求并了解各个目标市场的准入条件。这些条件因市场而异，因国家而异，甚至同一国家中各个地区之间也不同。

无论我们喜欢与否，全球化市场的概念都在变得越来越重要。在过去几年里，全球化概念毫不奇怪地在合规领域开始推进，但由于各地的特定环境，我们无法预计市场准入的接受度。

从电气产品制造商的角度看，必须首先了解以下信息：

- 目标市场。
- 适用于各个目标市场的具体要求。
- 各个目标市场获得批准最简单、正确的方法。

- 维护已成功获得批准的步骤。

电气产品制造商(或供应商)在上述信息方面的主要错误是产品定义阶段(即产品设计过程开始之前)未获取所有的信息。之后,营销部门通常面临着将产品投向目标市场的困难,如未按目标市场正确设计的产品。

我们经常会听到这样的问题,"产品已经通过了 UL 认证,为什么澳大利亚市场仍然不接受?",或者这样的声明"该产品已经过北美列名/认证,而且南非市场良好"。我们必须了解每一个市场相对于其他市场的认证条件都有自己的补充要求,如果不满足这些具体的要求,产品仍然是不合规的。

出现这种情况的原因如下:

- 一些市场针对其区域增加了特定条件,并且这些条件符合其特定的法规,如电气法规、特殊环境条件和当地标准。
- 各个市场都试图保护自己免受国际竞争的冲击或有利于本国产品的出口。

产品安全设计中考虑了针对各个市场的特定条件,在法规、标准、规范和技术信函等文件中规定的国家偏差内可以找到示例。在考虑产品的原理框架和组件设计阶段之前,应将产品安全工程师或法规专家收集的所有文件视为产品定义的一部分。妥善收集所有市场要求后,硬件工程师应按照最严格的条件来涵盖最广泛的可能性,最终结果将对产品投放到市场的公司有利。

设计应灵活,以便降低产品成本。例如,印刷电路板(PCB)的设计应满足最严格市场规定的爬电距离和电气间隙要求,即使该 PCB 也拟投放于不要求或要求不太严格的市场的产品中去。

PCB 设计中的灵活选择(如元器件的选择)使制造商可以在某些市场上使用较便宜的组件,而且只在最严苛的市场中成本才会增加。例如,在设计实现电信网络电压(TNV)电路与安全特低电压(SELV)电路分离的继电器时,接受不同模式的 PCB 布局将允许在一些市场中使用较便宜的元器件,只有在需要这些条件的市场上才使用较为昂贵的组件。

经常听到的一个问题是"对于市场 A 来说合规或安全的产品在市场 B 却不合规,怎么可能呢?"这个问题对营销部门来说是一个阻碍,也可能给设计团队带来麻烦。

　　造成合规性要求差异的原因有很多。例如，一件产品可以在不同环境条件下使用：有些国家的湿度和环境温度低于其他国家，或者有些地方比其他地方雷电更严重；在某些国家（或地区），粉尘可能会对产品的生命周期有着重要影响，如在产品老化的过程中影响产品的安全和绝缘要求。此外，国家之间的技术文化和最终用户对电气产品安全的态度也存在差异。

　　在这样的条件下，任何产品安全工程师或法规专家的任务都是确保设计团队意识到所有法规条件，在产品定义阶段就清楚这些要求。不同市场根据其法规有相应不同的要求；同时，没有任何法规能够覆盖所有市场。比如：电气规范及相应的所有要求在各地都有差异，如布线规范、电力系统和网电压，其中电器耦合器就是一个典型的例子。

　　区域条件在时间上也有所不同。这是一个自然过程，其动态与各个市场的经验有关。标准变更的动态受来自现场问题的反馈驱动和控制。

　　正常情况下，没有市场会对产品提供终身批准，而且这是一个不断演变的过程。因此，产品安全工程师和合规专家必须明白如何处理这类变更，以及如何获得对其所负责产品的批准。

　　不同市场的批准授予形式不同，有些地方监管非常严格时，监管机构会要求对产品进行地方认证。

　　另一方面，有些国家鼓励商业发展，表现出更多的灵活性。但这样的灵活性不应成为制造不安全产品的借口。应当注意到，更灵活的市场往往易造成不太合规的产品流向市场，因为制造商倾向于走捷径，从而可能导致产品不能用同样的方法进入另一个市场。市场的灵活性提高了进入市场的速度，从而实现成本下降和成本的有效管理，同时也能促进产品安全和风险管理改进。

　　希望将自己的电气产品投放到任何市场的制造商、进口商或供应商，需要从产品设计开始，通过声明适用标准、要求及国家差异，使管理批准流程中面临的挑战明显减少。一旦打算将电气产品投放到市场，出口商应充分意识到满足的所有规定的具体技术要求，包括以下要求：

- 产品测试和认证。
- 出货检验要求。
- 可能需要证明已经完成的常规测试要求。

- 应提交随附文件,包括标志、材料和目标市场的语言。

即使在一开始就清楚了大多数要求,也必须明白市场准入并不是一次性交易。大多数国家的复杂规章制度在不断更新与拓展,因此产品也需要相应适应不同要求的变化。

将电气和电子产品投放到不同国家的市场并不复杂,但如果设计阶段未明确适用标准,就可能导致产品不合格,进而制造商将需要重新设计或调整产品,从而导致延误,造成客户损失和自己的收入损失。此外,一旦到达海关,成批不合格产品可能面临被扣押或拒绝入境的情况,使制造商、进口商或供应商面临潜在的法律后果。因此,必须注意下列涉及的所有适用参数:

- 特定国家和市场监管要求。
- 可接受合规性流程类型。
- 文档的语言翻译验收情况。
- 本地援助、与具有管辖权的当局和批准机构的联系方式,以及当地法规代表。
- 测试和批准申请书的编制和提交。
- 测试协调和安排。
- 对可接受性和限制条件的了解。

2.2 CE 标志

对制造商来说,CE 标志是最有价值的标志之一。CE 标志开启了通往欧盟市场的大门。字母 CE 是法语短语 *Conformité Européene* 的缩写,意思为欧洲共同体。CE 标志最初使用的术语是 EC 标志(EC mark),在 1993 年的 93/68/EEC 指令中才正式替换为"CE 标志(CE marking)"。CE 标志现用于所有欧盟官方文件。CE 标志是使用的另一个术语,但并非正式术语。

产品上的 CE 标志表示制造商声明,在适用欧盟产品指令范围内,产品符合欧洲相关健康、安全和环境保护法规的基本要求。

欧盟产品指令描述了其基本要求,包括产品必须满足的性能等级。产品一般应通过符合协调标准来满足基本要求。协调标准是由几个欧洲标准机构(如欧洲标准化委员会和欧洲电工标准化委员会)确立的技术规范(欧洲标准或协调文件)。这些标准在《欧盟公报》(*EU Official Journal*,*OJ*)上针对各个指令进行发布。当协调标准未涵盖基本性能时,就必须施行特定的验证程序。

通过在一个产品/组件上贴 CE 标志,制造商正式声明:该产品可依法投放在欧盟的任一成员国,确保其在欧盟境内的自由流通,以及如果出现不合规产品,允许将其从欧盟市场中撤架。

在任一欧盟指令范围里的电气产品都必须经过评估,确保其符合相应适用的要求,并且带有 CE 标志。欧盟指令被各欧盟成员国采用,旨在协调成员国之间关于在欧盟国家内所用电气产品的法律。

需要认识到的是,产品加贴 CE 标志并不意味着产品已经取得了认证/列名,它仅代表"经营者"的自我声明,就认证/列名而言,无深层次的含义,但对经营者来说这意味着责任与义务,即通过符合一项或多项欧盟指令使产品可用于欧盟市场。

电气产品最常使用的一项欧盟指令是低电压指令(LVD),其适用于交流额定电压在 50~1000 V 和直流额定电压在 75~1500 V 的所有电气产品。额定电压是指电气输入或输出的电压,而非产品内部可能产生的电压。

欧盟指令中未对"电气产品"这一术语进行定义,因此该术语根据国际认可的含义来解释。国际电工委员会(IEC)的《国际电工辞典》对"电气产品"的定义是:"任何用于电能的产生、转换、传输、分配或使用等目的的物品,如机器、变压器、装置、测量设备、保护装置、接线材料和电器。"

根据所选择的评估流程进行评估来证明产品符合适用要求,作为评估结果而出具的报告应作为符合性声明(DoC)的备用材料。制造商有责任提供完整的文件和随机技术文档。

技术文档必须包括电气产品的设计、制造和运行细节,将这些细节用于评估电气产品与指令要求的符合性。因此,技术文档应包含以下内容:

- 电气产品的一般说明。
- 元器件、子组件和电路等物品的设计、制造图纸及示意图。
- 描述和阐述上述图纸、示意图及电气产品运行原理。
- 所用标准的清单(全部或部分),以及未采用标准时,为满足指令的安全方面而采用的解决方案说明。

- 进行的设计计算和检查的结果。
- 检测报告（如适用，可能由制造商或第三方机构出具）。

一旦确定产品符合指令的适用要求和特定要求，产品制造商即可签署符合性声明。

根据低压指令附件的要求，符合性声明必须包括下列内容：

（1）制造商的名称和地址。

（2）电气产品说明（如失效安全变压器等级 2 或型号）。

（3）所符合的协调标准（如 EN 60742 和 EN 62368）。

（4）适当时，列出所符合的指令。

（5）有权代表制造商做出承诺签署人的身份。

（6）CE 标志贴附年份的最后两位数字（针对第一次声明的产品）。

CE 标志的形状、尺寸和耐久性是有要求的，同时指令允许某些豁免情况。根据工程经验判断，CE 标志应加贴在产品上，并在产品安装后可见，但事实上，其他在安装后可见的标志往往更有用。这是为了在拆装产品时可以看到额定参数，或者需要备件时看到产品型号。

2.3　国家认可测试实验室

在美国，可在《联邦法规》(*Code of Federal Regulations*)中查阅法规要求与联邦法律。CFR 21 - 1910 章的第 S 子目录规定了电气设备产品安全认可的法规。强制性联邦要求规定，所有电器和电气设备都应由国家认可实验室就其预期使用"列名"。术语"列名"表示由批准机构或实验室进行的控制、监控和以其他正式形式的监督方式。

NRTL 是由北美定义的一个术语，"表示被职业安全与健康管理局认可的一个实验室，作为主要私营机构向制造商提供产品安全检测和认证服务"[1]。职业安全与健康管理局是美国劳工部的一部分。

上述定义仅对北美市场有效。一般而言，其他国家设有类似拥有管辖权的机构（AHJ）和与之等同效力的本地实验室。拥有管辖权的机构其定义为"负责强制执行法规或标准要求或认可产品、材料、安装或程序的机构、办事处或个人"。在北美，众所周知，在公共安全第一的情况下，"拥有管辖权的机构"可以是联邦、州、地方或其他区域部门或个人,如消防队长、消防处处长、消防局局长、劳工部或卫生部部长、建筑部门官员、电气检查员或其他具有法定权限的人。就保险而言,"拥有管辖权的机构"可为保险审查部门、保险核定局或其他保险公司代表。在许多情况下,由财产所有人或其指定代理人担任"拥有管辖权的机构"这个角色;在政府机构中,"拥有管辖权的机构"可以是指挥官或部门官员。

国家认可测试实验室不应与拥有管辖权的机构混淆。前者为客户提供特定产品或材料的评估、认证/列名、贴标或验收,通过下列控制措施和(或)服务:

(1) 根据适用标准评价产品和材料。

(2) 实施已认证/列名和贴标的产品或材料的控制程序。

(3) 在工厂对认证/列名的产品进行产线流程检查,以确保产品仍符合初次评估时使用的标准。

(4) 现场检验,监控和确保产品按照其标识或标签使用。

根据工程经验,就产品认证/列名而言,国家认可测试实验室分为两类:

- 检测和评估产品安全。
- 执行合规评估检测和评定。

国家认可测试实验室的客户并未意识到这是不同的类别,即大多数制造商没有充分意识到:如果出现不合规情况,即使产品已经过认证/列名,责任也完全在于制造商或供应商。

在北美,与 UL、CSA 和 Intertek 一样,还有一些机构被指定为国家认可测试实验室,包括 TUV、SGS 和 NEMKO 等。

2.4　认证机构(CB)

CB 体系①是一套国际体系,用于相互接受与"电气和电子组件、设备和产品"的安全评估相关的测试报告和证书。截至目前,该体系一直在国

---

① 该体系最初由 CEE 运营。CEE 为欧洲"国际电气设备合格检测委员会"的前身,于 1985 年与国际电工委员会合并。

际电工委员会,即在被称为国际电工委员会电工设备及元件合格评定组织(IECEE)的管理下运作。

国际电工委员会(IEC)是世界上历史最悠久的专业(技术)组织之一,其成立于1906年,是国际标准的全球制定者之一。事实上,国际电工委员会是全球领先的组织,负责所有"电气、电子和相关技术"(这些统称为电工技术)国际标准的制定和发布。

国际电工委员会制定CB体系作为参与国和认证组织之间的多边协议,旨在通过加强国家标准与国际标准的协调及加强全球认可的国家认证机构(NCB)之间的合作来促进贸易。

国际电工委员会的工作涉及的设备种类如下[2]:

- BATT:电池。
- CABL:电缆或导线。
- CAP:作为组件的电容。
- CONT:电器开关和家用电器的自动控制装置。
- E3:能源效率。
- ELVH:电动车辆。
- EMC:电磁兼容性。
- HOUS:家用设备和类似设备。
- HSTS:危害物质。
- INDA:工业自动化。
- INST:安装配件和连接装置。
- LITE:照明。
- MEAS:测量设备。
- MED:医用电气设备。
- MISC:混合设备。
- OFF IT:办公设备和信息技术。
- POW:低电压、大功率开关设备。
- PROT:安装防护设备。
- PV:光能组件。
- SAFE:安全变压器和类似设备。
- TOOL:便携式工具。

- TOYS：电动玩具。
- TRON：电子产品和娱乐设备。

多年来，人们已经注意到，这种评估为产品制造商带来了明显的益处。这类产品的认证价值在全球范围内都是可以接受的。虽然全球只有不到一半的国家加入了 CB 体系，但这俨然已是一种进步。世界上将近一半的国家能够通过 CB 体系在国际电工委员会的带领下进行合作。

但与此同时，由于国家差异或其他组织特殊利益，即使在加入 CB 体系的一部分国家中，我们也在认可过程中遇到了阻碍，排斥来自其他国家认证机构的认证结果，这可能是由其国家的经济利益所致。

CB 体系虽然不是一个统一接受通行证，但它覆盖了属于本体系的所有国家和适用标准，因此它无疑是市场准入的最大、最有用的机制。毫无疑问，这是防止欺诈的最佳系统，也为市场带来了更强的信心。从相互尊重的角度来看，所有参与者都在寻求完善的规则。

CB 体系通过其自身性质（是走上合规道路的昂贵方式之一），使本体系中评估的产品质量得到更高的保证。此外，采用这样的途径对其产品或组件进行评估的制造商在贸易界表现得更加积极。CB 体系另一个积极方面是，参与到本体系的监管机构激发了当地消费者的信心，使其相信，在使用经过此类评估的产品时，他们得到了更好的保护，同时，提供了产品测试和评估的一致性水平，建立了进入全球市场的接受准则。

使用 CB 体系可帮助参与国将贸易壁垒下降到可接受水平，从而满足其作为国际贸易协议签署国而承担的政治义务。显然，从制造商的角度来看，CB 体系可减少多项测试涉及的延误，降低成本，因此，产品可由一个国家认证机构进行一次认证，之后该认证可被世界上其他认证机构所接受，通常无须再接受进一步产品评估。因此，这样可以及时扩大市场，缩短将产品投放到市场的时间。

CB 体系最主要的受益方是消费者或最终用户。任何通过 IECEE CB 体系评估的产品均可保证在按照说明使用时会基于合理的安全特性达到预期效果。

IECEE 的运营单位为国家认证机构。它们采用的测试实验室，称为 CB 测试实验室（CBTL）。

产品获得证书的程序并不复杂，但由于过程的长度和各个国家的具体需求可能变成一项非常艰巨的任务。制造商将样品提交给 CB 测试实验室，按照产品的标准进行第三方测试，并确定进行认证的国家（预期市场），与所适用的 IEC 标准之间存在的技术性国家差异。

这些国家差异在 IECEE 网站上的指定标准中有特别指出。例如，对于 IEC 标准《家用和类似用途电器 安全 第 1 部分：一般要求》（IEC 60335‑1：2010），八个国家（澳大利亚、加拿大、法国、墨西哥、新西兰、挪威、西班牙和瑞士）均提出国家差异。还可能涉及指定测试实验室（ACTL）或客户测试平台上（CTF）进行测试。

然后，CB 测试实验室展开产品评定和测试来评估与 IEC 标准的合规性。经统计，目前全球范围内能够进行测试的 CB 测试实验室使用最多的 IEC 标准为《信息技术设备 安全 第 1 部分：一般要求》（IEC 60950：2005），其次是《家用和类似用途电器 安全 第 1 部分：一般要求》（IEC 60335‑1：2010）。

如果产品满足适用 IEC 标准的所有技术要求，则 CB 测试实验室可根据 CB 体系中 IEC 标准相应的测试报告格式（TRF）出具 CB 测试报告。此测试报告由该 CB 测试实验室所属的国家认证机构进行审查，并向产品制造商签发 CB 检测证书。只要认证产品持续符合初始认证时的产品特点，则 CB 检测证书是一直有效的，除非应持证人要求撤销证书。根据 IECEE 的规则，不得将 CB 检测证书用于任何广告或促销。要获得目标国家的认证，制造商之后须向该目标国家的国家认证机构提交样品，以及 CB 测试报告和 CB 检测证书，以供认证。这种认证确认产品符合国家技术要求，产品可以合法进入该市场。

CB 体系具有以下特点：

- 在某些情况下，CB 体系可节省时间和金钱，尽可能降低产品召回和声誉受损的风险。
- 由于合格产品制造过程中涉及技术服务，CB 体系为产线提供了更高的可信度。
- 从法规认可的角度看，CB 体系是一种比自我声明更严格的方法，为制造商在市场上投放产品的能力带来了更强的自信心。

2.5　产品认证标志

产品进入特定市场有时取决于是否需要标上认证标志(如欧盟的 CE 标志)。对于全球市场准入来说,重要的是识别哪些类别产品的认证标志是强制性的,哪些类别产品是自愿性的,这种界定由各国的法律法规来确定。不幸的是,这些当地的信息及其变更不会及时地告知制造商或供应商,因此可能造成接收进口准入过程的延误。

一般情况下,由认证机构在产品认证或产品资格认证过程结束时向制造商加贴标志,作为满足合同、法规或规范中规定的测试和合格标准的证明。此认证通过有时被误认为是"批准",就进入市场而言,这往往是不正确的,因为认证标志并非全球认可(有些国家承认,有些国家不承认)。

签发认证标志由各个产品认证机构自行决定。当在产品上签发和使用认证标志时,通常很容易在产品标签上看到标志,使用户可跟踪认证状态,以确定产品符合的标准及列名是否依然有效。

此外,认证标志是制造商与国家认可的测试和认证机构之间存在后续协议的证明,具有标志的产品需要定期在制造现场接受检查,每年、每半年或每个季度一次。后续检查验证产品是否依然符合加贴认证标志的标准。跟踪检查中的检查点包括与质量管理体系(QMS)有关的方面、所用的关键元器件及产线测试的正确性。

商标与认证标志之间是存在区别的。商标是原产地的标记,而认证标志表示产品经认证具有特定质量或特性。表 2.1 汇总了一些电气和电子设备[1-3]的认证标志示例。

表 2.1　认证标志示例

国家和地区	标志	备注
澳大利亚		RCM 标志 安全与电磁兼容性(强制性)
比利时	CEBEC	CEBEC 标志(自愿性)

（续表）

国家和地区	标志	备注
巴西		TÜV SÜD* Inmetro 标志（强制性），根据 Inmetro 的要求 *此外，其他认证机构也可提供 Inmetro 要求的强制性标志
加拿大和美国		加拿大和美国的 CSA 标志（自愿性），根据 SCC 和职业安全与健康管理局（国家认可测试实验室）规范的要求
		加拿大和美国的 QPS 标志（自愿性），根据 SCC 和职业安全与健康管理局（国家认可测试实验室）规范的要求
		加拿大和美国的 LabTest 标志（自愿性），根据 SCC 和职业安全与健康管理局（国家认可测试实验室）规范的要求
捷克		EZU 标志（自愿性）
欧亚关税同盟（CU）：俄罗斯、白俄罗斯、哈萨克斯坦、吉尔吉斯斯坦和亚美尼亚		安全与电磁兼容性（强制性），适用于欧亚同盟低压和电磁兼容性技术法规涵盖的所有电气产品
欧盟		CE 标志，根据特定产品欧盟指令的强制性要求
		Intertek S 标志（自愿性），带有此标志的产品表明经过第三方测试，符合欧洲法定电气安全要求

（续表）

国家和地区	标志	备注
法国		NF 标志（自愿性）
德国		VDE（Verband der Elektrotechnik Elektronik Informationstechnik e. V.）（自愿性），表示符合德国电气工程师协会标准或欧洲或国际协调标准。VDE 标志代表产品在电气、机械、热力、毒性、辐射和其他危险方面的安全性
	EMC标志图	德国电气工程师协会电磁兼容性标志（自愿性），表示产品符合适用电磁兼容性标准
	◁VDE▷ ◁HAR▷	根据协调认证程序对电缆和绝缘软线的德国电气工程师协会协调标志（自愿性）
	REG.-Nr. XXXX	VDE 注册号（自愿性）产品没有完全适用的德国电气工程师协会标准时符合德国电气工程师协会标准的适用部分；也适用于偏离具体法规但可根据现有标准进行测试的产品（如特殊结构、非标电缆和软线）
		TÜV SÜD 标志（自愿性），根据 TÜVSÜD 认证计划：不同产品和标准等的标志变化请访问 TÜV SÜD 认证标志数据库
		TÜV SÜD* GS（Geprüfte Sicherheit＝测试安全）标志（自愿性），根据 ZLS 要求 *此外，其他认证机构也可提供 GS 标志

（续表）

国家和地区	标志	备注
以色列		以色列标准局（SII）标志（自愿性） 安全与电磁兼容性（强制性），仅适用于标准化专员决定有必要进行监督的产品
		以色列测试实验室（ITL）标志（自愿性） 安全与电磁兼容性，适用于特定以色列正式法规确定的产品或服务
墨西哥	NOM - ANCE	Norma Official Mexicana（NOM）标志——墨西哥国家电器标准化认证协会（自愿性） 安全与电磁兼容性（强制性），适用于特定墨西哥正式法规确定的产品或服务
挪威	Ⓝ	Nemko N 标志（自愿性）
波兰	BBJ-SEP Ⓑ	SEP - BBJ 标志（自愿性）
	PCBC	PCBC 标志（自愿性）
俄罗斯	РСт	ROSSTANDART 标志 安全与电磁兼容性（强制性），适用于特定俄罗斯正式法规确定的产品或服务
新加坡	SAFETY MARK XXYYYY-ZZ	安全（强制性）、电磁兼容性（自愿性）
斯洛文尼亚	SIQ	SIQ 标志（自愿性）

（续表）

国家和地区	标志	备注
西班牙		AENOR 标志（自愿性）
瑞士		瑞士安全标志（自愿性）
荷兰		KEMA - DEKRA 支持的 KEUR 标志（自愿性）
美国		UL 认证标志（自愿性），适用于符合 UL 安全要求的产品
美国和加拿大		美国和加拿大 UL 列名标志（自愿性） 根据职业安全与健康管理局（国家认可测试实验室）和 SCC 规范
		UL 认可元器件标志（自愿性），根据加拿大和美国标准用于 UL 认证过的组件
		美国和加拿大 Intertek ETL 标志（自愿性），根据职业安全与健康管理局（国家认可测试实验室）和 SCC 规范
		美国和加拿大 SGS 标志（自愿性），根据职业安全与健康管理局（国家认可测试实验室）和 SCC 规范
		美国和加拿大 TÜV SÜD 标志（自愿性），根据职业安全与健康管理局（国家认可测试实验室）和 SCC 规范

2.6 ISO 注册过程

质量的重要性(定义为满足包括安全性和性能在内的适用产品特征和特性的总和)已得到所有商业组织的认可。监管机构要求,产品设计和制造的所有步骤必须在根据 ISO 9000 标准来进行。根据 ISO 数据,170 多个国家中超过 100 万家公司和组织通过了 ISO 9001 认证。

ISO 9000 是一个质量管理标准系列,为确保产品满足各种相关消费方需求和预期,以及为符合各种相关监管和法定要求的产品提供指南。

ISO 9000 的目标是在一个组织内实施质量管理体系,来提高生产力、降低成本、确保流程和产品的质量。表 2.2 汇总了 ISO 9000 系列标准(质量)和其他管理体系标准(环境、职业健康与安全和能源)。

表 2.2　ISO 9000 系列标准(质量)和其他管理体系标准
(环境、职业健康与安全、能源)

标准号	标准名	备注
AS 9101：2000	《质量管理体系：对于航空、航天以及国防组织的审核要求》	
ISO 9000：2015	《质量管理体系：基础和术语》	涵盖基本概念和语言
ISO 9001：2008＋勘误表 1：2009	《质量管理体系：要求》(于 2018 年 9 月 15 作废)	规定了质量管理体系的要求
ISO 9001：2015	《质量管理体系：要求》	规定了质量管理体系的要求
ISO 9004：2009	《追求组织的持续成功：质量管理方法》	侧重于如何提高质量管理体系的效率和有效性
ISO 10002：2014	《质量管理：顾客满意度 组织处理投诉指南》	
ISO 10003：2007	《质量管理：顾客满意度 外界与组织的争议解决指导原则》	
ISO 10004：2012	《质量管理：顾客满意度 监视和测量指南》	

（续表）

标准号	标准名	备注
ISO 10005：2005	《质量管理：质量计划指南》	
ISO 10006：2003	《质量管理：项目管理质量指南》	
ISO 10007：2003	《质量管理：技术状态管理指南》	
ISO 10008：2013	《质量管理：顾客满意度 消费者电子商务交易指南》	
ISO 10012：2003	《测量管理体系：测量过程和测量设备的要求》	
ISO/TR 10013：2001	《质量管理体系文件编制指南》	
ISO 10014：2006＋勘误表1：2007	《实现财务和经济效益的指南》	
ISO 10015：1999	《质量管理：培训指南》	
ISO 10017：2003	《ISO 9001 的统计技术指南》	
ISO 10018：2012	《全员参与和能力指南》	
ISO 10019：2005	《质量管理体系咨询师的选择及其服务使用的指南》	
ISO 13485：2016	《医疗器械：质量管理体系 用于法规的要求》	
ISO 14001：2015	《环境管理体系：要求及使用指南》	
ISO 14004：2004	《环境管理体系：原则、体系和支持技术通用指南》	
ISO 14005：2010	《环境管理体系：环境管理体系分阶段实施，包括环境绩效评估的应用指南》	
ISO 14006：2011	《环境管理体系：综合生态设计指南》	
ISO 14015：2001	《环境管理：现场和组织的环境评价（EASO）》	
ISO 14031：2013	《环境管理：环境绩效评价指南》	

（续表）

标准号	标准名	备注
ISO 14971：2007	《医疗器械：风险管理对医疗器械的应用》	
ISO 15378：2015	《药品的主要包装材料：以优秀制造实践（GMP）为基准对 ISO 9001 应用的特殊要求》	
ISO/TS 16949：2009	《质量管理体系：汽车行业生产件与相关服务件的组织实施 ISO 9001 的特殊要求》	
ISO 19011：2011	《审核管理体系的指南》	制定有关质量管理体系内部和外部审核的指南
ISO 28000：2007	《供应链用安全管理系统的规范》	
ISO 30001：2009	《风险管理：原则和指南》	
ISO 50001：2011	《能源管理体系：要求及使用指南》	
ISO/IEC 20000 - 1：2011	《信息技术：服务管理 第 1 部分：服务管理体系要求》	
ISO/IEC 20000 - 2：2012	《信息技术：服务管理 第 2 部分：服务管理体系的应用指南》	
ISO/IEC 20000 - 3：2012	《信息技术：服务管理 第 3 部分：ISO/IEC 20000 - 1 的范围定义和适用性指南》	
ISO/IEC 27000：2012	《信息技术：安全技术 信息安全管体系 概述和词汇》	
ISO/IEC 27001：2013	《信息技术：安全技术 信息安全管体系 要求》	
ISO/IEC 27003：2010	《信息技术：安全技术 信息安全管体系实施指南》	
ISO/IEC 27013：2015	《信息技术：安全技术 ISO/IEC 27001 标准和 ISO/IEC 20000 - 1 标准整体实施导则》	
ISO/IEC 90003：2014	《软件工程：ISO 9001 应用于计算机软件的指南》	

（续表）

标准号	标准名	备注
ISO/IEC TR 90005：2008	《系统工程：ISO 9001 应用于系统生命周期过程的指南》	
ISO/IEC TR 90006：2013	《信息技术：ISO 9001 应用于信息技术服务管理及其与 ISO/IEC 20000 - 1：2011 整合的指南》	
OHSAS 18001：2007	《职业健康和安全管理体系：要求》	有时会误识别为 ISO 18000
OHSAS 18002：2008	《职业健康和安全管理体系：OHSAS 18001 的实施指南》	

ISO 9000 标准适用于各个行业的企业和组织，为公司建立、维持和提高质量管理体系提供了指南。

质量管理体系是一套相互关联和相互作用的要素（如组织结构、责任、程序和资源），组织机构将其用于制定质量政策和质量目标及建立必要流程，确保以正确的方式遵守政策，并在风险可接受的情况下实现目标。

ISO 9000 采用过程导向方法使制造商了解过程之间如何相互作用、如何相互融合，这是所要提供的产品和服务最重要的方面。

一旦采用了这种过程导向方法，就需要进行审核以检查质量管理体系的有效性。公司通过第三方审核进行 ISO 9000 注册。在这种情况下，独立认证机构（符合 ISO 认可机构要求的注册机构）会进入一个企业组织，其根据 ISO 9000 建议的周期对其进行评估。如果一个组织符合标准要求，则可以根据 ISO 9000 标准得到认证。要保持认证有效，该组织必须继续定期接受并通过现场审核。

注册过程步骤如下：

- 向注册机构提出申请。
- 由注册机构审查文件（如质量手册、流程、表格和记录）。
- 由注册机构进行现场审核（包括承包商），有时也进行事先审核。
- 审核过程中组织对于注册机构确定的结果（不合格之处）进行响应。

- 由注册机构签发注册证明。
- 由注册机构定期(如一年一次或半年一次)展开监督,具体取决于注册机构的政策。

重要的注意事项是,可以通过对质量和文件进行评估确定是否满足 ISO 要求,但注册机构不得提供如何实施质量体系的指导。

参 考 文 献

[1] Occupational Safety and Health Administration (OSHA), Registered Certification Marks, www. OSHA. gov.

[2] IECEE, "IEC System for Conformity Assessment Schemes for Electrotechnical Equipment and Components," Geneva, www. iecee. org.

[3] TRaC, "Component acceptability for CE product Safety," Technical Note 37, Worcestershire, U. K, 1999.

拓 展 阅 读

Anderson, S. W. , J. D. Daley, and M. F. Johnson, "Why Firms Seek ISO 9000 Certification: Regulatory Compliance or Competitive Advantage," *Production and Operations Management 8*, 1999, pp. 28 - 43.

Australian Consumer Law, "Product Safety Guide for Business," 2012.

Electrical and Mechanical Services Department (EMSD) Hong Kong, "Guidance Notes for the Electrical Products (Safety) Regulation," 2007.

European Union, "Council Directive 93/68/EEC," Brussels, Belgium, 22 July 1993.

Harris, K. , and C. Bolintineanu, "Electrical Safety Design Practices Guide," Tyco Safety Products Canada Ltd, Rev 12, March 14, 2016.

Higson, G. R. , *Medical Device Safety: The Regulation of Medical Devices for Public Health and Safety*, Philadelphia, PA: Institute of Physics Publishing, 2002.

Pelnik, T. M. , editor, *Supplement to the Quality System Compendium*, Association for the Advancement of Medical Instrumentation (AAMI), 2004.

Sroufe, R. , and S. Curkovic, "An Examination of ISO 9000: 2000 and Supply Chain Quality Assurance," *Journal of Operations Management 26*, 2008, pp. 503 - 520.

U. S. Federal Register, *CFR Title 47 Telecommunication*, 2013.

U. K. Government Department for Business, Energy & Industrial Strategy, *Product Liability and Safety Law*, 2012.

产品安全标准

3.1 概述

本章旨在使产品安全从业者了解标准和产品必须存在的标准化环境。本章不重复标准本身包含的信息。

3.2 产品安全与标准化

在当今日益复杂的现代生活和竞争激烈的环境中,为了符合严格的法规,安全已成为最大的管理挑战。产品数量和复杂性的增加意味着,当按预期目的安装、使用和维护时,可能危及人身或财产安全的潜在危害也在增加。"制造更安全的产品"成了一句口号,影响着许多设计师和制造商的想法。要制造安全、可靠的产品,企业需要建立完善的程序和科学的方法来进行产品的规划、设计、研发、测试、实施和报废。

在这种情况下,制造商有责任生产满足社会安全期望的产品,并为此投入相应大笔资金。规范中通常包含了这些期望,但是如果用于设计和制造产品的技术规范或组织系统存在缺陷,则技术规范本身可能无法保证这些要求始终得到满足。由于存在这种不匹配的可能性,人们制定了标准和准则,以补充技术规范中规定的相关产品要求[1]。

安全已成为监管机构特别关心的问题,很多领域都要求提供证据证明产品符合相关安全标准。

3.3 什么是标准?

标准是达成一致的、可重复行事的方式。全球公认的标准的定义如下:

> 标准是提供要求、规范、指南或特性的文件,所提供的内容可统一用于确保材料、产品、流程和服务符合其目的。

标准是针对特定材料、产品、流程或服务而创建的,且在独立、经认可的和公认的标准制定组织(SDOS)中完成的文件。标准是为自愿使用而设计的,通常不构成法规,但某些法律和法规可能会参考标准,甚至要求强制符合。

法规由政府或行业协会强制执行,规定了根据特定法律必须满足的强制性要求,以便合法经营和从事商业活动[2]。某些为认证而编写的标准,又称为技术规范或要求文件,从而推断符合本地、区域或全球立法要求。标准化过程[3]具有以下特征:

- 自愿性。
- 演进性。
- 统一管理。
- 共识驱动活动。
- 由与结果利益所有相关实体在公开、透明的基础上进行制订,并为其服务。

标准应符合下列准则:

- 应符合目的。
- 应具有高接受性。
- 应具有连贯性。
- 应易于采用。
- 应以成熟的科学研究为基础。
- 应定期更新和修改。
- 应以危害和性能为基础。

- 应允许技术创新和竞争。
- 应由最佳操作和指南构成。
- 应采用能够有效应对不断变化的技术、经济和社会趋势问题的系统方法。
- 应汇集所有利益相关方（如制造商、卖方、买方、用户和监管机构）的知识和经验。
- 应有助于刺激行业竞争和市场领导。
- 应确保产品（服务）交付的一致性，保护利益相关者。
- 应设置场景，营造公平的竞争环境。
- 应确保达成共识，确保产品和服务的互操作性。
- 应有助于向市场推广创新产品、技术和服务。

标准的内容主要有：

- 对健康、安全和环境问题的考虑。
- 对性能和质量的要求。
- 测量方法。
- 在产品包装上清楚指示额定值的方法。
- 产品或相关流程的条件、指南或特性。
- 生产方法。
- 相关管理体系实践。

3.4 产品安全标准的结构

表 3.1 显示了产品安全标准的一般结构[4]。

表 3.1 产品安全标准的结构

范围、对象
规范性参考文献
术语和定义、符号和缩写术语定义
一般要求
分类
标识、标志和文件

（续表）

重大危害防护
安全要求和(或)保护措施
设备结构
附件(如基本原理)
在欧盟欧洲标准化委员会/欧洲电工标准化委员会标准中的附件 Z(适用字母)——标准与相关欧盟指令基本要求的关系
参考文献
术语索引
数据索引
图表索引

产品安全标准中可包含附加信息：①组件分类；②程序概述；③尺寸、材料、性能、设计或操作规格；④说明材料、流程、产品、系统和实践时质量与数量测量；⑤试验方法和取样流程；⑥符合性描述和尺寸或强度测量。

3.5 符合产品安全标准

合格评定指有助于确定产品、系统或服务是否符合规范中所含要求的任何活动。规范通常为标准，是对需要满足的特性的技术描述。活动本身可由个人、企业或测试实验室完成。

标准通常根据"中立原则"起草，意味着标准的内容不应表现出一种评估形式或类型优于另一种评估形式或类型。换句话说，标准的编写必须可供下列任一方使用：制造商或供应商（第一方）、用户或买方（第二方）、独立机构（第三方）。

因此，产品安全标准规定了需要评估的特性参数限值（如漏电流值），以及须用于本次评估的测试方法。对于规定的特性，测试方法可以相同，也可以因产品而异。例如，在漏电流测量时，医疗设备和信息技术设备使用的测量设备不同，但在进行温度测量时，使用的测试方法相同。有时，试验方法可以参考其他现有标准，如电磁兼容性基本标准中规定的测试方法。

　　符合标准的产品通常具有很强的竞争优势,因为买家会利用这样的合规性在实力相当的供应商之间进行选择。标准通常可以减轻政府监管部门对企业施加的监管负担,因为标准提供了更灵活、以企业为导向的方法,这有助于维持市场相关性。此外,标准打开了全球市场的大门,因为标准化有助于提高供应链的互操作性,为有效的全球贸易提供了必要的竞争优势。一个公司虽然没有符合标准的法律义务,但正式的合规性确实加强了标准化的间接法律效力,必须予以考虑。

　　标准机构可以发布标准,但不能对这些标准要求权威的监管权力。任何组织都可以成为合格评定机构,作为特定标准的实验室或认证机构。要成为合格评定机构(实验室或认证机构),该组织需要经过认可机构的认可。对于测试和校准活动,要求获得 ISO 17025 标准的认可;对于认证活动,需要获得 ISO 17065 标准的认可。

　　提供认可的机构采用的标准是《合格评定:合格评定认可机构通用要求》(ISO/IEC 17011)。

3.5.1　自我评估

　　在自我评估中,公司评定了标准的准则,声明其符合本标准的要求(符合性)。如果经证明不合规,公司可能面临法律挑战。有些第三方设计了可用的自我评估工具,以帮助公司降低此类风险。

3.5.2　测试

　　一次性测试(合格验证),即全部或部分产品经过实验室测试以满足标准或规范。

　　从制造商的设施到经过完全认可的实验室,测试实验室的水平各不相同,应要求提交测试报告的副本,以评估其测试设施的能力及声明的有效性。

　　在所有上述情况下,测试是即时快照。样品可能满足测试阶段的标准要求,但材料和组件的细微变更、人员轮转及制造设备退化都可能导致之后生产的产品质量低下,甚至不安全。

　　此外,测试样品可能受到标准采样的影响,公司会选择一定能通过测试的样品。为阻止这种情况出现,通过测试后获得的报告或证明通常非常具体,如声明"提交的样品符合(标准编号)的要求"。

测试、校准和计量之间存在一定程度的重叠。就合格评定而言,只是证明物品符合特定要求,校准和计量的其他方面不在本概念的范围之内。

但对测试(或检查)过程中测量结果的信心取决于国家计量系统和通过校准达到的国际计量标准的可追溯性。

3.5.3　系统认证

为有助于实现一致的生产质量,制造商可实施 ISO 9001 等管理体系。根据**戴明循环法(计划—执行—检查—处理)**,将通过实施良好的管理系统制定清晰的计划,自始至终对制造过程进行评估和评价。与测试一样,实施的程度也各不相同,而最稳健可靠的方法是寻求认可机构对系统进行第三方认证。

3.5.4　产品认证

产品认证(合规证明)是最严格的产品评价形式,因其提供了当下对产品设计而言最严格的评估。产品认证体系(见第 2 章)允许在产品上加贴专用标志,证明其符合特定标准,生产受到后续检查过程的监督。

为使产品获得标志,CB 将在工厂进行质量管理体系评估,根据适当标准测试成品。签发标志证明后,CB 将对工厂进行持续检查,对随机选择的产品进行审核测试,确保质量和安全性[*]。

产品认证过程中非常重要的两个方面宜澄清说明如下:

- 产品测试和认证企业仅根据一套客观准则进行产品评估,并不意味着该产品是"好产品""高质量产品",或者一定符合某人可能希望投放的目的。产品符合标准仅表示其满足或不满足标准规定的要求。
- 如果一个组织声明了合规性,但经证明产品或服务不符合标准,那么做出声明的公司将受到法律制裁。

3.6　产品安全标准的类型

根据地理概念级别,标准分类包括国际级、区域级和国家级。

---

[*] 译者注:此处有争议,目前 CB 体制不实施审核机制。

2005 年发布的《国际标准分类》(ICS)提供了在全球范围内的产品安全标准索引一致性,也是国际级、区域级和国家级标准或其他规范性文件的分类框架。此外,还可用于在数据库和图书馆等资源中对标准和规范性文件进行分类。

在《国际标准分类》中,一般术语标准适用于所有国际级、区域级和国家级规范性文件,如标准、技术报告、标准化配置文件、技术规范、技术法规、指南、实践守则、技术趋势和评估此类文件的草案。就安全而言,《国际标准分类》规定了表 3.2 所列的索引。

表 3.2　国际安全标准分类

标准分类号	范　　围
01.040.13	安全·环境、健康保护、安全(词汇)
13	安全·环境、健康保护、安全
13.100	安全·职业安全 工业卫生
13.110	安全·机械安全
13.120	安全·家用品安全
13.220.01	安全·包括消防安全
13.240	安全·包括安全阀门和爆破片装置
13.340.50	安全·包括安全靴和安全鞋
13.340.60	安全·包括安全绳索、安全带和防坠落装置
27.120.20	安全·核电站安全
29.020	安全·包括电压、一般电气术语、电气文件、电气表格、安全和火灾危险测试
43.040.80	安全·包括安全气囊、安全带、交通事故问题和加强安全问题
67.020	安全·包括食品卫生和食品安全
91.160.10	安全·包括工作场所照明和应急安全照明
97.190	安全·包括其他家用设备的儿童安全要求
97.200.50	安全·包括玩具安全

适用于产品安全的标准很多,有一些标准适用于特定行业,如信息技术(IT)类、医疗(MED)类、家电类、消费类(如音频和视频)和工业(如机械),还有一些标准适用于环境、风险管理、可用性和软件等特定领域。表3.3为产品安全标准的类别[5]。

表3.3　产品安全标准的类型

标准类型	适用范围
通用标准	规定适用于明确设备组一般要求的标准[即《家用和类似用途电器 安全 第1部分:一般要求》(IEC 60335-1)]
并列标准	规定适用于设备子组一般要求的标准[即《医疗电气设备 第1—3部分:基本安全与基本性能的通用要求—并列标准:诊断X射线设备辐射防护》(IEC 60601-1—3)],或者适用于通用标准中未完全涉及的所有标准具体特性的标准[即《医疗电气设备 第1—6部分:基本安全与基本性能的通用要求—并列标准:可用性》(IEC 60601-1—6)]
专用标准	规定适用于特殊设备要求的标准[即《测量、控制和实验室用电气设备的安全要求 第2—010部分:材料加热用实验室设备的特殊要求》(IEC 61010-2—010)]
基本标准	提供基本概念、设计原则,以及可应用于可能特定也可能不特定的所有领域一般方面的标准(即电磁兼容性测量方法的 IEC 61000 系列标准)
通用标准	应用广泛、与任何特殊产品不相关且涉及特殊安全方面(即安全距离、表面温度、噪声和抗扰度)的标准;或者可用于广泛产品范围的一种安全装置(联锁装置、压力敏感元件、保护罩)。这种标准在没有特定产品标准时适用
水平标准	涵盖同一技术领域内诸多产品常见特征的标准[即《过程工业领域安全仪表系统的功能安全》(IEC 61511)]
垂直标准	涵盖诸多技术领域常见特征的标准[即《接触电流和保护导体电流的测量方法》(IEC 60990)]
特定产品标准	规定产品为达到适用性而需要满足全部或部分要求的标准[即《自动电气控制器 第1部分:一般要求》(IEC 60730-1)]

表3.4列出了可视为标准或与标准相关的文件[6]。

表 3.4 可视为标准或与标准相关的文件

文件类别	特　征
规范	概述需要广泛共识的性能、设计和服务要求的详细文件
方法	侧重于产品或材料测试方法或规定方法的详细文件
词汇	定义用于行业技术的术语的引用(索引)文件
实践守则	指导和建议方案,包括从概要设计、工艺到安全实践的一系列主题
指南	提供建议和背景信息的一般指导。与标准化相关的实践规则、方向、建议的规范相比,往往不那么具体且更具争议性 注:指南可以表示对技术委员会编制标准的指导
技术报告 (TR,如 ISO/IEC TR 62354:2014)	国际标准中公布的附加信息(如数据采集),包含不适合作为标准或技术规范发布的信息材料 注:技术报告可能包括在标准制定组织成员国中进行调查获得的数据、其他组织的工作数据,或者与特定主体国家标准相关的最先进技术的数据
技术规范 (TS,如 ISO/ TS 16949:2009)	在缺乏对完整标准的充分支持或"最先进技术发展水平"的不稳定时建立规范的文件。不得与现有国际标准冲突,但可以和其他技术规范竞争。文件在将来可能就某一标准达成协议时采用
企业技术规范(CTS)	包含相关材料、产品或服务应符合的明确要求集。这些标准的内容容易受到公司的想法或公司专门负责制定标准的员工控制
公开规范(PAS)	以国家、区域或国际标准模型为基础的协商文件。这样的标准以利益相关者发起的项目开始,希望推动创建最佳实践的文件
国际标准 (即 IEC 和 IS 标准)	自愿性标准,所有或大多数(至少 75%)参与者同意作为标准一部分的规则和规范,代表了多个国家的需求
区域标准 [即欧洲标准(EN)]	区域组织采用的标准,同时承担有作为相同国家标准实施的义务及撤回相互矛盾标准的义务
修正案	已发布标准的批准文件,应结合该标准一起阅读,并对该标准中先前商定的技术规定进行修订或增添
勘误表	某一标准的补充文件,用于纠正在草稿或打印中无意引入的一个或多个错误或歧义(可能导致这些版本的错误或不安全使用)

标准的制定

专业标准上的一个具体要求优先于通用标准。标准制定过程中的步骤[6-7]如下：

- 根据对标准化的具体必要性分析来建立一个标准的构想（预备工作项目）。
- 向特定委员会提交新工作项目提案［新提案/新工作项目提案（NP/NWIP）］，提案来自委员会内部成员或公众。
- 提案通过委员会成员进入正式接受流程。
- 一旦接受后［批准的新工作项目（AWI）］，委员会将成立一个工作组（WG）或将工作分配给现有工作组。
- 工作组详细制定标准草案［工作草案（WD）］，向委员会成员征求公众意见。本阶段确保了每项标准的透明性及大多数工作的接受性。
- 委员会成员提交草案意见。
- 工作组回复意见，并将接受的意见纳入草案［委员会草案（CD）和委员会表决草案（CDV）］。
- 一旦公众意见被认为是最终意见，则在经过反复的阶段［最终委员会草案（FCD）、国际标准草案（DIS）和最终国际标准草案（FDIS）］之后，必须获得发布批准。
- 对标准［国际标准（IS）］的发布批准只能使用投票系统通过协商一致进行。

上述标准制定过程应在五年内完成。如果在某一特定阶段出于任何原因（如工作组问题或未达成共识）而延误，完成期限超出了预计允许时间，则可将工作从标准制定组织安排的计划中删除。之后标准按规定的时间间隔（即至少每五年一次）进行审查，确保保持相关性且所有行业创新得到考虑。在修订间隔期间，可根据技术过程发布《标准修正案》。如果发布后发现重大错误，则须发布《勘误表》。

3.7　产品安全标准的目标

根据 ISO/IEC 导则 51，安全表示：无导致风险、风险分析、风险评价、剩余风险、可容忍风险、风险控制和最终风险管理等定义的不可接受风险(收集之前的所有风险任务)[8]。新的安全评估方法以本定义为基础。

一些标准包括了一些危害、危害处境和有危害事件的示例以澄清说明这些概念,并帮助设计者识别危害。因此,标准的作用是确定每种危险的最大可接受概率。在制定标准的过程中,应就特定类型设备的每一种危害的严重程度做出判定。

在制定产品标准时,需要考虑所有可能的危害及对每种危害的可接受风险做出规定。

一般情况下,管理风险的成本需要与获得的收益相称。所采取的降低风险措施的原则应该是成本/收益关系因设备而异,且取决于所使用的相关技术。

3.8 产品安全标准制定者

产品安全标准由国际、区域和国家层面的不同机构管理。国际标准化组织(ISO)和国际电工委员会制定的产品安全标准属于自愿性标准。经区域或国家层面采用后具有强制性。

3.8.1 国际标准

国际标准化组织是一个非政府组织,是由来自世界各地 165 个国家标准机构(每个国家一个机构)组成的联盟,包括发达国家、发展中国家和经济转型期国家。每个国家标准化组织成员都是该国内的主要标准组织。成员们提出新标准,并参与标准制定,与国际标准化组织的中央秘书处合作,为实际参与标准制定的 3000 个技术组提供支持。国际标准化组织已发布了 19 500 多套标准,几乎涵盖了从技术到食品安全再到农业和卫生保健的各个行业[7]。

国际电工委员会是一个非营利性、非政府国际组织,负责所有电气、电子和相关技术(统称为电工技术)国际标准的制定和发布。国际电工委员会涵盖了所有电工技术,包括能源生产和分配、电子、磁学和电磁学、电声、多媒体、电信和医疗技术,以及相关的通用学科,如术语和符号、电磁兼容性、测量和性能、可靠性、设计和开发、安全性及环境[6]。

3.8.2 欧洲区域标准

欧洲标准通过欧洲标准化组织（ESO）提供的平台制定，组织列表如下：

- 欧洲标准化委员会（CEN）。
- 欧洲电工标准化委员会（CENELEC）。
- 欧洲电信标准协会（ETSI）。

欧洲标准化组织是根据欧洲立法正式承认的标准机构，负责制定支持欧洲法规和政策的欧洲标准。

欧洲标准化委员会和欧洲电工标准化委员会都是官方认可的组织，负责制定和确定以英文、法文或德文为原文，或者将欧洲标准化委员会和欧洲电工标准化委员会成员国的一种语言翻译为其他语言的欧洲标准。

欧洲标准化委员会和欧洲电工标准化委员会是国家标准机构，也是 33 个欧洲国家的国家电工委员会，包括所有欧盟成员国及冰岛、挪威、瑞士、北马其顿和土耳其[9]。

欧洲标准化委员会和欧洲电工标准化委员会根据内部法规批准的欧洲标准或欧洲规范（EN），在这些国家内都得到接受和认可。欧洲标准是 ISO/IEC 含义范围内的区域标准。欧洲标准化委员会和欧洲电工标准化委员会及其成员国负责实施和更新欧洲标准及解读标准的内容。

欧洲标准化委员会和欧洲电工标准化委员会与国际标准化组织和国际电工委员会合作，促进技术合作协议框架内标准的国际化协调。欧洲标准化委员会、欧洲电工标准化委员会和欧洲电信标准协会涵盖的具体活动如下：

- 具体的欧洲标准化委员会活动包括易接入性、空气和空间、生物产品、化学、建筑、消费品、能源和公用事业、环境、食品、健康与安全、医疗保健、暖通空调（HVAC）、信息和通信技术（ICT）、创新、机械安全、材料、测量、纳米技术、压力设备、安全与防御、服务、运输和包装。
- 具体的欧洲电工标准化委员会活动涵盖以下行业的电工技术标准化：电动汽车、家用电器、信息和通信技术、电磁兼容性、电气工程、光纤通信、燃料电池、医疗设备、铁路、智能电网、智能计量和太阳能(光伏)电力系统。

- 欧洲电信标准协会负责制定全球适用的标准、规范和报告,用于信息和通信技术,包括固定、移动、无线电、融合、广播和互联网技术。欧洲电信标准协会是一个非营利性组织,拥有来自全球五大洲 63 个国家的 750 多个欧洲电信标准协会成员组织。

3.8.3　美国国家标准

美国国家标准学会(ANSI)是一家私营的非营利性组织,负责监督美国产品、服务、过程、系统和人员自愿一致标准的制定。该组织还负责协调美国标准与国际标准,使美国产品可在全球范围内使用[10]。

3.8.4　国际和地区标准组织

对于适用性标准的特定领域,存在国际和地区层面的制定者。如前所述,这些组织签发的标准是自愿的。国际和区域标准的主要制定者列表如下:

- AAMI:医疗器械促进协会。
- AAQG:美国航空质量组织。
- Accellera:Accellera 组织。
- ACCSQ:东南亚国家联盟标准及品质咨询委员会。
- AHRI:空调供热制冷协会。
- IM:图像管理。
- AMN:南方共同市场标准化协会。
- APCO:国际公共安全通信官员协会。
- ARSO:非洲区域标准化组织。
- ASME:美国机械工程师学会。
- ASTM 国际:美国材料与试验协会。
- BIPM、CGPM 和 CIPM:国际计量局(Bureau International des Poids et Mesures)。
- CableLabs:有线电视实验室。
- CE:消费电子协会。

- CEN：欧洲标准化委员会。
- CENELEC：欧洲电工标准化委员会。
- CISPR：国际无线电干扰特别委员会。
- COPANT：泛美标准化委员会。
- CROSQ：加勒比共同体地区标准和质量组织。
- CSA：加拿大标准协会。
- DCMI：都柏林核心元数据倡议。
- DMTF：分布式管理任务组。
- EASC：欧亚标准计量认证委员会。
- ECA：美国电子元器件协会。
- Ecma 国际：欧洲计算机制造商协会(以前称为 ECMA)。
- EIA：电子工业联盟。
- EIAJ：日本电子工业联盟。
- ETSI：欧洲电信标准协会。
- FAI：国际航空联合会(Fédération Aéronautique Internationale)。
- FCC：联邦通信委员会。
- FM：FM 认证。
- GS1：全球供应链标准。
- HGI：家庭网关发起组织。
- IEC：国际电工委员会。
- IAU：国际阿拉伯联盟。
- IEEE - SA：电气和电子工程师协会；IEEE 标准协会。
- IETF：因特网工程任务组。
- IMAPS：国际微电子与封装协会。
- IPC：连接电子工业协会；美国电子电路互连与封装协会。
- IPTC：国际新闻电信委员会。
- IRMM：参考物质与测量研究所。
- ISEA：国际安全装备协会。
- ISO：国际标准化组织。
- ITI(INCITS)：国际信息技术标准委员会。
- ITU：国际电信联盟。

- ITU-R：国际电信联盟无线电通信部（以前称为 CCIR）。
- ITU-T：国际电信联盟电信标准化部门（以前称为 CCITT）。
- ITU-D：国际电信联盟电信发展部门（以前称为 BDT）。
- JEDEC：电子器件工程联合委员会固态技术协会。
- LIA：美国激光研究所。
- Liberty Alliance：自由联盟。
- Media Grid：Media Grid 标准组织。
- MSS：制造商标准化协会。
- NASPO：北美安全产品组织。
- NEMA：美国电气制造商协会。
- NERC：北美电力可靠性公司。
- NETA：国际电气测试协会。
- NFPA：美国消防协会。
- NIST/ITL：美国国家标准与技术研究院/信息技术实验室。
- OASIS：结构化信息标准促进组织。
- OEOSC：光学和电光标准委员会。
- OGF：开放网格论坛［全球网格论坛（GGF）与企业网格联盟（EGA)的合并］。
- PASC：太平洋地区标准会议。
- PEARL：专业电器回收联盟。
- RESNA：北美复健工程与辅残科技协会。
- RIA：机器人工业协会。
- SADCSTAN：南部非洲发展共同体（SADC)标准化组织。
- SCTE：电缆电信工程师协会。
- SDA：安全数码协会。
- SES：标准专业人员协会。
- SMPTE：电影电视技术学会。
- SSDA：固态硬盘联盟。
- SSPC：美国防护涂料协会。
- TIA：电信工业协会。
- TM 论坛：电信管理论坛。

- UL：保险商实验室。
- URS：优克斯认证公司（United Registrar of Systems）。
- W3C：万维网联盟。
- WHO：世界卫生组织，标准机构。
- XSF：XMPP 标准化基金会。

3.8.5 国家标准化组织

一般来说，每个国家和地区都有自己的标准化机构，负责颁布国家标准。这些标准可以针对某个国家，或者代表调整后的国际或区域标准，包括颁布标准的国家/地区内的国家差异（如适用）。以下为出现在全球国家标准制定者列表中的组织[6-7]。

- 阿尔及利亚：IANOR（Institut algérien de normalisation）。
- 阿根廷：IRAM（Instituto Argentino de Normalización）。
- 亚美尼亚：SARM（国家标准与质量研究所）。
- 澳大利亚：SA（澳大利亚标准机构）。
- 奥地利：ASI（奥地利标准协会）。
- 孟加拉国：BSTI（孟加拉国标准和孟加拉国标准检测结构）。
- 巴巴多斯：BNSI（巴巴多斯国家标准协会）。
- 白俄罗斯：BELST（白俄罗斯标准化、计量和认证委员会）。
- 比利时：NBN（标准化局，前称 IBN/BIN）。
- 比利时：BEC/CEB（比利时电工委员会：Belgisch Elektrotechnisch Comité；Comité Electrotechnique Belge）。
- 玻利维亚：IBNORCA（玻利维亚标准化和质量研究所）。
- 波斯尼亚和黑塞哥维那：BASMP（波黑标准、计量和知识产权协会）。
- 巴西：ABNT（巴西技术标准协会）。
- 文莱：CPRU（发展部建筑规划和研究局）。
- 保加利亚：BDS（保加利亚标准化研究所）。
- 加拿大：SCC（加拿大标准委员会）。
- 智利：INN（国家标准化研究所）。
- 中国：SAC（中国国家标准化管理委员会）。

- 中国：CSSN（中国标准服务网）。
- 中国：ITCHKSAR（香港特区创新科技署）。
- 中国：BSMI（台湾地区标准、计量和检验局）。
- 哥伦比亚：ICONTEC（哥伦比亚技术标准和认证研究所）。
- 哥斯达黎加：INTECO（哥斯达黎加技术标准研究所）。
- 克罗地亚：DZNM（国家标准化计量局）。
- 古巴：NC（国家标准化局）。
- 捷克：CSNI（捷克标准协会）。
- 丹麦：DS（丹麦标准）。
- 厄瓜多尔：INEN（厄瓜多尔标准化研究所）。
- 埃及：EO（埃及标准化和质量控制委员会）。
- 萨尔瓦多：CONACYT（国家科学技术委员会）。
- 爱沙尼亚：EVS（爱沙尼亚标准化局）。
- 埃塞俄比亚：QSAE（埃塞俄比亚质量和标准局）。
- 芬兰：SFS（芬兰标准协会）。
- 法国：AFNOR（法国标准协会）。
- 德国：DIN（德国标准化研究所和德国建筑技术研究所）。
- 格鲁吉亚：GEOSTM（格鲁吉亚国家标准、技术法规和计量局）。
- 希腊：ELOT（希腊标准化组织）。
- 格林纳达：GDBS（格林纳达标准局）。
- 危地马拉：COGUANOR（危地马拉标准委员会）。
- 圭亚那：GNBS（圭亚那国家标准局）。
- 匈牙利：MSZT（匈牙利标准化委员会）。
- 冰岛：IST（冰岛标准化委员会）。
- 印度：BIS（印度标准局）。
- 印度尼西亚：BSN（国家标准化机构）。
- 伊朗：ISIRI（伊朗标准与工业研究所）。
- 爱尔兰：NSAI（爱尔兰国家标准局）。
- 以色列：SII（以色列标准局）。
- 意大利：UNI（意大利国家标准机构）。
- 牙买加：BSJ（牙买加标准局）。

- 日本：JISC（日本工业标准委员会）。
- 约旦：JISM（约旦标准和计量学会）。
- 哈萨克斯坦：KAZMEMST（标准化、计量和认证委员会）。
- 肯尼亚：KEBS（肯尼亚标准局）。
- 韩国：KATS（韩国技术和标准局）。
- 科威特：KOWSMD（工业、标准和工业服务事务公共当局）。
- 吉尔吉斯斯坦：KYRGYZST（国家标准化和计量检验局）。
- 拉脱维亚：LVS（拉脱维亚标准）。
- 黎巴嫩：LIBNOR（黎巴嫩标准机构）。
- 立陶宛：LST（立陶宛标准委员会）。
- 卢森堡：SEE（卢森堡标准化机构国家能源局）。
- 卢森堡：ILNAS（卢森堡标准化、认可、安全和产品与服务质量研究所）。
- 马来西亚：DSM（马来西亚标准部）。
- 马来西亚：SIRIM（马来西亚标准与工业研究所）。
- 马耳他：MSA（马耳他标准局）。
- 毛里求斯：MSB（毛里求斯国家标准局）。
- 墨西哥：DGN（标准总局）。
- 摩尔多瓦：MOLDST（标准化和计量部）。
- 摩洛哥：SNIMA（摩洛哥工业标准化服务）。
- 荷兰：NEN（荷兰标准）由荷兰标准化协会维护。
- 新西兰：SNZ（新西兰标准）。
- 尼加拉瓜：DTNM（技术标准化和计量局）。
- 尼日利亚：SON（尼日利亚标准组织）。
- 挪威：SN（挪威标准，standard norge）。
- 阿曼：DGSM（规范计量总司）。
- 巴基斯坦：PSQCA（巴基斯坦标准和质量控制局）。
- 巴拿马：COPANIT（巴拿马工业和技术标准委员会）。
- 巴布亚新几内亚：NISIT（国家标准与工业技术研究院）。
- 秘鲁：INDECOPI（国家竞争和知识产权保护研究所）。
- 菲律宾：BPS（产品标准局）。

- 波兰：PKN(波兰标准化委员会)。
- 葡萄牙：IPQ(葡萄牙质量研究所)。
- 罗马尼亚：ASRO(罗马尼亚标准化协会)。
- 俄罗斯：Rostekhregulirovaniye(俄罗斯联邦技术法规与计量局)。
- 俄罗斯：GOST(欧亚标准计量认证委员会)。
- 圣卢西亚：SLBS(圣卢西亚标准局)。
- 沙特阿拉伯：SASO(沙特阿拉伯标准组织)。
- 塞尔维亚和黑山：ISSM(塞尔维亚和黑山标准机构)。
- 塞舌尔：SBS(塞舌尔标准局)。
- 新加坡：SPRING SG(标准、生产力与创新局)。
- 斯洛伐克：SUTN(斯洛伐克标准协会)。
- 斯洛文尼亚：SIST(斯洛文尼亚标准化研究所)。
- 南非：SABS(南非标准局)。
- 西班牙：AENOR(西班牙标准化和认证协会)。
- 斯里兰卡：SLSI(斯里兰卡标准学会)。
- 瑞典：SIS(瑞典标准学会)。
- 瑞士：SNV(瑞士标准化协会)。
- 叙利亚：SASMO(叙利亚标准化与计量组织)。
- 坦桑尼亚：TBS(坦桑尼亚标准局)。
- 泰国：TISI(泰国工业标准学会)。
- 特立尼达和多巴哥：TTBS(特立尼达和多巴哥标准局)。
- 土耳其：TSE(土耳其标准协会)。
- 乌干达：UNBS(乌干达国家标准局)。
- 乌克兰：DSSU(乌克兰国家技术法规与消费者政策委员会)。
- 英国：BSI(英国标准协会,也称为 BSI 集团)。
- 美国：ANSI(美国国家标准学会)。
- 乌拉圭：UNIT(乌拉圭技术标准研究所)。
- 委内瑞拉：FONDONORMA(标准化和质量认证协会)。
- 越南：TCVN(标准质量局)。

参 考 文 献

［1］South African Bureau of Standards (SABS), "Economic Benefit of Standards — Pilot Project South Africa," 2011.

［2］British Standards Institute (BSI), "White Paper — Standardization as a Business Investment," Chiswick, United Kingdom, 2005.

［3］BSI, "A standard for standards — Part 1: Development of standards — Specification," Chiswick, United Kingdom: BSI, 2005.

［4］BSI, "A Standard for Standards — Part 2: Structure and Drafting — Requirements and Guidance," Chiswick United Kingdom: BSI, 2005.

［5］BSI, "A Standard for Standards — Part 5. What Are the Different Types of Sstandard?," Chiswick, United Kingdom: BSI, 2009.

［6］International Electrotechnical Commission, IEC Statutes and Rules of Procedure, Geneva, (2001 - 2016).

［7］International Organization for Standardization (ISO), "ISO/IEC Directives — Procedures Specific to ISO," Geneva, 2007.

［8］ISO/IEC Guide 51, "Safety Aspects — Guidelines for their Inclusion in Standards," 2014.

［9］CEN, "Internal Regulations Part 2: Common Rules for Standardization Work," Brussels, Belgium, 2010.

［10］National Standards Institute, "ANSI Essential Requirements: Due Process Requirements for American National Standards," ANSI, New York, 2012.

拓 展 阅 读

CEN, "Internal Regulations Part 3: Rules for the Structure and Drafting of CEN/ CENELEC Standards," Brussels, Belgium, 2009.

ISO, "Assessing Economic Benefits of Consensus-Based Standards: The ISO Methodology," ISO Focus+, International Standards Organization, 2010, pp. 10 - 16.

ITU, "Measuring and Reducing the Standards Gap" Geneva, 2010.

电气产品安全理念

4.1 概述

如今的技术基础设施高度依赖产品的安全性,而这些产品在日常生活和商业运作中变得越来越不可或缺。这意味着,长期产品失效可能严重影响日常生活和商业活动。例如,近年来发生的一系列严重事故威胁着社会的安全保障。

所谓的零风险是不存在的,所有决策和行动均涉及一定程度的风险。安全的概念中没有绝对安全一说,而且安全不是产品和系统开发中的唯一目标,也不是首要目标。依旧存在部分风险,即定义为剩余风险。因此,产品、过程和服务只能是相对安全。在大多数情况下,安全性是产品设计的制约因素,并且可能与其他设计目标,如可靠性、运行效率、性能、易用性、时间和成本相冲突。产品安全技术和方法侧重于提供关于风险管理平衡的决策信息。

电气产品安全侧重于由产品引起的物理危害及产品预期用途确定的功能方面。基本安全指无物理危害导致的不可接受风险。基本安全性涉及与预期用途没有特别关联的产品特性。国际电工委员会基本安全标准包含涉及大多数电气设备共有的、特定安全特性的要求。

功能安全和基本性能与预期产品运行有关,不会造成危害。这方面的失效可能是由于性能不足或性能不正确所致,从而可能导致不可接受的风险。当所考虑的特征或功能不存在,或者其特性退化到产品不再适合其预期用途时,就会出现问题。

产品安全还涉及许多非技术性问题,如法律、政治和劳工资源认证,而这些问题对达到可接受的风险水平具有重要影响。因此,产品安全非技术方面的问题也不容忽视。

如果严重事故不可避免,为确保安全保障的可接受水平,要如何及时应对其影响及如何管理复杂性呢?

安全的基本理念是,必须从设计阶段起就将安全特性融入产品之中,并坚持贯彻到产品的制造、装运、安装和运行过程。何种程度的安全才足够安全? 在技术领域内,没有人能回答这个问题[1]。但通过对工程失效及其机制的分析和研究,现代工程设计师可以了解应该避免些什么,以及如何设计出失效概率低、潜在危害小的产品。因此,为降低潜在伤害,设计师需要了解安全与风险管理之间的相互依赖性,将风险管理作为估计和评价风险水平的全球方法。

4.2 安全性与安全

"安全性是一种状态,在这种状态中,引起身体或物质伤害的危险和情况受到控制,以保障个人和团体的健康和福祉"[2]。安全性是主观的,也是客观的,因为其涉及安全感知和周围情况的状态。

安全是指免受可能造成人身伤害的已识别危害的受保护状态。没有绝对安全的事物,也就是说,不存在完全没有伤害风险的事物。

安全产品需要应用知识、适当结构及正确选择元器件。设计和制造人员为完成工作而无视安全法规,包含使用禁止的元器件和材料,以及为尽快完成工作而未能遵循施工程序,均可能会导致产品风险。不安全的产品或有风险的产品是大多事故的直接原因,所以各个公司都在努力寻找方法,促进产品的安全开发和制造。安全项目通常要求改变态度,随着人们态度的转变,产品安全也随之改变。尽管如此,仍有强烈的观点认为:直接侧重于态度转变仍可能导致产品不安全。有时,人们会选择优化风险,而不是将其最小化。真正的危险是:人们以愿意承担的风险水平作为自己将获得最大受益的水平。采用风险管理要求人们清楚了解当受益实际上大于成本时什么是"不必要的风险"。

安全是通过将风险降低到可接受水平后而实现。风险接受并不是像首次出现时那么简单。风险的可接受水平是由理想化的绝对安全,产品、过程或服务需要满足的需求,以及对用户的效益、适用性、成本效益和所顾虑的社会习俗等因素之间的最佳平衡构成。因此,需要不断地审查可接受水平,特别是在技术和知识方面的发展能够带来经济上可行的改进,达到与使用产品、过程或服务相适应的风险时。

应避免将安全性和安全这样的词汇作为描述性形容词使用,因为它们并不传达任何额外有用的信息。此外,它们更可能被解释为不受风险影响的保证[2]。

当适用时,建议使用具体指向意涵的词语来代替"安全性"和"安全"这两个词,如用*保护阻抗装置*代替*安全阻抗*[3]。

与其他工程学科不同,安全工程是由共识而非研究驱动,几乎没有可以指导从业者的自然法则。

4.3 如何区分可靠性工程和产品安全

可靠性工程师通常假设可靠性和安全性为同义词,但这种假设只在特殊情况下为真。一般来说,安全性的范围比失效广泛,而在各种情况下,失效可能不会危及安全性。可靠性与安全性之间明显存在重叠,但许多事故是在无元器件失效的情况下发生的,即单个元器件确实按规定或预期运行,无失效情况。反过来也是正确的,即元器件可能失效,但未造成事故。

可靠性工程主要专注元器件失效和减少失效率。因此,可靠性工程的安全方法侧重于将失效作为事故的原因。

可靠性工程使用各种技术尽可能减少元器件失效,从而减少因元器件失效带来的复杂系统失效,包括并行冗余、备用备件、内置安全系数和裕度、降低额定值、筛选和定时更换。

虽然这些技术通常可以有效地提高可靠性,但并不一定能提高安全性。事实上,在某些条件下使用这些技术可能还会降低安全性。

安全性和可靠性并不只是不同的产品特性,有时两者之间还存在矛盾。可靠产品不一定安全,而安全产品不一定可靠。在某些情况下,提高可靠性实际上可能会降低安全性。例如,产品仍会继续执行某些操作,即便该行为在当前环境中是不安全的;在某些情况下最安全的行为可能是停止运行并切换到失效安全模式。大多数事故不是由于产品停止运行而满足预期用途导致的(可靠性不足),而是由于产品运行不安全(如触电、火灾或有害辐射)所致。系统组件全部按规定正常工作时,即无失效时,发生了严重事故。如果仅在安全性分析中考虑失效,则将会漏掉很多潜在事故。此外,预防失效(提高可靠性)和预防危害(提高安全性)的工程方法是不同,有时甚至是矛盾的,因为要防止产品完全失效相对简单些,而要防止产品出现不安全运行则困难得多。

在超出可靠性分析所依据的参数和时间限制时进行设备操作也可能引起事故,因此拥有较高可靠性的系统仍可能会发生事故。此外,事故通常不是元器件失效的简单组合引起的[2]。

安全性是当各个组件一起运行时系统层面引起的紧急特性,导致事故的事件可能是设备失效、故障维护、仪表和控制问题、人因行为和设计错误的复杂组合。可靠性分析只考虑了与失效相关事故的可能性,不调查可能由单个元器件的有效运行造成的潜在损坏。

可靠性采用自下而上法[如失效模式与影响分析(FMEA)]来评估组件失效对系统功能的影响,而安全性采用自上而下法,评估不正确和正确的行为组合(如组件在不恰当时间或在错误的环境条件下的适当行为)会产生怎样的危害状态。

对安全性采用可靠性评估技术时,需要特别小心。由于故障不一定是由本方法测量的事故引起,不应将其用来衡量风险。可靠性评估衡量的是随机失效的可能性,而不是危害或事故的概率。此外,如果产品中发现设计错误,则可通过消除设计错误,而不是通过对其进行测量使人相信该设计错误永远不会造成事故,从而更加有效地提高安全性。高可靠性数字并不能保障安全性,而安全性也不需要超高的可靠性。

4.4　风险认知

从历史角度来看,风险的概念描述了决定未来行动或活动时对结果的不确定性。通常,风险是指产生负面后果(伤害),是伤害(作为事件)发生的概率和伤害严重程度(事件负面后果)的组合[4]。在产生积极结果和优化潜在机会时也会考虑风险(事件正面后果),在经济、金融、政治和组织领域均有最佳示例。

认识到风险可能是积极的,也可能是消极的,优化风险意味着在运营或活动的负面风险和收益与在降低控制风险所付出的努力之间找到平衡。

风险的可接受度很大限度上受感知风险方式的影响。影响感知的因素包括风险暴露是否有以下特征[5]:

- 无意识。
- 可避免。
- 源于人为因素。
- 由于疏忽。
- 因缺乏了解造成。
- 针对社会中的弱势群体。

风险承担(某人自愿选择承担风险)和风险暴露(其他人因某人的行动面临更大的伤害风险)之间有严重的道德差异。必须注意以下几点:

- 危害会产生风险是基本现实。
- 只量化风险不会确保安全。
- 风险和看问题的角度有关。
- 实际上,必须接受某些风险。接受或不接受风险的程度是确定决策机构的特权。
- 决策受输入影响。
- 危害分析和风险评估不能使人们摆脱对良好判断的依赖,而是起改善作用。更重要的是为风险管理制定清晰的目标和参数,而不是寻找一种"食谱式"的方法和程序,因为没有"最佳解决方案"。通常有多种方向,每种方向都可能在一定程度上降低风险。

风险的不确定性不仅和概率相关,还与不同类型的结果相关。在这种情况下,问题不仅是技术性的,还需要新的指导来处理风险在人事、道德和伦理方面的事宜,需要能处理概率的伦理分析方法。

任何风险评估都需要确定可接受的风险水平,这是一个重大的伦理问题,可视为重要限制,或者确定潜在风险是否会影响判断的阈值。这种限制是任意的,且不同风险评估人员和监管人员之间可能存在差异。需认识到,可接受的风险水平不仅基于科学证据,还必须反映有关风险的政治、社会和伦理信念。

社会资源在不同的风险降低领域间任意分配,导致挽救每个生命的成本差异较大。通过更一致的风险管理可以更有效的方式利用社会资源,从而用同样的成本挽救更多的生命。

4.5　失效

本段可参考以下定义[2]:
- 失效:部件或装配件执行特定功能的能力终止。
- 故障:通常是指一个装置、装配件、元器件或软件不能以设定的方式运行;故障也可能出现在装配件使用的元器件中,或者由于软件问题或一个不良设计,其中符合规范的个体元器件之间出现交互问题。
- 故障覆盖率:可以用测试来正确监视和识别整体故障/失效的百分比。

电气产品中,故障可分为以下几类:
- 元器件故障表现为[2]:①电气/电子性能缺陷(如无源元件不符合容差或温度系数规范、模拟元器件不符合频率响应规范、数字装置不符合上升时间规范);②电气/电子元器件中的"短路"或"开路";③由包装失效(如元器件破裂)、吸湿性失效、腐蚀失效和电化学失效等问题引起的机械失效。
- 制造故障(如可焊性错误、元器件位置错误、热导面不正确和装配错误)。
- 性能故障(如设计缺陷、元器件故障、软件错误、动态失效,或者会导致性能退化的以上故障组合,或者以上所有故障)。
- 软件故障,可能以多种性能方式表现,且需要考虑自行测试/验证。

单个故障或动作很少引起事故。相反,事故是产品使用寿命期间可能出现的大量故障的后果。须了解,元器件失效不是事故的主要因素,更多的事故是危险的设计特征和元器件之间的交互作用导致的。

电气产品的目标是保持可接受的风险限制范围内,当产品出现有以下特征的失效时:①对操作员来说显而易见(如通过信号或功能缺失);②可根据随附文件进行定期检查或维护;③无法通过操作员发现或通过日常维护检测,但可以通过内置安全措施检测或控制。

然而,出现无法检测的失效时,电气产品也应保持在可接受的风险限制范围内。

有两种广泛使用的失效分析技术:失效模式与影响分析(FMEA)(IEC 60812)和故障树分析(FTA)(IEC 61025)。失效模式与影响分析采用自下而上的方法处理单点失效,以表格的形式呈现。相比之下,故障树分析采用自上而下的方式分析失效组合,以逻辑图的形式呈现。这两种方法主要用于设计阶段,但这些方法很大程度上取决于个人经验和知识,尤其是故障树分析。故障树分析容易遗漏失效模式组合中的某些失效模式,特别是紧急失效。

4.6　单一故障安全

对于特定产品(如医疗电气产品)的故障,采用单一故障原理[6]。单一故障条件(SFC)是指针对一个危害采取的单一保护方法或存在单一外部异常条件[7]。

实际上,在单一故障安全的产品中,设立了较低的危害引发伤害的概率限值。如果达到了以上概率,特定危害的风险水平是可以接受的。此外,两个单一故障同时发生的概率很小,可以忽略不计。

单一故障安全原理考虑以下原则[7]:

(1) 在任何特定的"单一故障条件"中不会出现危害。

(2) 与安全相关的所有产品部件应合理、可靠,这样发生"单一故障"的概率才会低。

(3) 出现两个"单一故障"的概率非常低,因此在多故障情况下发生危害是可以接受的(即可能出现危害,但风险水平是可接受、可容忍的)。

(4) 一个"单一故障"直接引起其他故障时,则出现其他故障的概率与出现第一个故障的概率相同,且产品应保持安全。

（5）一个原因引起两个故障时，出现这两个故障的概率与出现该原因的概率相同。

（6）操作员应通过一个显而易见的、清晰可辨的信号发现"单一故障"。

（7）通过制造商规定的定期检查和维护发现、纠正"单一故障"时，在下一次预定检查和维护周期之前存在出现第二次故障的概率是有限的。这就意味着检查和维护的频率必须高于故障出现的预期概率。

（8）如果无法通过实际维护程序检测出"单一故障"，且由于故障不影响产品功能，操作员不太可能发现故障时，则制定安全要求时应考虑未检出故障的大概率。

如果产品中的失效是隐藏性的，产品未警示操作员失效状态，且出现了对产品安全有重大影响的进一步失效，则该情况仅为单一失效。在这种情况下，应确定第二次失效的影响，确保加上第一次未检出失效不会造成更严重的失效影响。如果失效会造成更严重的影响，则第一次失效就应该引起警惕。因此，产品须提醒操作员失效，且产品应配备失效检测方法，如声光报警装置、自动传感装置和传感仪器等。

操作员将根据失效模式的严重程度通过采取人工手段纠正，或者产品自动采取纠正措施。切记，第一次检出失效的部位可能不是失效开始的部位。

添加验证或有效性控制（如失效警报）可以降低出现未检出故障的概率，以及进一步失效对产品造成较大影响的概率。

可以通过适当的设计和充足的安全系数防止未检出故障的影响。两个独立故障同时出现的概率非常小，保护系统可以在第二次故障出现之前检测出任意单一故障。

一般来说，基本的电气安全措施是通过基本绝缘实现的。然而，由于上述安全措施可能存在缺陷（可能出故障或被旁路），须增加额外的保护。一种解决方案是采用可触及部件的保护接地。众所周知，保护接地可能失效，但是出现失效，也不能发生危害。但假设基本绝缘和保护接地同时失效的可能性可忽略不计（或者更准确地说，一个失效且还未修复时另一个也失效的概率可以忽略不计）。

实际上，出现两种"单一故障"条件的概率不为零。在某些行业中，潜在危险非常严重时，概率必须极低。因此，必须采取多种保护方法，评估双重和多重失效的概率并与声明的可接受概率相比较。

单一故障原理是指一般情况下,产品就一个危害会有两种抵御方法。如果单个系统的失效概率较低,则产生的风险可忽略不计。

4.7　冗余

冗余可以指用多重元器件来保护个别失效或多个实现功能的方式。各种方法不一定完全相同。冗余的两种基本类型如下:

- 工作冗余:所有冗余项同时运行。
- 备用冗余:部分或所有冗余项未持续运行,只在执行功能的主机失效时会被激活。

这表示采用了两种保护措施,其中一种失效时,另一种会继续工作。这是假设失效原因是独立的,且每种保护措施的失效概率足够小。第一种保护方法的失效可以通过听觉或视觉表示,且有缺陷的保护措施可以在定期维护期间进行更换。

4.8　安全系数

可以运用安全系数制定某种设备特性的限值,但只能在建立了阈值且在该阈值以下不会出现不利影响时才能采用该方法。在建立这种阈值的情况下,可采用安全系数确定限值。

某些标准在特定的语境中定义和使用了"安全系数"这个术语[7],与机械受载零件可承载应力相关。然而,在没有参考的情况下,安全系数的概念是容许限度或阈限值(TLV)的基础。安全系数的正确使用较复杂,且只有在有关危害对人类影响的数据存在的情况下才能完成。此外,使用安全系数须确定风险的可接受度。

通常,达到可接受的人员暴露水平时,安全系数的正确使用取决于以下假设:存在一个阈值,且低于此阈值不会造成不利影响。如果研究现象表明,阈值以下不会出现不利影响,则在安全系数法中,设定的阈限值低于该阈值。风险估计中,有危害的过程可能是随机的,也可能是非随机的。处理随机过程时不宜采用安全系数,因为此类随机过程可能没有阈值。无阈值的随机效应须采用其他方法进行风险估计。非随机效应在本质上更统一。研究中,该效应会在暴露于一定临界水平的刺激或毒物后以更可预测的方式出现。对于非随机效应,设定可接受的人员暴露水平或阈限值的方法是对照研究中未出现不利影响的剂量或暴露水平采用适当的安全系数或不确定系数。用对照试验中的未观察到作用水平(NOEL)除以安全系数(SF)得到人员阈限值(阈限值=未观察到作用水平/安全系数)。应选择几乎所有人员重复正常暴露后无不利影响的阈限值。确定未观察到作用水平后,阈限值通常包含一个百倍的安全系数(安全系数=100)。这使动物和人类之间的易感性及人口的个体易感性产生了 10 倍的变化。没有无作用水平时,安全系数可用于观察到作用的最低水平(LOEL),附加系数为 5 倍或 10 倍,以适应缺乏无作用水平的情况。更高严重程度的危险影响可能需要更高的安全系数。在某些情况下,可以确定可接受的风险水平和相应的暴露水平。在这种情况下,安全系数应为 1(安全系数=1)。

采用安全系数确定限值时,所附原理应说明如下:

(1) 安全系数如何影响选择的限值。

(2) 采用的特定安全系数。

(3) 用于设定未观察到作用水平(低于此阈值,效应低且可接受)的数据。

(4) 有关风险可接受性的假设。

(5) 任何其他假设。

4.9　工作安全 VS 产品安全

工业工作或职业安全传统上主要集中于控制对制造或使用产品的员工造成的伤害。工业安全工程通常涉及固定制造设计和先存危害,其中许多危害是操作必有的,因此在培训员工中我们通常更强调教育员工在此环境下工作,而不是消除危害。

职业安全专业人员与制造商的上市后监督专家(产品安全过程的一部分)在产品使用寿命期间收集数据,以消除或控制由产品引起的不可接受危害。该数据代表产品设计者评估缓解伤害可行性和降低风险的可能性时采用的反馈。发生事故时,对事故进行调查,采取措施降低事故再次发生的可能性——更改生产方法或更改员工工作规则和培训。

职业安全审查和审核由工作安全部进行,确保纠正制造厂或使用现场的不安全条件,且员工遵守手册和说明规定的工作规则。多年来,从事故吸取的教训形成了职业健康与安全管理标准,并强调工作场所的设计和工作规则。通常,由政府通过职业安全与健康法规执行标准。其中一个标准是《健康安全管理体系职业健康安全评估系列》(OHSAS 18001)。该标准旨在帮助组织控制职业健康与安全风险。该标准是为响应对公认标准的广泛需求而制定的,可根据该标准认证和评估工作场所。建立职业健康与安全管理体系有助于消除或尽量降低可能暴露于与特定工作场所有关的职业健康与安全风险的员工和其他相关方面临的风险。

概括地说,工作(职业)安全涉及工作场所的安全,通过充分的职业健康与安全管理,为改善员工在工作场所的安全级别。相反,产品安全主要与产品有关。损失的概念更广泛:相关损失可能包括对非员工的伤害,对产品、财产或环境的损害,以及对预期用途的损失。

产品安全不是根据产品和制造过程的操作经验进行更改,而是尝试在设计产品之前识别潜在危险,确定和加入安全设计标准,并在产品可操作之前将安全融入设计中。

工作安全的评估方法也基于产品安全的风险管理原则,重要的是消除工作安全与产品安全混合时产生的混淆。

用于工作安全的标准通常是过程标准,而不是用于产品安全的标准。对设计或产品标准的依赖通常不适用于工作安全,因为工作安全更强调工业安全问题,如在工厂内外的伤害、污染和危险的制造过程等。

总的来说,工业安全活动旨在保护工业环境下的作业人员,广泛使用一些强制性法规来保证工作场所的安全,然而,少数规范或规定(如有)也适用于保护制造过程中的产品。

参 考 文 献

[1] Schwing, R. C. , and W. A. Albers, *Societal Risk Assesment. How Safe is Safe Enough?*, New York: Plenum Press, 1980.

［2］U. S. Air Force Safety Agency, *System Safety Handbook*, 2000.

［3］ISO/IEC Guide 51, *Safety Aspects — Guidelines for Their Inclusion in Standards*, Geneva, 2014.

［4］ISO/IEC Guide 73, *Risk Management Vocabulary — Guidelines for Use in Standards*, Geneva, 2002.

［5］Sjöberg, L. , B.-E. Moen, and T. Rundmo, *Explaining Risk Perception. An Evaluation of the Psychometric Paradigm in Risk Perception Research*, Trondheim, Norway: Rotunde publikasjoner, 2004.

［6］Mellish, R. G. , "The Single Fault Philosophy: How It Fits with Risk Management," *ACOS Workshop VI, Safety of Electromedical Equipment — An Integrated Approach through IEC Standards*, Toronto, May 6 - 7,1998.

［7］IEC 60601 - 1, "*Medical Electrical Equipment — Part 1: General Requirements for Safety and Essential Performance*," Geneva, (2005+2012).

拓 展 阅 读

Fadier, E. , and J. Ciccotelli, "How To Integrate Safety in Design: Methods and Models," *Journal of Human Factors and Ergonomics in Manufacturing 9*,1999, pp. 367 - 380.

Fadier, E. , and C. De la Garza, "Safety Design: Towards a New Philosophy," *Safety Science 44*,2006, pp. 55 - 73.

IEC TR 60513, "Fundamental Aspects of Safety Standards for Medical Electrical Equipment," Geneva, 1994.

IEC 60664 - 1, "Insulation Coordination for Equipment Within Low-Voltage Systems — Part 1: Principles, Requirements, and Tests," Geneva, 2007.

International Laboratory Accreditation Cooperation (ILAC), "Traceability of Measurement Results," P - 10,2002.

Leveson, N. , "Safeware: System Safety and Computers," Reading, MA: Addison-Wesley, 1995.

Loznen, S. , "Product-Safety Requirements for Medical Electrical Equipment," Compliance Engineering, Vol. XII, No. 3,1995, pp. 17 - 30.

Martin, P. L. , Electronic Failure Analysis Handbook, New York: McGraw-Hill, 1999.

失效分析方法

5.1　失效模式与效应分析

5.1.1　概述

失效模式与效应分析(FMEA)的定义是"分析系统以识别潜在失效模式、失效原因及对系统性能的影响程序"[1]。FMEA 用于确定失效模式对产品或系统运行的影响并尝试量化该影响。因此,FMEA 是在产品开发阶段来了解失效模式的一种分析方法。该信息可用于研究风险概况,并根据风险概况更改可进行的设计。

FMEA 用作其他工程设计活动的输入和支持,直接影响新产品开发和后期产品开发过程。FMEA 包括以下内容:

- 安全工程:FMEA 可以支持安全工程的分析工作(危害识别和风险控制),并确定失效模式派生的危害程度。
- 可测试性工程:研究 FMEA 时,获取信息以提供有关导致失效模式的事件序列、失效模式检测及系统隔离响应的详细信息。通过这些信息,可以识别出用其他方式无法检测的、与安全相关的关键失效模式。但这是产品体验的一种功能,在某些情况下可能是反映性的。
- 维持工程:作为产品分析可维护性的一部分,该信息可能有助于改善产品的总平均修复时间(MTTR)的计算。

- 物流工程：可对每种失效模式实施相应的纠正维护任务。因此，应确定失效模式的发生和严重程度，并预先制定缓解措施。
- 有效性工程：如果系统必须始终有效，并且通过备份和（或）复原系统减少失效，则可以采用 FMEA 来确保关键系统有备份，并使单点失效最小化。
- 设计工程：FMEA 支持设计工程工作，确保满足程序设计要求（如法规、可靠性和安全要求）。由 Price[2] 开发设计的 FMEA，其功能导向电气设计分析，描述了利用功能性知识合理解释电路定性模拟的实用方法。

FMEA 可以用来作功能和物理分析。早期设计过程中，采用功能分析法，可以在整个生产过程中通过一系列以过程为中心的基准进行验证。随着设计更清晰并确定了设计阶段中的更多细节，可以在开发周期中达到一个能实施物理分析的阶段。FMEA 的作用是使产品在遇到失效时仍然可靠和安全。产品失效可能由各种原因引起，FMEA 可用于所有类别或类别组合。在产品开发和寿命周期中可能出现以下与安全相关的缺陷：

- 设计缺陷：产品设计人员可能设计了新产品，并无意识地在产品设计中留下了与安全相关的缺陷。
- 制造缺陷：产品制造期间，在产品装配过程中可能出现与安全相关的缺陷。
- 分立元件缺陷：产品中的分立元件可能存在潜在失效，导致产品以危险或不安全的方式停止运行或部分运行。
- 维修缺陷：由未修复的间歇性故障、未完成的维修和装配及不充分的维修引起的潜在缺陷。
- 未发现缺陷：FMEA 过程存在无法检出与安全相关缺陷的风险，即便产品通过了确保产品安全的过程，此类缺陷依然有可能继续存在于产品设计活动中。造成这种情况的原因有三种：①缺乏领域里的历史经验；②由于制造质量控制不当，产品安全性不足；③失效分析缺乏技术深度和准确性。

如果没有正式程序，则难以用必要的知识和经验预测产品可能出现的问题。面临的挑战是，一般 FMEA 应制定一个可调整、可定制的思维过程,以便制定更专注的实施和合规过程,可在更具体的产品或过程中采用该过程。要预测各种失效模式通常具有挑战性,而在多种因素中,FMEA 的有效性可能取决于采用该方法的团队经验。

工业领域多年来已成功采用和实施了 FMEA,并取得了巨大成功。FMEA 的持续改进有助于将产品安全风险降至最低。

5.1.2　一般背景

FMEA 过程可以与产品概念设计同时开始,其过程应在产品开发周期和相关规划期间更新,并作为检查点纳入新产品开发过程(NPDP)的各个阶段。

对于新产品,可遵循上述实施过程,FMEA 可作为整个产品开发周期的动态文件。除了在开发阶段学习、了解和改进新产品的安全性能外,还可以记录和应用从中吸取的经验教训,确保将其用于下一版或下一代产品。

在产品开发周期和整个新产品开发过程中,可能会对产品和过程进行更改和更新,这些更改可能是引发新失效模式的候选因素。因此,以下任意一项出现变化时,都可以更新 FMEA:

- 设计:子系统和元器件更改。
- 系统:集成系统及其功能更改。
- 过程:制造工艺更改。
- 市场:预计产品或过程将在其中发挥作用的预期市场变化。
- 法规:新规的施行。
- 实践经验:客户反馈和失效产品退货显现出的问题。

应调查上述类别的变化,并充分评价这些变化对设计可靠性的影响。为了理解 FMEA 及其过程,须理解第 5.1.3 节列举的某些术语。

5.1.3　常规定义

以下术语定义源自国际标准化组织:

- 失效模式:发现失效发生的方式及其对产品性能的影响。
- 失效机理或失效原因:物理或化学过程中,设计缺陷、质量缺陷、元器件误用或失效基本原因或老化进而导致失效引发的物理过程。

- **合规性**：产品或服务符合特定标准要求的判断。该标准可以是公司内部和外部标准。公司可能制定了关于安全和质量的过程合规性要求，这些要求是公司努力实现高水平制造和服务合规性的主要策略和努力方向。

- **严重程度**：失效模式的级别和后果。严重程度须考虑失效的最坏潜在后果，由损伤（伤害）程度确定。

- **规范**：产品或服务必须遵守的详细要求用文件记录。产品各级别（从系统级到元器件级）都具有规范。

- **系统**：组成产品的主要功能实体（如硬件和软件），此外，有组织、有条理地完成一项任务的方法（如失效报告系统）。

- **测试**：通过技术或科学方法确定产品或其元器件（包括功能运作）的特性或元素，并应用现有的科学原理和程序。

- **可追溯性**：通过记录标识追踪产品的历史、应用、位置及服务（某些情况下）。可追溯性指产品或校准及其与测量设备和国家或国际标准、主要标准、基本物理常数、特性或参考材料之间的关系，可针对规定的某个历史时期或某个起始点指定可追溯性要求。

- **确认**：通过检验和提供客观证据来确认特定预期用途的特殊要求得以满足的状态。可在确定的运行条件下对最终产品进行确认；必要时，可在早期生产阶段进行确认；可为不同的预期用途进行多重确认。

- **验证**：通过检验和提供客观证据确认规定要求已得到满足。在设计和开发中，验证涉及检验特定活动的结果是否满足该活动输入要求的过程。

- **元器件**：消费品的任何分立零件（如一个电阻或一个手柄）。

- **子系统**：属于大系统的一部分，由子系统组成的大系统构成了完整系统或产品（如产品内的蓄电池系统）。

- **产品组件**：系指产品以无损的方式分解形成的最基本的组件。

- **子模块**：子系统中实现独立或非独立的、最基本的独特功能块，可以由单个分立元件或多个分立元件组成。

- 根本原因：缺陷或问题的已识别原因；失效最基本的原因，如消除可防止失效再次发生；事件起源。
- 失效模式与效应分析：通过审查原理图、工程图和测试提供的信息识别潜在弱点，从而识别零件/材料级基本故障并确定此类故障在成品级或子装配件级对安全和有效性影响的过程。
- 方法：一套或一系列方法、原则和规则，用于管理某一既定学科。

5.1.4 失效模式类型

产品失效模式可分为两类，即可预测失效模式和不可预测失效模式。

5.1.4.1 可预测失效模式

可预测失效模式是通过研究现场经验及有关特定组件、子系统、子装配件或整个产品的知识积累了解这种失效模式并使其与产品或技术相联系，对于产品或技术，此类失效模式的发生可能是已知的，因此是可预测的，从而能确定设计，并用测试确认是否缓解了此类可预测的失效模式。可通过以下方法建立知识库：

- 经验：通过以往的现场经验和数据点积累。
- 文献回顾和二次研究：通过二次研究材料，包括失效分析手册、报告、研究和互联网。
- 研讨会：业界专家及其论文中对组件和产品失效分析发表的见解。
- 协会会议：提供与同行工程师面对面交流机会的机构会议，如电气电子工程师学会（IEEE）、产品安全工程协会（PSES）等。

上述行动须保持勤勉的工作态度来收集信息，更重要的是，须有能力通过开发过程使经验教训与当前产品要求和进展相联系和匹配。这是一项技能要求，且工程师或审计员须吸取经验教训，并使之适应新产品技术。

5.1.4.2 不可预测失效模式

不可预测失效模式是无法通过公开方式获取的、一般行业（公司知识产权）不了解或根本不为人知的失效模式。测试结果可用于确认失效的不可预测性。此外，一系列失效模式可能引发不可预测的失效模式，因此更加难以发现所有失效模式。例如，故障可能是更难以发现的动态低电阻故障,而不是未通过短路测试的组件。以上两种情况的组件失效模式和效应可能有所不同。

失效模式与效应分析的实施过程和一般方法须遵循逻辑路径,确保实施过程的一致性。IEC 60812[1] 就失效模式与影响分析的实施规定了四个主要阶段,这些阶段确保失效模式与影响分析成为产品从初始开发阶段到产品使用寿命结束的有用文件。

5.1.5 失效模式与效应分析基本规则

实施 FMEA 之前应制定其基本规则。FMEA 应具有清晰明确的目标,包括如何支持 FMEA 实现文件控制(如修订)进而确定 FMEA 的专家团队,如何减少行动项和高风险。应确定并统一 FMEA 的严重程度、发生率和检测概率的等级量表。三个类别的标度增量相同,这意味着,如果严重程度的范围为 1~5,则发生率和检测概率也应具有 5 个增量标度。IEC 60812 采用了 1~10 的标度,其中 1 代表无效应;10 表示严重效应,影响系统的可靠运行和毫无预警地影响其安全。

FMEA 展示可用表格记录和提供信息。表 5.1 是一个简化表格,展示如何获取 FMEA 的一项示例。子系统栏列出产品的子系统;元器件栏列出各元器件;潜在失效模式栏中列出元器件的所有潜在失效模式,以及系统级上与子系统相关的失效模式。该表格可能有多行项目。FMEA 中,一般只考虑元器件失效的极端情况,但由于在这种情况下,结果不可预料且可能是失效模式的实际最坏情况,因此也应考虑失效的中间阶段。

表 5.1 简化 FMEA

子系统	组件	潜在失效模式	严重程度	潜在原因	发生率	现行设计检测	检测	RPN

随后可以根据 FMEA 采用的标度系统确定严重程度;下一列列出了
所列组件、子系统和系统失效的潜在原因,为基于标度得到的频次指定一
种情况,系统、子系统、组件检测和缓解失效的能力可以通过指定的失效
模式进行评估;最后可以在检测列中填写检测值。

FMEA 实施过程完成后,可与新产品开发周期和产品使用寿命同时
进行。

5.1.6 FMEA 执行

组建技术团队并提供产品详细信息后可执行 FMEA,最好在产品开
发周期开始时执行。可采用多种方式执行,但基本的执行步骤总结如下:

- 明确描述开发中的产品或过程的特点。应考虑产品类型、设计、技
  术风险和制造,以及与过程和产品开发有关的多种其他因素。须
  考虑产品预期的已知适当用途。
- 创建产品或过程(如制造或服务)的框图来确定系统关系。主要组
  件或流程步骤可以表示为框图中用线连接的块,展示组件或步骤
  是如何互相联系、互相连接的。应建立一个数据库并纳入以下信
  息:①产品/系统;②子系统、子装配件或组件;③元器件;④设计
  领导;⑤编制人;⑥日期;⑦版本;⑧修订日期。
- 在数据库中列出项目的功能。
- 识别失效模式,包括系统失效、性能间断、蓄电池无法充电和键盘
  有缺陷。
- 可能无法立即识别引起失效模式的时失效机理,如腐蚀、污染、老
  化、电气失效、变形和降级。
- 一个元器件的失效可能引起另一个元器件的失效模式,通常称为
  连锁失效。应为各组件或流程步骤的功能列出失效模式,并确定
  失效模式是否有可能出现失效。
- 研究类似产品或过程,有文件记录的失效是个很好的开始。然而,
  在公司或组织以外获取此类信息可能具有挑战性。
- 详细描述失效模式的效应。失效效应是指失效模式对产品或过程
  功能的影响结果。应根据识别的失效模式出现时客户可能看到或
  可能经历的情况描述影响。失效效应示例包括:①对用户或他人

造成伤害风险;②产品或过程不可操作;③产品或过程外观不当;④气味;⑤高温;⑥着火;⑦性能下降;⑧噪声、振动和其他干扰。

- 根据 FMEA 的排序标准建立失效模式影响严重程度的数值排序。FMEA 团队能确定失效的优先顺序并处理首要问题,可根据 IEC 60812 中提出的标度描述严重程度。

- 可识别出特定失效模式的所有失效原因或根本原因。潜在原因可能包括:①运行条件不当;②污染;③算法有误;④对准不当;⑤负载过度;⑥电压过高。

- 为失效模式制定概率因数,这是失效模式与影响分析的第二部分。概率因数是分配给已识别失效的数值权重因数,该因数可指示失效原因出现的可能性(发生原因的概率)。可根据 IEC 60812 中的标度描述事件的发生概率。

- 确定控制系统(设计或过程)。控制系统(设计或过程)可能是防止失效原因出现或在客户发现前检测出失效的机理。失效模式与影响分析团队应确定可用于或曾用于相同或类似产品或流程的测试、分析、检测和其他技术来检测失效。可根据 IEC 60812 中提出的定义检测的标度来描述系统检测和响应失效的能力。

- 用字母数字编号描述严重程度、概率和检测后,可确定风险优先权重数(RPN)。用数值表示的严重程度、概率和探测度评分相乘得出风险优先数[1]:

$$风险优先数 = 严重程度 \times 概率 \times 探测度 \qquad (5.1)$$

风险优先数可用于确定相关失效的优先顺序。需注意,在某些情况下也应考虑低风险优先数的严重事件,仅依靠风险优先数确定优先顺序可能不够充分。例如,宇航服的特定失效模式可能严重程度高,但失效概率低,且用户能立即检测出失效。该失效事件的风险优先数低,但可能导致严重事件。因此,应结合高风险优先数事件考虑和评价严重程度高的事件,可在失效模式、效应和危害性分析中进行处理。

- 制定建议行动清单,以评估处理风险优先数高的潜在失效或严重程度高的潜在失效的行动步骤,以便在失效模式、效应和危害性分析中进一步评价。

5.1.7 FMEA 的总结和纠正措施

每次审查结束时,应记录和跟踪失效模式与影响分析的总结,确保解决所有已识别的问题,并确保产品安全风险符合预期,可采取纠正措施。由一名人员执行纠正措施,且该人员应在指定日期前完成。应跟踪进展并更新失效模式与影响分析。总结经验教训可以为未来的产品设计提供参考。FMEA 是风险管理程序的有用工具,但不能代替风险管理过程。

5.1.8 失效模式、效应和危害性分析

可能在 FMEA 中充分调查了已识别的相关失效模式。然而,根据失效模式与效应分析的性质,可用 IEC 60812[1] 中提出的失效模式、效应和危害性分析(FMECA)进一步调查和描述已识别的与安全相关的失效模式。MIL - STD - 1629[3] 及其他标准也对失效模式、效应和危害性分析的实施提供了指导,因此可将失效模式、效应和危害性分析视为失效模式与效应分析的扩展。

FMECA 是基于定性方法自下而上的分析,而 FMEA 采用的是定量方法。作为 FMEA 的扩展,FMECA 为各种失效模式提供了发生危害的概率,包括识别失效原因及其对最终产品、组件、子系统或系统操作能力(功能)的影响。

5.1.8.1 失效模式、效应和危害性分析定义

失效模式、效应和危害性分析各栏样本的一般定义如下:

- 序号:已识别失效模式的参考标识号。
- 项目名称和功能:硬件名称。
- 失效模式:硬件的所有已知失效模式。失效模式描述了失效的表现方式。
- 失效影响:已识别失效模式对项目运行、功能或状态的影响后果。失效影响的分类有:①局部影响:通常限于组件;②延展影响:子系统级的失效影响;③最终影响:系统级总失效影响的评价和定义。
- 严重程度分类:是根据各失效模式对系统影响的严重程度进行分类。这项工作须在失效模式方面具有丰富的经验和知识。如果缺乏信息,可以通过研究或测试进行补充。

- IEC 60812[1]、MILSTD - 1629[3] 和 MIL - STD - 882[4] 均提出了严重程度分类：
  - (1) I类——灾难性：可能引发死亡或严重系统故障的失效。
  - (2) II类——危害性：可能导致严重伤害或重大财产损害的失效。
  - (3) III类——轻微性：可能导致轻伤或轻微财产损害的失效。
  - (4) IV类——次要性：不足以导致伤害的失效，但可能与可靠性有关。
- 失效检测方法：检测失效模式的方法说明。
- 失效隔离：操作员隔离故障或失效的程序说明。
- 备注：纳入失效模式、效应和危害性分析报告的任何评论和建议。

5.1.8.2 危害性分析实施过程

危害性分析旨在对通过失效模式与影响分析识别出的各失效模式进行排序。根据各失效模式的严重程度及其发生概率进行分类。

可根据危害性分析结果制定危害性矩阵。计算每个特定失效模式的失效模式危害性指数(C_m)。计算所用的权重因数通常是根据经验得出的主观数值。在军事应用中，由于产品使用寿命长，且数据源于现场经验，因此效果良好。但商用产品使用寿命较短，故数据是有限的。在 MIL 1629[3] 中，计算每个特定失效模式的失效模式危害性指数如下：

$$C_m = \beta \times \alpha \times \lambda p \times \tau \qquad (5.2)$$

式中 C_m——失效模式危害性指数；

　　　　β——失效的条件概率；

　　　　α——失效模式比率；

　　　　λp——每百万小时的零件失效率；

　　　　τ——预计使用寿命，以小时或运行周期计。

对每一个严重度类别都需要计算元器件、子装配件和装配件（或系统）的危害性指数。危害性指数是与特定严重程度类别有关的特定失效模式危害性指数之和[3]：

$$C_r = \sum_{n=1}^{j} (\beta \times \alpha \times \lambda p \times \tau)n \qquad (5.3)$$

式中 C_r——项目危害性指数；

n——属于特定危害性分类项目中的失效模式；

j——属于该危害性分类项目中的最后一种失效模式；

如 $\beta=1.00=$ 实际损失；$\beta>0.1\sim1.00=$ 可能发生的损失；$\beta>0\sim$ 0.10＝可能发生的损失；$\beta=0=$ 无影响。

因此,可通过失效模式、效应和危害性分析建立危害性矩阵。危害性矩阵根据严重程度分类并参考危害性标度来表示所有失效模式危害性指数的分布情况。根据 MIL‐STD‐1629[3]，标度可分为五级：

- A 级(高)：大概率是指等于或大于失效总概率 0.2 的概率。
- B 级(中)：合理(中度)概率是指规定任务期间大于系统失效总概率 0.1 但小于 0.2 的概率。
- C 级(偶然)：偶然概率是指大于失效总概率 0.01 但小于 0.1 的概率。
- D 级(低)：低概率是指大于失效总概率 0.001 但小于 0.01 的概率。
- E 级(极不可能)：极不可能概率是指小于 0.001 的概率。

完成 FMEA 后，得到的信息有助于产品设计风险和安全评估。

5.1.8.3 危害性矩阵

危害性矩阵是有助于全面了解已识别失效模式的矩阵。失效模式是产品失效的方式，用于描述风险和安全性。

矩阵中的标度将采用 FMEA 中的标度格式。IEC 60812 中展示了增加风险方向的危害性矩阵示例如图 5.1 所示。图 5.1 中，标度分为 X 轴和 Y 轴。严重程度在 X 轴上表示，可能性和概率在 Y 轴上表示。IEC 60812

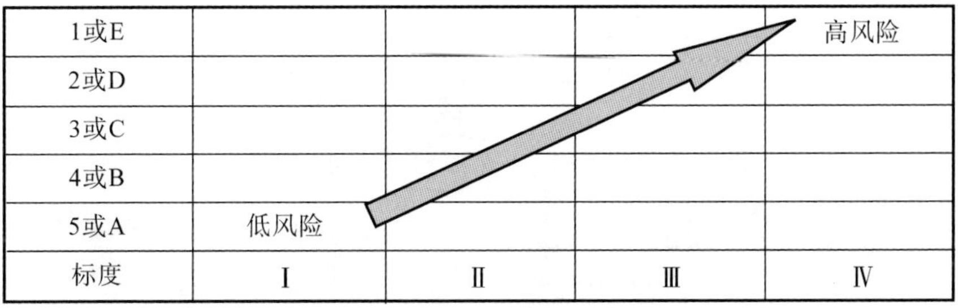

图 5.1　IEC 60812 中增加风险方向的危害性矩阵示例

表 5.2　IEC 60812 中所述危害性矩阵

危害性指数 1 或 E	不大可能	发生概率：$0 \leqslant P_i \leqslant 0.001$
危害性指数 2 或 D	很少	发生概率：$0 \leqslant P_i \leqslant 0.001$
危害性指数 3 或 C	偶然	发生概率：$0 \leqslant P_i \leqslant 0.001$
危害性指数 4 或 B	可能	发生概率：$0 \leqslant P_i \leqslant 0.001$
危害性指数 5 或 A	频繁	发生概率：$0 \leqslant P_i \leqslant 0.001$

中列出了危害性表(表 5.2)。

计算出发生概率后,则可指定危害性指数。用 X 轴和 Y 轴坐标系在表格中绘制失效模式,随后可评价特定失效模式的风险。

5.1.8.4　风险可接受性评估

图 5.2 中,箭头表示可接受的简化风险概况示例,可根据风险接受水平调整该行。但确定风险优先数和严重程度时,采用该方法应保持谨慎,并考虑失效模式与影响分析中提出的相同因素。在某些失效模式下,不大可能发生的风险也可能是高风险且不可接受,即使该风险在可接受风险线以下。因此,风险评估期间,不仅要审查可接受线以上的项目,还要审查严重程度指数高的失效模式。这有助于风险评估并考虑了小概率、高严重程度指数的事件。也可用表格表示风险矩阵,X 轴包括表 5.3 IEC 60812 中显示的严重程度级别的示例。

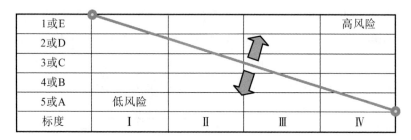

图 5.2　风险线示例的矩阵

表 5.3　IEC 60812 中有关严重程度级别的示例

严重程度指数	严重程度说明	严重程度指数	严重程度说明
1	无关紧要	3	危急
2	轻微	4	灾难性

可以生成与风险评估表中类似的矩阵。在这种情况下，X 轴可为发生频率，Y 轴为严重程度级别。

IEC 60812 详细说明了如何根据失效模式与影响分析结果进行危害性分析的替代方法。此类方法更详细，排序更精细。但这可能需要在流程方面具有更多经验，且在掌握更复杂的方法之前，以更简单的方式开始危害性分析，这有助于建立信心和总结经验。

5.2　故障树分析

5.2.1　概述

失效可能很简单，就像灯泡熄灭，也可能很复杂，像计算机主板失效。一个房间的照明设备失效并变暗时，了解失效模式听起来很简单，但由于失效可能是由多种原因引起的，因此也可能很复杂。例如，有人把灯关了；或者断电、接线缺陷、开关失效；或者灯具连接器失效；或者灯具电路的断路器跳闸；或者灯泡失效。因此，看起来简单的失效可能并不简单，且一种特定的失效模式可能存在多种原因。对于更复杂的失效模式，原因可能更多。

如何获取所有潜在原因来描述特定失效模式？此外，如果识别了产品的失效模式，那么如何表示失效事件或失效模式？

一种常见的解决方案是采用 IEC 61025[5] 中的故障树分析，通过故障树获取单一失效的全局视图，可将许多单一失效和故障应力分解并形成由失效模式多种条件组成的互相连接的故障树。在最后一步中，用故障传播逻辑建立引起失效的事件、组件和产品失效结果之间的直接关系。因此，故障树能评价、用图表展示系统、子系统或组件之间的相互作用。

5.2.2　主动冗余和被动冗余

有多种方式可用于故障树分析构建。主动冗余和被动冗余假设无论输入数量如何，主动依赖性的失效特征保持不变。被动冗余又称为备用冗余，只考虑运行所需的元器件数量。

5.2.3　条件概率重复事件和转出事件

条件概率事件指基于特定条件提供输出的事件。此类条件称为二进制门。二进制条件包括"和""或""与非""或非"和其他描述组件失效与最终产品失效模式之间相互作用的二进制逻辑门。例如，如果采用了"和"函数，则必须出现两个或多个组件失效才能使观察到的失效模式出现。如果采用了"或"函数，表明故障树分析中的任一组件失效都可能引起已识别的失效模式。IEC 61025 附件 A 提供了对应逻辑门的说明。

5.2.4　故障树构建和应用

故障树分析只涉及相关事件。故障树分析从顶部的失效模式开始。可能导致失效模式的所有事件列在故障树分析底部。故障树分析顶部与底部之间显示了从事件到最终失效模式的事件顺序记录。

所考虑的事件都有可能导致相同的失效模式。某些事件的事件顺序可能较短，某些事件的事件顺序可能较长。此外，可能增加相互依赖性，从而增加了显示结构的复杂性。因此，应考虑 FMEA 中的所有事件，但故障树分析中只包含导致所选失效模式的事件。

故障树结构由符号组成，每个符号都具有功能意义。IEC 61025[5] 中列出了各符号。故障树分析采用自下而上或自上而下的结构，具体取决于如何显示失效树。IEC 61025 中，故障树始于顶部的失效模式和底部引起失效机理的事件（图 5.3）。

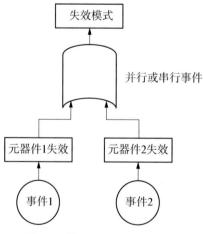

图 5.3　故障树分析的简化示例

　　此类事件涉及在观察到的失效模式中预计会失效的元器件。失效模式块以下是一个二进制决策函数。该函数用于确定元器件失效是以并行还是串行的方式发生，或者确定是否有一种引起观察到的失效模式的单一二进制元器件失效顺序。

　　故障树分析可能也包含多条件事件（图 5.4 中的点线式框）。在这种情况下，元器件 1 失效会导致已识别失效模式，但元器件 2 和元器件 3 必须失效才能使已识别的失效模式出现。

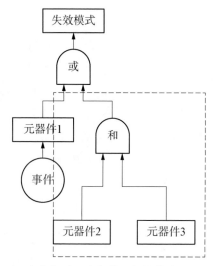

图 5.4　含有超过一个条件函数的故障树分析示例

　　将根据分析逻辑流程构建故障树分析。故障树分析须构建信息，可通过产品及其功能的深度技术审查获得此信息。深度审查包括软件（固件）、硬件设计和有关分立元件失效模式的知识，以及失效如何在产品架构中传播。

　　可将 FMEA 用作故障树分析的依据。如不使用 FMEA，则所需信息可能包括图纸、原理图、控制系统状态图、功能图、软件命令和用户信息。然后可编辑这些信息，并进行分析确定相关原因及其相互依赖性。

　　故障树分析显示事件并沿故障树跟踪事件原因。如果调查了系统失效原因且原因中的事件引起系统失效，则可确定事件的原因和顺序，且只有这样才能缓解失效模式。

IEC 61025 对故障树的布尔简化提供了指导。该标准讨论了 Esary-Proschan 法[5]，就如何管理和计算稀有事件并在故障树分析[5]中对稀有事件提供了指导。故障树分析中的拆分有助于防止计算中纳入故障树分析的公共分支[5]。

除了用于表示概率，故障树分析还可用于分析失效率。IEC 61025 建议采用泊松分布描述事件发生率，从而能开发描述失效率和失效概率的故障树分析。IEC 61025 建议将失效率转换为发生概率并采用标准故障树分析原则。

5.2.5 故障树分析报告

IEC 61025 针对报告提供了指导并列出了基本信息和辅助信息。辅助信息有助于理清复杂问题，从而尽量减少导致不准确假设的说明。

基本报告信息包括目标、范围、系统说明、设计和运行。须在报告中声明评价边界，确保报告审查人员了解故障树分析工作边界。须用文件记录故障树分析团队及其经验和背景。故障树分析报告须包括评价案例的依据和概率，表明数据并提供结果、结论和建议。

补充报告项目可包括所有技术信息、依赖的相关数据及后续行动的 FMEA 和 FMECA。

5.3 危害与可操作性分析

5.3.1 概述

危害与可操作性分析（HAZOP）是一项重点研究的课题，其范围仅包括对动物、人员、建筑物或设备造成风险的条件评价。HAZOP 侧重于与安全相关的问题，而不是一般可靠性。

IEC 61882[6]中提出的技术是将复杂设计分成小块，然后单独评价各块或各节点的过程。HAZOP 是一种定性技术，需要团队具备评价产品并识别潜在危险和可操作性问题的洞察力。

此类标准中记录了有关团队经验的要求。虽然要求是主观的，但是同 FMEA 和 FTA 一样，HAZOP 也需要用于正确识别和了解潜在危害及其结果的经验和知识。HAZOP 最初用于分析主要化学过程，但已多元化,现可用于从发电到关键系统软件开发等其他多个领域。

5.3.2 实施

提供充足信息时可对过程采用 HAZOP。HAZOP 会审查过程中所考虑的条件,但也会评价是否有未考虑到的其他条件,或者设定的一般条件,或者情景是否足以减轻危险结果。

由 HAZOP 团队评价系统中的各节点。评价节点时,团队将采用标准术语和工艺参数确定与设计意图之间的偏差。

可针对偏差确定和记录原因及后果。应评价是否存在防止危害原因或后果发生的缓解措施,措施是否充分或措施是否缺乏有效性。如果确定危险是由缓解措施不充分引起的,则必须确定该措施。该措施会为消除危害提供指导。因此,可对系统进行研究,且应确定和描述所有可识别的危害。

根据分析范围,危害分析可通过单次会议或多次会议进行。一名受过培训的 HAZOP 引导人会协助记录过程并确保 HAZOP 的质量和有效性。

5.3.3 报告

报告应包括所有已识别的潜在危害及对各项危害的评价,指明是否有必要采取行动。报告建议须侧重于行动,须通过描述原因和后果来说明行动。此外,应提供降低行动的建议。

5.4 动作错误分析

5.4.1 概述

动作错误分析(AEA)[7]集中于机器与人之间的交互。AEA 是研究执行任务过程中的潜在人为错误及后果的分析。该分析与 FMEA 非常相似。然而,FMEA 侧重于产品或系统对系统相关失效的响应,而 AEA 侧重于人与产品或系统之间的交互。AEA 可评价人与自动化过程之间的自动接口。例如,飞机飞行员与驾驶舱内显示器及其他设备的交互。

AEA 是一个决策过程,旨在无法以二进制方式获知答案时协助决策。通常情况非常复杂且获知答案须对许多因素进行危险性评价,然后将评价结果归结为一个答案。

AEA 主要的实施理念是寻找基于问题认知的决策,分析问题认知,以一种可以量化和比较认知的方式提出,并权衡不同行动和替代方案。

5.4.2 实施

AEA 的主要目标是识别关键程序中的潜在人为错误,然后评价关键错误并落实缓解措施,以便将风险降至可接受的水平。

AEA 的准备过程与 FMEA 非常相似,也可以分为以下活动:准备动作错误分析、熟悉和审查文件、进行分析和审查分析,然后确定必要的行动项。实施方法与失效模式和影响分析相同。此外,可采用与失效模式、效应和危害性分析相同的方法来评估风险。

可以制定工作表来识别和跟踪以下内容:

- 动作错误:可能出现什么人机交互错误?
- 原因:可能导致错误出现的原因是什么?
- 后果:出现错误或事件的后果是什么?
- 风险:有哪些风险(失效率和严重程度如何)?
- 建议的缓解措施:通过更改设计、培训和改进文件等措施减轻或尽量减少动作。

可以按故障树分析的方法表示执行的工作,但须符合动作错误分析背景。虽然评价过程采用与 FMEA 和 FMECA 相同的方法,但是团队的资质和经验不能相同。团队不仅需要配备技术成员,还需要配备人机交互专家成员。多学科联合团队有能力识别、描述和合理化动作错误、后果、风险和缓解行动。

5.4.3 报告

可根据与 FMEA 和 FMECA 相同的报告指南执行工作,但可能没有检测栏。风险可能是发生率和严重程度的函数。由于评价和报告从人机交互的角度出发,因此这些高风险项目将在报告中作为建议和行动项处理。

　　如前所述,在 FMEA 中,由于风险数低且低于风险可接受值,低发生率且高风险事件应单独评价和排除。因此,在报告中,高严重程度项目可能需要单独处理,并根据具体情况评价和激励行动。

5.5　事件树分析

5.5.1　概述

　　20 世纪 70 年代初成功引入了事件树分析(ETA),以简化因故障树规模庞大而变得复杂的核安全研究。ETA 是一种具有前瞻性的、自下而上的技术,描述了事件的成功和失败。初始事件出现时,事件树将分析失效系统和运行系统的响应。同 FMEA 相似,可在设计早期构建事件树,以确定哪里可能出现问题,以及为缓解风险设计需关注的重点。ETA 中采用的布尔逻辑有助于简化模型。ETA 从概率风险评估开始,该评估确定了一系列改变系统状态的初始事件。确定最终结果前,确定并评价事件的连续性。图 5.5 展示了如何在 ETA 中展现这一点。图 5.5 中,初始事件引发了两个连续事件,从而导致了三种结果。

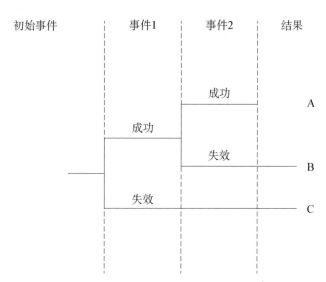

图 5.5　典型 ETA 布局

图 5.5 中所示的三种结果可表示为：

（1）结果 A 成功＝（初始事件）（事件 1 成功）（事件 2 成功）。

（2）结果 B 失效＝（初始事件）（事件 1 成功）（事件 2 失效）。

（3）结果 C 失效＝（初始事件）（事件 1 失效）。

可根据结果决定设计中的纠正措施，并在最终报告中注明。

ETA 和 FTA 有什么不同？答案在于树的构建方式。FTA 从结果或顶部事件开始，向后工作，跟踪朝向初始事件的各种事件。ETA 从初始事件开始，随后跟踪后续事件，直到达到结果或顶部事件。因此，简化实际上是评价单一初始事件，但在 FTA 中，结果可能是在同一图中探索多种初始事件的结果。ETA 可用于 FMEA，以便提供更多有关特定已识别失效模式的详细信息及一定程度的风险评估。

5.5.2 实施

ETA 的实施遵循一系列特定步骤，在某种程度上，这些步骤与 FMEA、FTA 及其他分析系统非常相似。ETA 需要组建团队，配备正确的知识库并制定 ETA 规则。ETA 的典型步骤如下：

（1）确定工作范围，使 ETA 可管理且不会失控。

（2）确定用于识别初始事件的危害和事故情景。

（3）确定已识别的初始事件。这些事件将形成 ETA。

（4）确定初始事件后，应确定各项初始事件的结果事件。

（5）开始为各项初始事件构建 ETA。

（6）确定事件失效概率。用（成功概率－失效概率）确定成功的失效概率。

（7）确定已识别初始事件的结果，然后用概率确定事件的可接受性。

（8）确定并提出纠正措施。

（9）确保用文件记录 ETA 的整个过程，标注日期，并再取得新信息时进行更新。

ETA 的主要优点在于，该分析是一个用图形呈现的模型，重点关注与复杂系统相关的问题及复杂系统识别的问题，因此该模型可跨系统和子系统边界调查事件顺序。

参 考 文 献

[1] IEC 60812, "Analysis Techniques for System Reliability — Procedure for Failure Mode and Effects Analysis (FMEA)," Geneva, 2006.

[2] Price, C. J. "Function-Directed Electrical Design Analysis," Department of Computer Science, University of Wales, Aberystwyth, Ceredifion, United Kingdom.

[3] MIL‐STD‐1629A, "Procedures for Performing a Failure Mode, Effects and Criticality Analysis," U. S. Department of Defense, 1977.

[4] MIL‐STD‐882, "Standard Practice for System Safety," U. S. Department of Defense, 2012.

[5] IEC 61025, "Fault Tree Analysis (FTA)," Geneva, 2006.

[6] IEC 61882, "Hazard and Operability Studies (HAZOP Studies) — Application Guide" Geneva, 2016.

[7] Bligard, L.-O., and A.-L. Osvalder, "Development of AEA, SHERPA, PHEA To Better Predict, Identify and Present Use Errors," *International Journal of Industrial Ergonomics*, 44,2014, pp153‐170.

产品安全的风险管理

6.1 概述

风险管理(RM)是指一个持续的管理过程,旨在识别、分析和评估产品、系统或与活动相关的潜在危险,并确定和引入风险控制措施,以消除或减少对人员、环境或其他资产的潜在伤害[1]。通过了解风险管理的术语、原则和过程,可以获得设计和开发安全产品的工具。

所有产品都存在危险且存在一定程度的剩余风险,因此在使用电气和电子产品时无法保证绝对安全。通常,不是任何产品都具有自动防故障装置的,其应将相关风险降至可容忍的水平。

为了在电气产品的设计阶段达到这一目标,须分析伤害(对人员健康的伤害或损害及对财产、环境的损害)、危害(潜在伤害源)及寿命周期内与产品相关的风险(伤害发生概率和伤害严重程度的组合)。伤害发生概率包括危险情况下的暴露情况(人员、财产或环境暴露于一种或多种危险的情况)、危险事件的发生(可能造成伤害的事件)及避免或限制伤害的可能性。只有暴露在危险中才能产生伤害情况,如果未暴露在危险下,就不会产生伤害。现实期望必须是尽可能降低风险,同时考虑进一步降低风险所需的成本和使用产品带来的收益[2]。

如果制定和实施正确,风险评定(包括风险分析和风险评价)应解决与产品相关的所有风险。风险评定和风险控制的整个过程称为风险管理

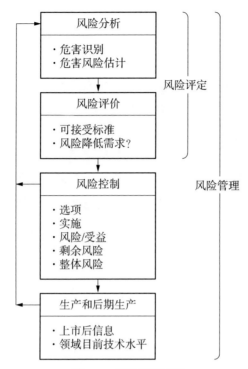

图 6.1　风险管理过程

(图 6.1)。

　　风险分析过程(图 6.1)包括以下步骤[2-3]：

● 确定产品的预期用途和产品安全特性。

● 识别危害和威胁,个性化危害事件。

● 识别危害处境,考虑危害暴露。

● 通过确定伤害发生概率和伤害严重程度(后果),对每种危害或危害处境与产生伤害的风险确定风险水平。

　　风险评价包括以下步骤：

● 根据风险接受标准(各组织为各产品制定的标准)评价风险。

● 针对无法容忍的风险提出风险降低措施。

● 评估其他风险降低措施。

　　风险控制包括以下步骤：

● 做出与风险降低措施相关的决策,进行风险/受益分析,实施措施。

- 进行剩余风险评价。
- 监测措施效果，不得产生新风险。

后期生产信息包括如下步骤：

- 向用户收集有助于改善产品安全性的信息。
- 分析市场上有关产品安全的信息，了解一般技术发展情况，尤其是类似产品的技术发展情况。
- 回顾后期生产的经验并对产品实施相关的安全改进措施。

风险管理过程的第一步是确定要考虑的产品或配件的定性和定量的安全特性。以下清单为可能影响评价产品安全的问题[3]：

- 预期用途是什么？
- 采用了哪些与安全相关的材料和组件？
- 是否用于测量并由精度要求？
- 能否解释产品？产品是否输入数据或算法用于非预期用途？
- 产品是否用于控制其他设备？
- 是否有不需要的能量输出？
- 产品易受环境影响吗？
- 产品是否配有配件？
- 是否需要维护和校准？
- 产品是否含有软件？
- 产品是否会受长时间使用或延迟效应影响？
- 产品会承受哪些机械力？
- 什么决定了设备的使用寿命？

对以上问题的回答及补充说明提供了评价产品的总体概况。

6.2 危害识别

风险管理过程的第二步是识别危害。须在产品生命周期的所有阶段系统地识别可能的危害、危害事件和危害处境。如果未识别存在的危害，则无法控制危害。但须了解，某些危害是未知的，因为还未确定未识别的危害。

危害是指可能导致降级、伤害、疾病、人员死亡或产品或财产损坏的任何实际的潜在条件。经验、常识和特定的风险管理工具有助于识别实际或潜在危害。

根据要预防的伤害、预期用途和产品要求的定义确定危害和可能造成危害的因素(如组件失效、非正常使用、人为错误和环境影响)。在危害识别阶段,须考虑所有适用的国家规章制度、适用产品的标准及对预期市场的其他要求。危害可能存在一个、几个或多个可能的原因。此外,须考虑与任何一组事件和情况相关的危害原因,因为这些事件和情况的组合可能会导致危害事件[4]。

分析的所有危害应考虑产品在制造、安装、维护、运输、备用、正常运行条件或可预见的异常运行条件下的危险,并包括影响操作员、服务人员、旁观人员或环境的适当危害。

有多种方式可用于识别危害。最佳方法之一是与产品直接相关的代表(如制造商、用户和外部专家)参与团队流程。因此,建议采用一个协调多学科头脑风暴过程。

危害识别应从检查现有数据库或对类似产品任何可用的历史和危害信息开始。开发特定的工具来识别危害、危害事件和危害处境,并为因果情景建模。用于危害识别的工具包括[5]:

- 动作错误分析(AEA)。
- 后果分析。
- 能量路径与屏障分析(ETBA)。
- 事件树分析(ETA)。
- 失效模式与效应分析。
- 故障树分析(FTA)。
- 危害分析与关键控制点(HAACCP)。
- 危害与可操作性分析。
- 接口分析。
- 用户系统相互作用的安全分析(SUSI)。
- "假设"分析。

危害识别主要取决于制造商选择适当的工具或工具组合及其对每个工具的使用程度。由于一般没有正确或错误的选择,因此丰富的知识和经验有助于做出选择。

根据特性确定与电气产品安全相关的危害，如第 6.2.1～6.2.10 节所述，主要包括如下：

- 触电危害。
- 机械危害。
- 高温、火灾和漏电起痕危害。
- 化学危害。
- 辐射危害。
- 生物危害。
- 人因工程和人类工效学危害。
- 功能（操作）危害。
- 信息危害。
- 材料老化危害。

> **注：**与风险管理有关的一些标准和出版物包括"风险识别"（作为风险分析的一部分），不包括"危害识别"。这可能产生误解，有时会推翻整个风险管理过程。识别的是什么？风险、危害，还是风险和危害？作为伤害发生概率和伤害严重程度的组合，风险无法识别，但可以估计和评价。只能识别造成伤害的危害。虽然这似乎是一个语义问题，但对于术语"危害"和"风险"的重要性来说，这是一种更复杂的线索。切记，危害与风险不同。风险是某事发生的机会，可以测量和评价，但不能被识别。当评估一个过程时，我们会识别危害，并评价已识别危害引起的伤害发生风险是可容忍（可接受）还是不可容忍（不可接受）的。我们可能面临一种机械危害（即切割），这种危害可能产生小（低）、平均（中）或大（高）风险的伤害（人身伤害）（取决于发生概率和伤害的严重程度），但不存在机械风险。可能寻找、列举和描述风险因素（概率、事件、严重程度和后果）的过程（有时称为"风险识别"）更应称为"风险表征"或"风险说明"。总之，须避免混淆术语"危害"和"风险"。

6.2.1　触电危害

触电是一种危害，表现为电流通过人体造成不同程度的伤害（如受伤或死亡）。

触电可以通过以下方式产生：

- 不安全地接入危险电压。

- 绝缘不充分。

- 接地不良。

- 漏电流高。

- 存储电荷高。

- 电弧。

- 电源连接错误和电源中断。

当带电或放电能量源达到可产生触电的水平时，应确定产品的可触及部件是否有危害部件。

影响人体对触电易感性的因素如下[4]：

- 人体的阻抗（如皮肤湿润和人体内阻）。

- 电流流经人体（心脏、脖子和头部是最危险的电流路径）的路径。

- 电流持续时间和强度。

- 电流的频率。

6.2.2 机械危害

机械危害可能由产品或作用于产品的预期外力影响引起。在确定机械危险时，应考虑动能（运动质量和动态事件）、势能（不运动质量和静态事件）和压力（如空气、水、声音和超声）。

机械危害包括破碎、剪切、切割或切断、缠结、捕获、刺穿、摩擦或磨损、高压流体喷射、跌落、不稳定、冲击、振动和噪声等危害。机械危害还包括爆炸和内爆，以及在压力或高真空条件下装配组件的产品所产生的危害[4]。

机械危害由以下因素产生：

- 稳定性不够。

- 机械强度不够。

- 运动部件防护不够。

- 外壳可触及部件的修整不适当。

- 提升和搬运工具不足。

- 正常使用时处理不当。

● 零件被射出。

6.2.3 高温、火灾和漏电起痕危害

高温危害可能产生不同程度的烫伤,由可能接触产品表面或可触及材料所释放的过高温度引起。

火灾危害可能由电气产品产生、排放或使用的物质引发。需要识别在正常条件及单一故障条件下,任何过热可能导致产品内部出现火灾危险,并造成火灾在产品外部蔓延的区域和组件。火灾危险是一种非常复杂的现象。在连锁反应中,火灾可能产生其他类型的危险,如触电、机械危险和毒性。在考虑火灾危险时,还必须考虑功率损耗、最高允许温度和着火所需能量等附加因素。

需要确定是否选择和应用的组件和材料能够尽量减少着火和火焰蔓延的可能性(即在高温下工作的组件需要有足够的间隙,以有效防止其周围环境过热,而且需要安装到具有适当阻燃等级的材料上)。必须根据每种产品类型考虑材料的可燃性和漏电起痕特性[4]。

使用阻燃剂可能造成的损害必须与电气产品着火造成的损害相平衡。

含有电池的产品存在严重高温和火灾危害。电池不得因泄漏或通风、过度充放电或安装极性不正确引起火灾危害。必须特别注意锂原电池和锂蓄电池。

6.2.4 化学危害

化学危害包括排放、生产和使用有害物质(如气体、液体、灰尘、雾气、蒸汽和湿气产生的毒性)。有毒物质会通过相互作用损害生命组织。

化学危害可能源于以下产品:

● 持续接触的液体(如液体泵和容器)。
● 偶尔接触的液体(如意外接触的清洗液和液体)。
● 产品周围区域内的液体。

如果制造商规定进行清洗或去污处理,清洗或去污处理不应造成触电危害,也不应造成腐蚀危害。必须特别注意容器接头位置可能会出现喷溅、溢流和漏液的情况。

6.2.5　辐射危害

必须考虑非电离源(如紫外线、激光、微波、红外线和电磁)和电离源(如核辐射和 X 射线)产生的辐射危害。

辐射产生的危害取决于许多因素,包括与身体的距离、辐射量级和暴露时间。连续暴露可能导致伤害的后果,即使人体受到的是低量级辐射。对操作员、服务人员、患者和其他人员可能遭受的各种类型辐射进行控制是极其重要的。

必须特别注意的是,高能量的辐射源有潜在的能力去改变一种材料,通过高温和熔化,也可能通过熔化或蒸发外壳材料渗透外壳壁改变材料形状。这些效应取决于辐射的类型、暴露时间、环境因素和被辐射材料的热机械性能。

6.2.6　生物危害

生物危害指的是对人类和其他生物体健康构成威胁的有机物。生物危害包括病原微生物、细菌、病毒、毒素(来自生物源)、孢子、真菌和生物活性物质。生物危害还包括疾病携带或疾病传播。

对于在正常使用或可预见的异常情况下(有意或无意)与人体接触的产品部件,需要考虑此类部件的材料(生物相容性特征)因卫生条件差引起的生物危害。

生物危害源会造成诸多健康问题,从皮肤刺激到过敏感染。对用于健康服务、农业、林业和渔业的电气产品而言,暴露于生物危害是最常见的情况[3]。

6.2.7　人因工程和人类工效学危害

人因工程危害可以被视为产生一系列决策的错误或违规行为,这种错误或违规行为造成意外直接伤害或延迟伤害。主要的出错类型为过失、失误和错误。这些错误发生在产品的使用过程中。人为出错也可以根据行为来分类:疏忽、干扰、重复、错误对象、无序、误时及各种行为的组合。

当人因工程失效时,就会把单独发生的小错误串联起来,造成伤害。

可以说,人为错误是一种计划外且导致不良后果的行为或决定。

在工业过程中,导致错误和失效的人因工程的可能原因如下:

- 沟通错误。
- 员工知识不足或不正确。
- 资质不足。
- 经验(缺乏培训)或实践不足。
- 关于员工性格和健康。
- 未能维持工作流程。
- 工作条件和环境不合适。
- 员工疏忽(短暂)。
- 不适当的产品配件。
- 对决定产生误解。
- 错误的数据传输。

为防止人类工效危害,最重要的是:利用人类工效学去识别错误的可能性和那些为了人们的使用设计的场地、产品和系统产生的危害。更多的人因工程和人类工效危害的信息,可参考第 13 章。

6.2.8 功能(操作)危害

功能危害由功能与危害之间的关系引起。为了识别这种危害,需要确定产品的安全有效功能(SSF)及与该功能相关的危害[6]。

应确定由下列问题引发故障所导致的危害:

- 预期的环境条件,包括电、磁和电磁干扰作为产品标准或通用电磁兼容性标准参考。
- 硬件和配件错误。
- 软件逻辑错误。
- 电源的中断或通常预期波动。
- 意外启动或停止操作。
- 未能停止或启动产品。

产品性能分析、电路设计和机械设计应提供必需信息,说明在非正常操作过程中及单一故障条件下可能出现的危害。

如果一个产品预期使用要结合其他产品,应对每种产品进行评估,以确定产品组合不会产生危害,或者识别此类组合产生的危害。第 6.6 节提供了关于功能安全更深度的信息。

6.2.9 信息危害

如果未能向产品用户传递正确的和必需的信息,可能会产生危害,其影响因素如下:

- 使用说明书不可用。
- 操作规程不全面。
- 说明书过于复杂。
- 说明书不一致或难以按照说明去操作。
- 对潜在危害的警告不足。
- 符号使用不清楚。
- 产品所用配件说明不够充分。
- 使用前检查说明不够充分。
- 性能特征描述不够充分。
- 预期用途说明不够充分。
- 使用限制披露不够充分。
- 关于服务和维护的信息不够充分。

幸运的是,适当说明和培训可以消除许多信息危害。

6.2.10 材料老化危害

材料老化危害指的是随着时间的推移或不断的使用,材料的性质因生物、化学或物理因素导致腐蚀、陈旧和风化而发生变化的渐进过程,应尽可能防止或延缓材料的自然老化、劣化和降解,并采取适当措施保持产品质量。

应考虑有机物和无机物的老化和劣化产生的环境影响及有机材料生物降解性阻抗,老化实验的结果也需要被考虑。

6.2.11 危害识别输出

危害识别输出指的是列出危害或危害处境及其可能造成的伤害。与识别的危害相关的,包括操作员错误、元器件失效、软件错误、集成错误和环境影响也需要列出。根据危害识别所用工具（如 FTA 和 FMEA）列出每个危害相关原因是非常必要的。

危害可能与管理、产品、人为因素、环境和预期用途等多种原因有关（关于确定危害的示例见表 6.1）。在每种情况下，试着找出根本原因（导致预期用途退化、人员伤害、死亡或财产损失等一系列事件的首要环节）。风险控制是唯一有效的、找到根本原因的办法。

表 6.1　确定危害的示例

编号	危害	条件 ● 正常使用(NU) ● 不正确使用(IU) ● 单一故障条件(SFC)	伤害对象： ● 操作员 ● 服务人员 ● 旁观者	危险等级数(HRN)	控制措施(风险控制)： ● 安全设计(SD) ● 保护措施(PM) ● 通知用户(IU)	新的危险等级数(NHRN)

注：该表还涉及风险管理的其他方面（危险等级数和应对措施），将在后续介绍。

6.3　风险估计

风险管理过程的第三步是进行风险评估，采用定量、半定量或定性的方法来确定与某一特定危害有关的风险等级。这一过程是根据人员或资产暴露到一个危害处境的程度，确定危害可能造成伤害的发生概率和严重程度。

风险估计是指将"危害"与"风险"联系起来的过程，其中涉及各种伤害及伤害发生的可能性[5]。

只有在确定了危害处境后，才能进行风险评估和管理。记录可将危害转化为危害处境的合理可预见的事件顺序便于进行系统的风险评估和管理工作。这一步的难点在于，每一种正在调查的危害处境及每种产品的风险估计各不相同。

由于在产品正常工作和出现故障时均可能出现危害,因此需要对这两种情况进行仔细观察。实际上,风险的两个要素,概率和严重程度(后果)应单独分析。

风险估计的另一个方面在于对风险进行优先排序。若要对相关伤害风险进行排序,必须对危害概率、严重程度和暴露程度进行最佳可能估计,相对于其他的已识别危害。

概率是对危害造成伤害的可能性进行估计。某些危害经常造成损失,而有些危害则几乎从不造成损失。可以使用演绎分析,根据从历史数据或模拟、失效分析结果和专家意见等信息得出的经验、数据和过去/预期事件发生率,对危害事件和危害处境的出现频率进行估计。根据这些结果,确定伤害发生的可能性。通过风险暴露估计、发生的危害事件及确定是否可以避免伤害,计算造成伤害的概率。

伤害发生的可能性有几种分类方式,如下[5]:

- 频繁(可能经常发生)。
- 可能(在产品生命周期内发生多次)。
- 偶尔(可能在产品生命周期的某个时候发生)。
- 极少(不可能,但是可以合理地预期在产品的生命周期内发生)。
- 不太可能(考虑到可能不会发生,发生的可能性很小)。

伤害的严重程度包括对受伤程度、受伤害的人数和伤势进行估计。本节进行了归纳分析,以确定造成不同程度伤害的危害事件和危害处境可能引发的事件顺序。若要估计伤害严重程度,需要考虑潜在后果范围及产生这些后果的可能性。

伤害严重程度可分为以下几类[5]:

- 灾难性(可能导致多人死亡或重伤)。
- 严重(可能导致死亡或重伤)。
- 中度(可能导致受伤)。
- 可以忽略不计(几乎或没有可能导致受伤)。

第三个关键方面在于暴露,即受某一事件或随着时间的推移,受多个事件影响的人员或资源的数量。反复暴露于危险之中会增加造成伤害的概率。了解暴露水平可以作为限制对一个特定危害暴露的控制措施的指导。

在对每种危害进行估计后，需要确定以下要素：

- 暴露于危害的后果（伤害严重程度）。
- 因暴露水平及在危害处境下伤害发生的可能性。

将这些数据结合起来，就可以得到每种危害的估计风险水平，可能为危害等级数（表 6.1）或定性名称[3]：

$$风险水平＝伤害严重程度 \times 伤害可能性$$

风险水平可以用定量、定性或半定性术语表示，描述如下：

- 定量分析对实际后果值（危险等级数）及产生此类后果的可能性进行估计，然后得出风险值。风险值具体单位通过上下文确定。
- 定性评估使用"高""中""低"等词确定结果、概率和风险。这种评估可以采用矩阵方法，结合后果和概率进行，并参照定性标准对风险水平进行评估。
- 半定量方法使用概率和结果的数值等级量表，并用公式将它们组合起来。量表可以是线形量表或对数量表，或者其他关系。使用的公式也可能不同。

不确定性及其产生的影响在风险评估过程中具有重要意义，不确定性尤其适用于从定量的角度进行风险估计。结果差异在很大程度上是由评估和呈现风险所采用的不同方法引起。

伴随危害识别，危害等级数的确认是整个风险管理程序中最难的阶段，这需要评估员具有丰富的经验和特殊技能。可以通过例子中的来源获得其他数据，如科学数据、同类设备现场数据、事故报告及相关标准。

为了更好地进行风险估计，如果风险在无失效的情况下、在失效模式下或仅在多个失效条件下发生，需要对各风险要素（伤害严重程度和伤害发生概率）进行分析，见表 6.2 和表 6.3。用于风险水平计算的数据应适合于特定的用途，在可能的情况下，这些数据应根据分析的具体情况而定。

表 6.2 定性严重程度示例

伤害严重程度	描 述
灾难性	导致患者死亡
重大(临界)	导致永久性损伤或危及生命的伤害
中度(严重)	导致需要专业医疗干预的伤害或损伤
较小(可忽略不计)	不需要专业医疗干预的不便或暂时的不适、受伤或损伤

表 6.3 半定性概率级别示例

伤害发生的概率水平	概率范围示例
频繁	$>10^{-3}$
可能	$<10^{-3}$ 和 $>10^{-4}$
偶然	$<10^{-4}$ 和 $>10^{-5}$
很少	$<10^{-5}$ 和 $>10^{-6}$
不大可能	$<10^{-6}$

　　众所周知,从某种程度上来说,任何风险估计结果不可避免地存在不确定性。由于风险评估方法具有不可避免的局限性,真实风险可能高于或低于估计值。

　　注:在风险估计阶段,由于应用 FMEA 的估计参数(失效的频度、严重程度和可探测度),将 FMEA 方法用作风险管理方法,有时会造成混淆。此处的问题在于,由于将失效的可探测度作为风险水平估计的一部分,失效与伤害会发生混淆。一般而言,FMEA 仅根据产品的单一失效(元器件失效)、流程(组件制造与装配)或应用(在最终用户使用或误用产品期间)进行失效影响分析。失效可能引起危害。但是,若要估计伤害发生的风险,也需要考虑其他参数,如危害暴露、危害处境和可能对特定失效造成伤害的其他因素(如环境条件),以及不同程度的伤害。FMEA 和 FMEAC 并不能确定这些方面。将第三个因素即可探测度,包括在风险水平估计中没有任何用处。失效检测可以是风险

控制(评估检测型的风险控制在由失效引起的危害相关风险降低方面的贡献),但不是估计风险等级的参数。在风险估计期间,将伤害发生概率和伤害严重程度的可探测度赋予相等的权重是不正确的。防止失效原因出现的机制将检测失效原因或失效本身。检测指的是对提供这种机制的可能性进行估计。相应地,在估计伤害发生概率时,也可以考虑可探测度。在风险管理方法中,在估计伤害发生概率时(检测似乎是这种概率的组成部分),会考虑此时的错误检测。如果将可检测性视为独立因素,再重复计算这种影响。考虑这些因素,需要谨慎使用FMEA 参数和风险管理参数。

6.4　风险评估

风险评估是风险管理过程的第四步。在此步骤中,将估计的风险水平与预先确定的标准进行比较,对所评估风险的接受程度进行评价。如果确定的风险水平很低,那么可能将风险归入可接受的类别,并且可能不需要处理。

从进一步控制风险的角度来看,规定风险可接受性的阶段非常重要。在大多数情况下,可接受性准则已在风险评估的准备阶段就说明并纳入风险管理计划。

一般而言,每个组织和每款产品均有特定可接受性矩阵。风险评估是一项基于价值和道德的任务。可接受性矩阵反映了管理优先事项。

关于风险可接受性或不可接受性的决策基于以下两个水平:

- 可接受(可忽略)的风险水平:这代表社会可接受的风险水平,在这种风险水平下,发生不利影响(伤害)的概率很小。这意味着这种等级的风险不需要任何监管或其他措施来降低。
- 不可接受的风险水平:这就要求不可避免地采取管制措施或其他具体措施来降低风险。

确定所需的安全可接受水平并就可接受的风险水平达成一致意见属于一项政治和社会活动,其中涉及广泛的利益。每个人及社会都有风险可接受度的价值观,在许多情况下风险可接受性是一种妥协,有时是反映其真正的"文化"、技术或操作成熟度的共识——在技术实践中,这通常被称为"基于危害的文化"。

已识别危害的特定风险水平可以归为以下类别[5]:

- 可接受的:风险小,可忽略不计。
- 可容忍的:基于当前的社会价值观,在特定环境下可以容忍的风险。
- 不良的:在合理确定的情况下,可被视为造成伤害的风险。
- 不可容忍的:由于其后果所造成的重大危险而无法容忍的风险。

表6.4定性地概述了风险水平、发生伤害的可能性及由此产生的伤害严重程度之间的关系。

表6.4　风险水平、发生伤害的可能性和伤害严重程度之间的关系

通用术语	较小(可忽略不计)	中度(严重)	重大(临界)	灾难性
频繁	不良	不可容忍	不可容忍	不可容忍
可能(很可能)	可容忍	不良	不可容忍	不可容忍
偶然	可容忍	可容忍	不良	不可容忍
极少(很少)	可接受	可容忍	可容忍	不良
不大可能(不可能)	可接受	可接受	可接受	不良

在可接受性矩阵的使用过程中,涉及至少两个主观性维度。第一个维度即对矩阵范畴的理解——考虑到你对"重大"一词的理解可能与我的理解完全不同;第二个维度即对危害的理解,这种主观性自然会导致一些不一致性。

应将伤害严重程度和(或)伤害发生可能性降低到产生的风险水平可接受或可容忍的范围,来减少不可容忍和不受欢迎的风险(采用风险控制措施)。在实践中,减轻伤害的严重程度是非常困难的,因此降低风险水平的最常用方法就是减少伤害发生的可能性。

6.5　风险控制

降低危害严重程度和(或)减少危害发生的可能性就是进入了风险管

理过程的第五步：风险控制。为了应对风险，决策者必须选择要实施哪些对策来减轻风险。但是，投资决策很复杂，组织需要尽可能获得关于风险和对策的最佳信息，以确定最佳投资。对策产生的费用及其降低风险的能力是影响选择的因素，不适当和耗资太大的对策意味着赔钱。通常，如果产生的结果有价值，则风险可接受。

因此，决策者需要研究减少、减轻或消除伤害风险的特定策略和工具，应对风险进行控制，使已识别危害的估计风险可接受。

风险控制是为减少任何可能的风险而制定的程序。它是一种降低出现危害的可能性或危害严重程度的解决方案，或者两者兼而有之。此类解决方案应针对造成危害的原因或应在危险显现时，采取防护措施，规范安全要求以消除或尽可能减少危害并达到可接受风险水平。

采用以下三种方法可以保证剩余风险（实施风险控制手段后的剩余风险）得到充分降低：[3]

（1）通过设计、采用危险性较低的材料和物质代替，或者应用人类工效学原理消除危害或降低风险。

（2）通过采用技术保护措施（如设备和警报）来降低风险。这些技术保护措施能够充分降低预期用途的风险，并且适用于实际情况。

（3）当保障措施或其他防护措施的实施不可行，转为使用信息。此等信息不应被视为第（1）项和第（2）项正确实施的替代方案。在采用这种方法时，决策者应注意可能存在的任何剩余风险。因此，除其他保障措施外，必须确保下列各项正确：

- 产品使用的操作程序与产品使用人员或可能暴露于产品相关危害的其他人员的能力相符。
- 已对产品使用要求方面的推荐安全工作规范进行了充分说明。
- 用户充分了解产品生命周期各阶段的剩余风险。

产品有过多的警告标签意味着设计解决方案或其他保护方法不成功，只能采用贴标签（告知用户）的方式来适当进行风险控制。这清楚地表明产品不够安全。

在产品生命周期内，风险管理是一个持续的过程，应系统审查有关产品和类似产品的生产之后的信息，以确定是否与产品安全有关。

注：通过设计和保护措施提供的对策比告知用户的对策更好、更有效。以下问题的肯定回答可以说明产品是否可以被视为安全：

- 是否考虑了所有的运行条件和所有的干预程序？
- 危害是否已消除或风险已充分降低？
- 是否确定所采取的措施不会产生新的危害？
- 对于剩余风险，用户是否充分了解并收到足够的警告？
- 用户的工作条件与产品可用性是否不受到所采取的保护措施的破坏？
- 所采取的保护措施是否相互兼容？
- 是否考虑到用于专业/工业用途的产品或用于非专业/工业环境时产生的后果？
- 是否确定所采取的措施不会过度降低产品的功能？

6.6 功能安全

从功能安全的角度对设备评估讨论之前，试着了解它的含义。

为了充分了解"电气/电子/可编程电子安全相关系统的功能安全"（正如 IEC 61508 系列标准[7]标题所指的那样），人们首先假设功能安全应该被视为一个概念，而不是一个可衡量的设备参数。构成这个表达的词便于人们理解其正确含义，并对其进行详细解释。

如第 1 章中所述，先要考虑"安全"一词的含义：免受不可接受的风险（ISO/IEC 导则 51 定义 3.1）。然后，将"免受不可接受的风险"这个短语扩大为更详细的形式：免受由于电气产品的功能和用途直接或间接引起的人身伤害和（或）人员健康危害和（或）财产损失和（或）环境损害等不可接受的风险。

同时，考虑到"不可接受风险"这一表达，人们考虑采用反义词表达的定义方式。被称为给定环境下根据当今社会价值观为人们接受的"可容忍风险"或"风险"[8]。

当讨论中的电气产品正在执行（设计的任务）安全功能（例如，在加工厂，急停设施、化学装置和精炼装置；在机械工业中，工厂中使用的各种机器的安全控制系统;在发电方面,包括核电厂、锅炉系统、燃气轮机和风力涡轮机;在汽车工业中,车载安全系统,如自动转向和制动系统;在航空航天工业中,电传操纵系统和电子节气门控制装置;甚至在医疗/患者检查系统,包括核磁共振和 X 光机),应对这些系统在可容忍的风险范围内正确执行其安全功能的能力进行评估。

根据 ISO 定义,应持续地与当前社会价值观保持一致,因为人们的安全应始终被视为最重要。

在这些情况下,需要完全按照社会价值观制定标准,以确定一个界定可容忍风险的框架及评估其接受程度的方法。

IEC 61508 和一般用于功能安全评估的标准适用于包含电气、电子和可编程电子(E/E/PE)设备的安全相关系统。功能安全这一概念绝对不适用于无源组件[7]。

这一概念及评估类型相当新,此概念最早出现在 1998 年。它的出现是一种必然,源于在此之前 20 年的技术发展进步。源于上述工业应用领域的设备,配有可编程电子系统,能够执行安全功能。计算机系统技术得到有效、安全的利用。有一点至关重要,即在一个过程中负责决策的所有元素都必须对该过程中涉及的所有安全方面拥有必要的、充分的掌握权。

功能安全是整体安全的组成部分。整体安全取决于系统或产品对其输入的响应是否正确。功能安全通过识别潜在危害条件来完成系统评估。在这种潜在危害条件下,会启用保护或校正装置或机构,以防止可预见危害事件发生,或者至少保证在出现可预见的功能失效的情况下,任何危害事件产生的后果都能得到缓解。

在讨论功能安全时,在于了解这种类型的评估(基于 IEC 61508 标准中提出的概念或等效概念)是否适用于所讨论的产品及需要确定产品(或组件)特征是否属于拟采用标准范围。

以下为从功能安全的角度而言的测试对象示例:

- 机械设备的安全防护和关键安全组件。
- 具有安全功能的可编程或可配置控制器。
- 具有安全功能的驱动系统。
- 具有安全相关通信功能的总线系统或设备。
- 熔炉和工厂的控制和安全措施。

- 安全相关模块与元器件（如配有强行引导触点继电器、位置开关、阀门和 ASIC 集成芯片）。
- 软件产品（编译器，或者将计算机语言翻译为机器语言的程序，或者计算机处理器使用的可编程"代码"）。

在相关功能区域内的几乎所有可编程电气系统（或使用软件的电气系统）跟安全有关，应对此等电气系统的功能安全进行评估。

人们使用"宜"（建议）而非"应"（强制），以避免给制造商施加过多压力。时至今日，每个制造商都会了解何时应该对旗下产品的功能安全进行评估。

将任何可编程电气产品排除在这类评估之外并非易事（当然，那些安全功能不依赖于软件决策的产品可能会被排除在外）。

由于功能安全评估涉及的工作复杂，许多软件专家会试图反对以下观点：制造商有责任向测试机构证明其使用的软件为失效安全型软件。

我们强烈主张一个观念：只有当软件或固件完全独立于硬件架构内的任何其他系统软件时，才允许将软件或固件作为一种危害防护措施，这样它就不会被破坏，只会有一个专用功能。但当软件部门将功能安全的任务划为硬件部门责任范围时，硬件工程师有权保持沉默不置可否。

如今，产品开发公司开始理解软件与硬件之间相互依赖的关系，以及作为一个整体而复杂的过程需要遵守适用要求。在工程判断过程中，管理人员需要了解并理解可容忍风险的定义，而且明白它是一个连续过程，完全按照当今社会价值观确定每一步操作的新要求。这是制造商需要积极参与产品标准制定和完善过程的原因之一。

由于并非所有涉及专家均认同这个观点，认证工程师（主要为电气安全专家）应至少考虑以下提示：

- 绝不信任任何类型的软件，甚至一款独立软件。
- 学习如何像阅读书籍一样阅读代码（这就意味着需要理解该语言的基本语法和结构特征），以充分了解软件要完成的步骤。
- 学习如何在完全静态条件下的仿真器中运行代码。

根据经验，测试机构假定从安全的角度来看，软件100%有失效概率的情况（我们同意这个观点）。制造商需要向测试实验室证明软件为失效安全型软件。对设计师而言，这项任务可能并不容易，而且在大多数情况下,从实际出发也不可能做到。将电气产品的安全评估与目标产品的功能结合起来考虑,这是一个100%正确且必要的决定。多年来,忽略了产品功能(即安全相关功能),但从未听说某些方面因为与安全没有直接关系而被忽视。在人们看来,应最大限度地重视产品的各个方面(直接或间接地)。

功能安全只是整体安全系统的一部分。以下为应评估的功能安全示例:

- 利用传感器探测烟雾,确保火警系统自动启动。
- 启动医用X射线系统内的一个开关,来限制射线剂量水平以保护病人不会受到更多的辐射。

通过依赖无源系统的措施、设备或元器件实现的安全不归于功能安全这一概念下。参考这个示例:

一扇防火门或一种能承受高温的绝缘体是一种天然的被动措施,与功能安全控制(使用烟感探测器和自动激活喷水灭火系统检测)一样是在防止危害的发生。但是,这种无源组件(如防火门)本身不符合功能安全理念。

功能安全包括由E/E/PE安全相关系统所执行的安全功能失效可能造成的危害,并不适用于E/E/PE产品的电气安全特性所产生的危害(如触电危害、辐射危害和火灾危害)。功能安全代表整体安全的一部分,取决于产品的正确功能,作为对其输入的响应。

IEC 61508和其他等效标准适用的E/E/PE安全相关系统范围如下[7]:

- 紧急关机系统。
- 火灾及气体系统。
- 涡轮控制。
- 燃气炉管理。
- 吊车自动安全负载指示灯。
- 机械防护联锁和紧急制动系统。
- 医疗器械。
- 动态定位。
- 铁路信号系统。
- 将变速电机驱动用作限速保护方法。
- 远程检测、操作,网络化工艺工厂的编程。

- 任何信息化决策支持工具，错误的结果可能会影响安全。

执行安全功能的元器件示例如下：

- 电磁继电器（即电气继电器）。

- 不可编程的固态电子元件。

- 可编程控制器、微处理器、专用集成电路（ASIC）或其他可编程设备（如传感器、变送器和执行单元）。

标准的相关要求适用于整个 E/E/PE 安全相关系统（如通过控制逻辑和通信系统，从传感器到最终执行单元，包括操作员交互的任何安全关键动作）。将系统视为整体至关重要，并考虑行动链中隐含的所有元器件的相互作用。

风险评估应在功能安全评估之前进行。风险评估确定是否需要功能安全。风险评估将确定产品的哪些操作是安全相关，哪些不是安全相关；通过风险评估确定产品具有一系列安全功能，并列出失效后果。可以根据此类列表进行功能安全方法的基本工程判断。

功能安全评估的主要目标在于，确保风险评估涉及的功能与安全有关。如果该功能无法执行，执行的预期功能的可靠性水平与功能的危害性相称。

"安全功能的安全整体性水平（SIL）确定产品安全功能的所需可靠性水平。安全整体性水平被分为四类：SIL 1（安全功能所需的最低可靠性水平）至 SIL 4（安全功能所需的最高可靠性水平）。对于危害性相对低的安全功能而言，SIL 1 可能合适。危害性较高的安全功能可能需要 SIL 3 或 SIL 4。"[7]

较低水平 SIL 目标便于制造商进行自我评估，应在公司内部有功能安全认证专家时进行自我评估。较高水平 SIL 目标要求进行第三方评估。

希望对自己的专家进行认证的公司可以联系几个认证机构。根据专家开展活动的资料进行认证（如汽车安全应用、自动化网络安全、机械安全、工艺安全应用、安全硬件开发和安全软件开发）。

功能安全评估一般分为以下几种：

- 安全要求规范审查和安全设计管理系统审计。

- 硬件、软件要求规范审查，验证和确认计划。

- 硬件和软件设计审查。

- 软件和硬件的验证测试的目击测试。
- 确认测试和结果的目击测试。
- 用户文档和说明审查。
- 完整技术文件和所有生命周期文件审查。

实现系统所需的功能安全有几个目标,其中,我们认为最重要的是以下目标:

(1) 执行安全功能的任何系统应使用可靠元器件。

(2) 应诊断故障,一旦检测到故障,应使系统处于安全状态。

(3) 在不可能进行诊断时,应考虑冗余。

6.7 风险管理标准

表 6.5 列出了最重要的风险管理和功能安全标准。

表 6.5 风险管理和功能安全标准

标准号	标准名称	注释
ANSI B11 TR3	《风险评估和风险降低:用于估计、评判和降低机床工具风险的准则》	
ANSI/RIA R 15.06	《工业机器人与机器人系统:安全要求》	
AS/NZS HB 203	《环境风险管理:原则和过程》	
AS/NZS HB 221	《业务连续性管理》	
AS/NZS HB 240	《管理外包风险的指导方针》	
AS/NZS HB 436	《风险管理指南:AS/NZS 4360 配套指南》	
AS/NZS 4360	《风险管理》	
BS 6079 - 3	《项目管理:与业务相关的项目风险管理指南》	
CSA Q 850	《风险管理:决策者指南》	
CAN/CSA Z434	《工业机器人与机器人系统:安全要求》	
EN ISO 13849 - 1	《机械安全:控制系统的安全相关部分》	
IEC 61508	《电气/电子/可编程电子安全系统的功能安全》	

（续表）

标准号	标准名称	注释
IEC 61511	《过程工业领域安全仪表系统的功能安全》	
IEC 62061	《机械安全：安全相关电气、电子和可编程电子控制系统的功能安全》	
IEC 62198	《项目风险管理：应用指南》	
ISO/IEC 14971	《风险管理对医疗器械的应用》	
ISO/IEC 导则 51	《安全方面：标准中安全问题导则》	
IEC/ISO 31010	《风险管理：风险评估技术》	
IEEE 1540	《软件生命周期过程：风险管理 IEEE 标准》	
ISO 10218	《机器人和机器人装置：工业机器人的安全要求》	
ISO 12100	《机械安全 设计通则：风险评估和风险降低》	
ISO 14121	《机械安全：风险评估》	
ISO 15743	《风险管理实践方面：低温工作场所的风险评估和管理》	
ISO 31000	《风险管理：原则和指南》	
ISO/TS 14798	《电梯、自动扶梯和自动人行道：风险评估和风险降低方法学》	
MIL-STD-882E	《军事系统安全：系统工程用的环境、安全及职业健康风险管理方法》	
ONR 49000	《组织和系统中的风险管理》	德语版
PAS 56	《业务连续性管理指南》	
PD 6668	《公司治理风险管理》	
SEMI S10-1103	《风险评估和风险评价过程的安全指南》	
SEMI S14-1103	《半导体制造设备火灾风险评估和缓解的安全准则》	
SNZ HB 8669	《运动及康乐活动风险管理指导方针》	

（续表）

标准号	标准名称	注释
UL 991	《使用固态设备的安全相关控制》	
UL 1998	《可编程组件内的软件》	

参 考 文 献

[1] ISO/IEC Guide 73, "Risk Management: Vocabulary Guidelines for Use in Standards," Geneva, 2002.

[2] IEC/ISO 31010, "Risk Management — Risk Assessment Techniques," Geneva, 2009.

[3] ISO/IEC 14971 – 1, "Medical Devices — Risk Management Part 1: Application of Risk Analysis," Second Edition, Geneva, 2007.

[4] Bolintineanu C, Loznen S, "Product Safety and Third Party Certification," *The Electronic Packaging Handbook*, edited by G. R. Blackwell, Boca Raton, FL: CRC Press LLC, 2000.

[5] U. S. Air Force Safety Agency, "System Safety Handbook," 2000.

[6] Storey, N. , *Safety Critical Computer Systems*, Harlow, United Kingdom: Pearson Education Limited, 1996.

[7] IEC 61508 – 1, "Functional Safety of Electrical/Electronic/Programmable Electronic Safety-Related Systems — Part 1: General Requirements," Geneva, 2010.

[8] ISO/IEC Guide 51, "Safety Aspects — Guidelines for Their Inclusion in Standards," Geneva, 2014.

拓 展 阅 读

Aven, T. , *Foundations of Risk Analysis*, Chichester, UK: John Wiley and Sons, 2002.

Bedford, T. , and R. Cooke, *Probabilistic Risk Analysis* (Foundations and Methods), Cambridge, Great Britain: Cambridge University Press, 2001.

Bell, J. , and J. Holroyd, *Review of Human Reliability Assessment Methods*, Norwich, UK: Health and Safety Laboratory, 2009.

Chopra, S. , and M. S. Sodhi, "Managing Risk To Avoid Supply Chain Breakdown,"

Sloan Management Review 46,2004, pp. 53 – 62.

EU Directive 2006/42/EC of the European Parliament and of the Council of 17 May 2006 on Machinery, and Amending Directive 95/16/EC.

Haynl, M. , "A Look at IEC 61508 The Standard Drives Functional Safety," *Control Design*, April 2010.

IEC/ACOS/387/DC, "Risk Management — Guidelines for Principles and Implementation of *Risk Management*," ISO TMB/WG, 2005.

IEC62061, "Safety of Machinery — Functional Safety of Safety-Related Electrical, *Electronic And Programmable Electronic Control Systems*," Geneva, 2005.

IEC TR 60513, "Fundamental Aspects of Safety Standards for Medical Electrical Equipment," Geneva, 1994.

Kumar, S. , Schmitz, S. , "Managing recalls in a consumer product supply chain-root cause analysis and measures to mitigate risk", International Journal of Production Research 49,2011, pp. 235 – 253.

MIL – STD – 882 – "Standard Practice for System Safety," U. S. Department of Defense, 2012.

Lewis, M. A. , "Cause, Consequence and Control: Towards a Theoretical and Practical Model of Operational Risk," Journal of Operations Management 21,2003, pp. 205 – 224.

Loznen, S. , "Make Safer Products by Standardization the Risks," Quality Assurance, Bucharest, Romania, 2016, pp. 8 – 10.

Lowrance, W. W. , Of Acceptable Risk: Science and the Determination of Safety, Los Altos, CA: William Kaufman Inc. , 1976.

Rexroth Bosch Group, "Rexroth Indra Drive Integrated Safety Technology as of MPx – 1x," R911332634 Edition 04.

Riswadkar, A. , and D. Jewell, "Strategies for Managing Risks from Imported Products," Professional Safety, 52(11),2007.

Vose, D. , Risk Analysis — A Quantitative Guide, Chichester, UK: John Wiley and Sons Inc. , 2008.

电气产品安全保护措施

7.1 防护措施

在针对危害产生伤害而提供适当防护措施（MOP）的过程中，需要识别与正常和异常条件下产品有关的所有已知危害及可预测危害。第5章和第6章对识别危害的过程进行了描述。本节对保护方法的概念进行介绍。

防护措施派生出保护等级（LOP）。在某些文件（即基于危害的标准或 IEC 62368 - 1)中，"防护措施"这一术语可以被替换为"安全防护"。安全防护是一种物理部件或系统，或者为减少伤害（疼痛、受伤、死亡或财产或环境的损害）带来的风险可能性的专用说明。其他标准（如 IEC 60601 - 1)将防护措施定义为降低仅因触电危害产生的不可接受风险的一种手段[1]。

防护措施可用于所有类型危害的非有危害区域和有危害区域之间的隔离类型。一个区域应提供一种还是两种防护措施，具体取决于该区域需要用哪种绝缘隔离。

防护措施示例如下：

- 降低会导致危害处境的能级，减慢其转移速度或改变一种特定能量的方向。
- 断开、中断或禁用危害源。

- 在危害源与需要保护的人群或区域之间设立屏障。
- 限制进入危害处境源头区域。

防护措施可以适用于设备、装置或人员，或者它可以是为了减少伤害带来的不可接受风险而学习或指导的行为。防护措施可能是单个元素，也可能是一组元素。

全面防护是不太可能实现的方式，最好的安全措施是找到合理的和深思熟虑的折中方案，优先保障人的安全。产品某个部件提供的保护方法可以通过测试该部件来评估是否合规。

7.1.1 触电危害的防护措施

在与带电部件直接接触和间接接触（带电部件和可接触导电部件隔离失效）时，应提供防止触电的保护方法。它们包括固体绝缘、危险区域和非危险区域之间的间距（电气间隙和爬电距离）、保护接地、元器件（即阻抗、过电流保护装置和安全互锁装置）、阻止进入危险区域的栅栏和外壳，以及安装说明、危险区域内的警告标志及防护用具（高压绝缘手套）。

根据文献[1]可知：

- 基本绝缘（BI）是提供一重防护措施的一种间隔或物理绝缘层。
- 补充绝缘（SI）也是提供一重防护措施的一种间隔或物理绝缘层。
- 双重绝缘（DI）是基本绝缘和辅加绝缘并提供双重防护的措施。
- 加强绝缘（RI）是提供单一间隔或物理绝缘层的双重防护措施。
- 保护阻抗是提供一重防护措施的一个元器件（如电阻器）。
- 保护接地（PE）是提供一重防护措施的一个接地良好部件。
- Ⅰ类设备采用保护接地这种保护方法作为一重防护措施。
- Ⅱ类设备（也称为双重绝缘设备）被定义为不采用保护接地这种保护方法作为提供一重防护措施。
- Y1 电容提供双重防护措施。
- 一层螺旋绕制的胶带或压制绝缘层提供一重防护措施。
- 两层螺旋绕制的胶带或压制绝缘层提供一重防护措施。
- 三层螺旋绕制的胶带或压制绝缘层提供两重防护措施。
- 绕组绝缘用溶剂型搪瓷在任何情况下均不视为提供两重防护

方式。

7.1.2　机械危害的防护措施

机械危害的防护措施包括挡板(保护屏障)、减压阀、安全扣和联锁装置、磨圆尖角和棱角、安装说明、危险区域通道上的警告标志及防护用具(如抗冲击护目镜、面罩和耳塞)。

7.1.3　辐射(电离和非电离)危害的防护措施

辐射危害的防护措施包括屏蔽辐射源、提供限制辐射的组件、限制进入辐射区域的安全联锁装置、安装说明、辐射区域警告和防护用具(防护镜)。

> **注：**满足部分或全部相关试验(稳定力试验、外壳冲击试验、跌落试验、应力消除试验和玻璃破碎试验)要求的不透明外壳被视为是一种防护措施。

7.1.4　热(高温和火灾)危害的防护措施

热危害的防护措施包括隔离(分离)可燃部分的潜在着火源(如绕组过载、接触不良、短路和电弧)、使用合适的阻燃性材料和元器件(如过电流保护装置、温度保险丝和限温装置)、在潜在发热部件上贴警告标志、安装说明和保护用具(如手套和专用工作服)。

7.1.5　生物危害的防护措施

根据 ISO 10993 标准,与人体接触的部件,其生物危害的防护措施包括使用生物相容性材料、设置潜在生物危险区域内的警告标志和防护用具(如手套和专用工作服)。

7.1.6　化学危害的防护措施

化学危害的防护措施包括对装有危险物质的容器进行隔离和密封、进入危险区域的通道上的警告标志及防护用具(如手套、专用工作服、化学防护眼镜与面罩)。

> **注：** 符合部分或全部相关试验(如流体静压试验、抗蠕变试验、油管及配件的兼容性试验、振动试验、热循环试验和测力试验)要求的容器被视为有两种防护措施。

7.1.7 信息危害的防护措施

信息危害的防护措施包括用户手册、使用信息和安全信息中所述的所有安全信息。

> **注：** 指导性安全措施(如安全标志和警告标志)被视为是一种防护措施。

7.2 绝缘图

绝缘图是呈现危害区域如何被隔离的一种图示。通过使用防护措施分隔危险区域实现绝缘，以减少或防止热量、电力、辐射或其他形式的能量从危险区域传播。事实上，源自危险区域能对人类或环境产生不可接受的伤害风险(即受伤、火灾或死亡)的各种形式能源，可以采用众所周知的物理危害[如电气危害、机械危害、化学危害、辐射危害和热(火灾)危害]识别。

从可能出现的危害来看，绝缘区域与其他区域有显著的不同。绝缘会因产生的机械损害、振动、过热或过冷、污垢、油污、腐蚀性蒸汽和湿气或单纯湿气导致而失效。此外，绝缘部分可能出现销孔或裂纹、潮湿物和异物可能穿透绝缘体表面。

> **注：** "绝缘"一词指的是"隔离、分离或分隔的行动和方法"。"隔离"一词表示"隔离、分离或分隔的状态"。一个部件采用"绝缘"材料或接地作为保护方法而实现"隔离"。

热绝缘指的是在温度明显不同的区域之间提供一个屏障，用于减少热损失或热量的防护措施。隔音通常出现在有危害噪声的地区与需要防止过量噪声的地区分隔开的部分。特殊的隔音材料通常用于特殊的应用场合。

可能与人接触的电路(在非有危害区域)需要与电气危害区域隔离

（这些地方的电流和电压超过了危险的限值）。这样操作的目的在于让电路的两部分处于不同的电压水平，这就意味着电路的其中一侧是安全的，而另一侧处于有危害电压水平。为了确保电气隔离安全，需要两个要素：高度集成绝缘组件（即光电耦合器、变压器和电容耦合器）和安全绝缘隔离部件。例如，这种绝缘体可以是 PCB 中的一片塑料、一块隔离空间（爬电距离），也可以是一个气隙（电气间隙）。

良好的电气绝缘呈现高阻抗，弱的电气绝缘阻抗相对较低（电阻随绝缘材料的温度或潮态增加而降低）。

从电气安全的角度来讲，一台设备应实施两种防护措施或保护等级，以便在一个区域内出现失效时，第二种机制起到绝缘作用，避免由于漏电流通过身体而造成触电危险。根据所采取的防触电方式，电气设备指定为Ⅰ类设备或Ⅱ类设备。需要注意的是，不要将这些分类与欧盟医疗器械指令（Ⅰ类、Ⅱa 类、Ⅱb 类和Ⅲ类）和美国食品药品监督管理局（Ⅰ类、Ⅱ类和Ⅲ类）确定的分类相混淆。

Ⅰ类

Ⅰ类产品将 BI 与 PE 结合使用。这类产品电源线一般有三根电线。接地线接到该产品任何可触及的金属部件上。Ⅰ类产品的容许漏电流限值相对较高，因为保护接地为操作员提供了一重保护措施，有效地将人员可能接触到的漏电流导入大地。Ⅰ类产品的漏电流限值大小也取决于设备与网电源是依靠电源线连接还是永久固定安装的方式[1]。

Ⅱ类

使用两芯电源线的用电产品通常是Ⅱ类产品。Ⅱ类产品不仅仅依赖于基本绝缘，同时也依靠双重绝缘或加强绝缘的防护。此类产品通常被称为双重绝缘产品。因为它们的防触电依赖于两层绝缘材料。由于无保护接地装置导出多余的泄漏电流，Ⅱ类产品可接受泄漏电流的限值低于Ⅰ类产品可接受泄漏电流的限值（在Ⅱ类设备中，与设备接触的人体是将电流从外壳传导到地面的唯一方式）[1]。

注：Ⅱ类电气产品采用非导电外壳（塑料外壳）来防止触电危害，此类产品也可能使用到三芯的电源线。其中电源插头用于防电源电磁干扰的目的，这种保护接地连接并不出于防触电的保护目的，也不提供一重防护措施。

通过指定绝缘材料(固体绝缘)、电气间隙和爬电距离,包括此类材料在元器件内的使用,来对电气绝缘进行描述。使用绝缘耐压测试对固体绝缘的完整性和有效性进行评估。如果电气绝缘不符合电介质和间距(电气间隙和爬电距离)的要求,其不得被视为防护措施的一种,在正常条件下,应将其短路。

注:两层(或两层以上)绝缘层不必是同一种材料;其中一层可以为气隙,另外一层可以是胶带(绝缘穿透距离)。

提供防护措施的绝缘分类如下[2]:

- 功能性(操作)绝缘:只有保证设备正常功能的绝缘形式,但不提供防止电击的绝缘。这种绝缘可以降低起燃的可能性。
- 基本绝缘:防止触电的基本绝缘。
- 附加绝缘:除基本绝缘外,还应采用独立绝缘,以在基本绝缘失效时防止触电。
- 双重绝缘:绝缘由基本绝缘和附加绝缘组成。
- 加强绝缘:一种单一的绝缘系统,该系统提供相当于两重防护措施的触电防护(双重绝缘)。

为了对电气设备中所用的绝缘有一个全面了解,绝缘图是最实际且最有用的解决方案。绝缘图是一种能够显示产品绝缘信息但无大量原理图的框图,显示产品从主电源(有危害区域)到二次电路(非有危害区域)相隔离的方式。

一般而言,绝缘图随附一个表格。该表对所提供的每种类型绝缘所需的间距(电气间隙和爬电距离)进行详细说明。表格将绝缘类型定义为基本绝缘、附加绝缘或双重绝缘(加强绝缘),或者可以用每种类型绝缘所对应的防护措施的数量表示(基本绝缘和附加绝缘对应于一重防护措施;双重绝缘和加强绝缘对应于两重防护措施)。每种产品安全标准规定产品部分之间需要何等绝缘。

绘制绝缘图

图 7.1 是符合 IEC 60601 - 1 标准的医疗电气设备绝缘图示例。在

这种类型的设备上,保护被分为两类:操作者防护(MOOP)和患者防护(MOPP)[1]。

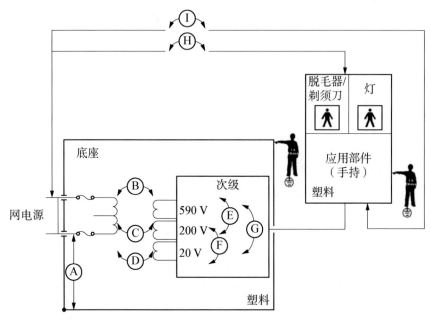

图7.1 符合 IEC 60601-1 标准的医疗电气设备绝缘图

注:对于绘制图7.1中示例产品的绝缘图,IEC 60601-1 中规定的各种类型绝缘都适用[1]。

图7.1中所述设备为Ⅱ类设备,无保护接地连接件。内部零件被简化,只需要显示隔离部件。假定该设备能够在海拔 2 000 m 的区域使用,预期用于医院(污染等级为2,过电压类别为Ⅱ)环境,应用部件不具有除颤功能,且 PCB 符合标准阻燃等级要求。

在正常工作条件及单一故障条件下,需要计算工作电压。这包括电压类型(网电源或次级),网电源端决定次级部分。如果两侧的电压类型不一样,将网电源电压用于计算。

峰值工作电压是峰值电压之和。直流工作电压是直流电压之和,或者在不是纯直流的情况下为 0。有效电压值是电压有效值平方和的平方根。

　　根据每种绝缘工作电压计算值，从 IEC 60601-1 相应表格中选择电气间隙和爬电距离的要求值。对于固体绝缘，应使用详细说明绝缘耐压测试电压的表格。表 7.1 为基于图 7.1 的间距评估示例。

表 7.1　按照图 7.1 绝缘图进行间距评估

初始条件：

污染等级：	2
过电压类别：	Ⅱ
高度：	<2 000 m
关于被视为电压施加部件的零件的更多详细信息：	□无　□面积＿＿＿＿

绝缘图内的面积	MMOP MOOP、MOPP 的数量和类型	相对漏电起痕指数（Ⅲb，除非已知）	工作电压		所需爬电距离/mm	所需间隙/mm	测量爬电距离/mm	测量间隙/mm	备注
			Vrms (VAC)	Vpk (VAC)					
A	2 MOPP	Ⅲb	240	340	8	5	加强绝缘采用固体绝缘（最小宽度为 3 mm）		L＋N 至底座金属外壳
B	2 MOPP	Ⅲb	590	—	12.6	10	28	28	初级到次级 590 V
C	2 MOPP	Ⅲb	200	—	8	5	28	28	初级到次级 200 V
D	2 MOPP	Ⅲb	20	—	8	5	8.2	8.2	初级到安全特低 20 V
E	2 MOPP	Ⅲb	590	—	12.6	10	18.5	18.5	次级 590 V 到次级 200 V
F	2 MOPP	Ⅲb	240	—	8	5	17	14.2	次级 200 V 到安全特低电压 20 V

（续表）

绝缘图内的面积	MMOP MOOP、MOPP的数量和类型	相对漏电起痕指数（Ⅲb，除非已知）	工作电压 Vrms (VAC)	工作电压 Vpk (VAC)	所需爬电距离/mm	所需间隙/mm	测量爬电距离/mm	测量间隙/mm	备注
G	2 MOPP	Ⅲb	590	—	12.6	10	18.5	18.5	次级电压590 V 到安全特低电压20 V
H	2 MOPP	Ⅲb	240	—	8	5	31.2	31.2	L＋N 至电压施加部件（金属部件＋电极）
I	2 MOPP	Ⅲb	240	340	8	5	加强绝缘采用固体绝缘（最小宽度为 1.6 mm）		L＋N 至涂药器塑料外壳
J	1 MOOP	Ⅲb	240	—	3	1.6	4.5	2.5	操作绝缘为 L 与 N 之间的基本绝缘

将爬电距离与电气间隙相比较。如果爬电距离值较低,则取电气间隙值也较小,因为爬电距离不能小于电气间隙。

7.3 安全电流和电压限值

触电及其效应可由多种因素引起并受多种因素影响。主要效应是电流通过人体造成的后果。对人体伤害的严重程度直接受以下变量影响:电压的性质(交流、直流);环境条件(相对湿度和环境温度);通过人体的通路;触点(湿润或干燥)电导率;人的形体(即人的阻抗);接触持续时间和接触面积大小。

电源频率(Hz)也是影响电流流经人体产生反应的决定性因素。研究表明相对于直流电压而言,低频率电压,如交流电压(50~60 Hz),在与人体接触时产生的影响更直接,更具破坏性。因此,尤为重要的是,电气产品的设计应确保防止用户接触交流电/初级电压。

7.3.1 安全电流限值

当流经人体的电流达到约 1 mA 时,通常能够被人体感觉到,如此量级电流会让指尖产生轻微刺痛感。高于阈值的电流可能导致肌肉痉挛或休克。当电流在 10~20 mA 时,人体能感觉到肌肉收缩,同时发现难以把手从电极松开。如果在外部施加 50 mA 的电流,会引起肌肉疼痛,可能造成昏厥和精疲力尽。如果进一步将电流增至 100 mA 时,则会引起心室纤维性颤动。触电产生的伤害风险是最严重的,相当于电流频率为 10~200 Hz 时产生的伤害。在直流电源情况下,安全电流限值要低将近 5 倍;频率为 1 kHz 时,安全电流限值低约 1.5 倍。频率超过 1 kHz 时,伤害概率迅速下降。但是,直流的下限较低,以防止长期施加电压导致组织坏死。如果低频率电流流入或流经心脏,会大大增加室颤的危险。在中高频率的电流下,触电造成的伤害风险较小或可忽略不计。但是,烧伤的风险依然存在。

> 注:显然,此类限值是通过在人体上实验来确定感知阈值。

加州大学伯克利分校前任教授 Charles Dalziel 在 20 世纪 40 年代末进行了相关实验。他进行的人体对触电危险的反应研究具有很大的风险,在得到医务人员的帮助下,在实验志愿者身上测试了电流通过人体时,人体以不同的方式对不同强度的电流做出反应。Dalziel 仅在较低电流下进行试验,然后根据试验的计算结果确定,可以将人体(手与手之间和手与脚之间电阻)的平均电阻视为 1000 Ω。在这些实验期间,他还发现人体对电流做出的响应遵循指数模型。为了更安全,后来将 500 Ω 等效电阻视为人体内部(不包括皮肤)电阻的代表性阻抗。这个阻值被视为接触电流测量电路中的电流感觉电阻器。人体等效电路包括 1500 Ω 的输入电阻并联一个 0.15 μF 的电容。

> **注**：根据 IEC 60990 标准，基本接触电流网络模型代表由三部分组成：一个串联的 $500\,\Omega$ 电阻器及并联的 $1500\,\Omega$ 电阻器和 $0.22\,\mu$F 电容。与电容并联的 $1500\,\Omega$ 电阻器表示输入和输出皮肤接触的阻抗之和[3]。

为了提供额外的保护，产品安全标准通常规定在单一故障条件下，产品出现的漏电流低于 $500\,\mu$A。进入胸腔的 1A 电流在心脏处产生的电流密度为 $50\,\mu\text{A}/\text{mm}^2$。因此，进入胸腔的 $500\,\mu$A 电流在心脏处产生的电流密度为 $0.025\,\mu\text{A}/\text{mm}^{2[3]}$。

针对每种特定类型的产品规定了漏电流的可接受水平，但是这些可接受水平并不是很一致。

在北美的某些标准中，接地漏电流和接触电流的最大可接受值设为 $1\,$mA。

北美采用其他的欧洲标准和国际标准施加的电流限值为 $0.25\sim$ $3.5\,$mA，具体取决于设备类型。

在单一故障条件下，如果频率不超过 $1\,$kHz 时的交流电流超过 $0.5\,$mA 有效值（峰值为 $0.707\,$mA）或超过直流 $2\,$mA，或者频率范围为 $1\sim100\,$kHz 时的交流电流超过 $0.5\,$mA 有效值乘以 f 值（单位为 kHz），以及 f 值超过 $100\,$kHz 时的交流电流超过 $50\,$mA 有效值，则将其视为危险电流[4]。

在正常条件下，如果频率不超过 $1\,$kHz 时的交流电流超过 $5\,$mA 有效值（峰值为 $7.07\,$mA）或超过直流 $25\,$mA，或者频率范围为 $1\sim100\,$kHz 时的交流电流超过 $5\,$mA 有效值 $+0.95$ 乘以 f 值（单位为 kHz），以及 f 值超过 $100\,$kHz 时的交流电流超过 $100\,$mA 有效值，则将其视为危险电流[4]。

> **注**：均方根值仅用于正弦电流，峰值用于非正弦电流。

7.3.2　安全电压限值

产品设计应确保在任何可能连接的网电源电压条件下均安全。如果产品预期与交流或直流网电源直接相连，额定试验电压的容差应见表

7.2。保护措施可通过使用由安全电源提供的非危害电压来实现。

表 7.2 网电源额定电压容差

主电源类型	额定电压容差
AC	+6%和−10%
230V 单相或 400V 三相交流额定电压	+10%和−10%
DC	+20%和−15%

在正常条件下,如果频率不超过 1 kHz 时的交流电压超过 30 V 有效值(峰值为 42.4 V)或超过 60 V 直流,或者频率范围为 1~100 kHz 时的交流电压超过 30 V 有效值+0.4 乘以 f 值(单位为 kHz),以及 f 值超过 100 kHz 时的交流电压超过 70 V 有效值,则将其视为危险电压[4]。

在单一故障条件下,如果频率不超过 1 kHz 时的交流电压超过 50 V(均方根值)(峰值为 70.7 V)或超过 120 V(直流),或者频率范围为 1~100 kHz 时的交流电压超过 50 V(均方根值)+0.9 乘以 f 值(单位为 kHz),以及 f 值超过 100 kHz 时的交流电压超过 140 V(均方根值),则将其视为危险电压[4]。

注: 均方根值仅用于正弦电压,峰值用于非正弦电压。

如果没有安全电源(如自耦变压器、开关电源或变频控制单元)提供特低电压(ELV),必须为相关电路采取除特低电压以外的保护措施(通常与低压电源电路的保护措施一样)。

安全特低电压(SELV)可以防止同时直接接触和间接接触。安全特低电压装置符合两个标准:

(1)通过双重绝缘或加强绝缘,将所有带电部件与所有其他装置的带电部件隔离。

(2)带电部件与地面及另一台装置的任何保护导体隔离开。

保护特低电压(PELV)装置也符合两个准则:

(1)装置位于特低电压范围内。

(2)通过双重绝缘或加强绝缘,将所有带电部件与所有其他装置的带电部件分隔开。

7.3.3 配电系统

根据 IEC 60364 - 1*,交流配电系统分为 TN、TT 和 IT,具体取决于载流导体的布置和接地方法。表 7.3 详细描述了配电系统的分类。

表 7.3　配电系统的分类

第一个字母(表示配电系统与地的关系)	
T	一个电极直接接地
I	系统与地面隔离,或者其中一点通过阻抗接地
第二个字母(见"设备接地")	
T	将设备接地,与配电系统任何点的接地无关
N	将设备直接与配电系统的接地点相连[在交流系统内,配电系统的接地点通常为中性点或相线(在中性点不可用时)]
第三个字母(若使用,其对中性导体和保护导体的布局进行详细说明)	
S	导体与中性线或接地线(或交流系统内的接地相)导体分开,实现保护功能
C	中性线和保护功能集中于系统部件的单一导体(PEN 线)

有三种类型的 TN 配电系统,如下:
* TN - S:整套系统内使用单独的保护导体。
* TN - C - S:在部分系统中中性和保护功能集中于一根导线上。
* TN - C:在整套系统中中性和保护功能集中于一根导线上。

某些 TN 配电系统由配有接地中心抽头(中性)的变压器二次绕组供电。在两相相线和中性线可用的系统,通常被称为"单相三线制配电系统"。

配电系统也被视为电动发电机和不间断电源(UPS)。在全世界考虑采用以下类型的设备连接:
* 单相双线。
* 单相三线。

---

* 译者注:等同 GB 16895 - 1。

- 双相三线。
- 三相三线。
- 三相四线。
- 三相五线。

单相系统示例如下：

(1) 欧洲：230 V(L-N)，50 Hz。

(2) 北美(美国和加拿大)：120 V(L-N)，60 Hz。

(3) 日本：100 V(L-N)，日本东部 50 Hz，日本西部 60 Hz。

(4) 澳大利亚：TN-S。

三相系统示例如下：

(1) 欧洲：400 V(L-L)，Y 型连接，50 Hz。

(2) 北美(美国和加拿大)：208 V(L-L)，60 Hz。

(3) 日本：200 V(L-L)接头，日本东部 50 Hz，日本西部 60 Hz。

7.4 漏电流

漏电流或接触电流是一个非常通用的术语，表示由于内部电源和设备的可接触部件(主要是导电部件)绝缘不充分或接地不当，设备可触及部件上出现多余(非功能性)电流。

漏电流分类如下：

- 保护导体电流或接地漏电流：IEC 60601-1 标准将其定义为"从网电源部件沿绝缘层流入保护接地线或功能性接地的电流"。
- 接触电流或外壳漏电流：IEC 60990 标准将其定义为"当接触装置或设备的一个或多个可触及部件时，流经人体或动物体内的电流"。
- 患者漏电流(存在于医疗电气设备中)：IEC 60601-1 将其定义为"从患者身上的连接至大地的电流"。

漏电流的定义有几种，但是它们产生的影响始终是相同的。漏电流应被视为与设备接触的任何人(如用户、操作员或服务提供者)都能感觉到的，任何由网电源供电的电气设备产生的潜在触电危害。当设备设计和接地适当时，漏电流可以忽略。在大多数情况下，终端用户无法感觉到这种漏电电流。

漏电流值过大,可能由以下几个原因引起:

- 设备接地或安装不当。
- 设备绝缘老化和劣化。
- 元器件受损。

如果设备的漏电流高于可接受值,会构成触电风险,触电是电流通过人体产生的生理反应。实际上,任何类型的绝缘都有一定的阻抗。产生漏电流很正常。当阻抗位于电源和设备的可触及部件之间时,会传导一些电流:电流会找到到达地面的最容易的路径。当最容易的路径由人体提供(接触电气设备外壳)时,电流会经过人体流至地面。如果漏电流值高于人体敏感性极限,就会引起触电。

为了保护终端用户因漏电流产生的触电风险,在型式试验(即全面安全评估期间,在电气设备上进行试验)期间,在进行接触电流/保护接地电流/漏电流测试,须采用这种类型测量的具体测试仪器(专门的人体模型测量网络)。在额定电压的最高值和设备工作的最高频率条件下进行漏电流的测量工作。在选择与接地变化和接触漏电流直接相关的元器件时(如射频滤波器),应当谨慎地查看此类组件的额定值:我们不止一次地发现,一些制造商确定的元器件输入电压范围很广(如交流 $100\sim240$ V),而在其说明书中漏电流限值仅提供在 120 V 电压下的情况。这不仅产生混乱,同时也观察到因为对额定值的误读,使设备内部有多个电源供电而产生了较高的漏电流,要求其更改设计的情况。

确定漏电流值的测量网络应为产品标准中指定带隔离变压器(并非强制,但强烈建议)的网络;在不使用隔离变压器时,被测设备(EUT)应在绝缘支架上进行测试。在测试之前采取预防措施,不接触任何导电部件或测试仪器的导线或所用仪器的尖端。

应特别考虑电气装置内使用多个电源时,这种情况下设备内部所产生的漏电流会出现叠加效应。

7.5   间距:电气间隙与爬电距离

间距是电气设备安全领域中一个非常复杂的问题。根据电气间隙和爬电距离,对特定环境条件下使用特定材料承受给定电压所需间隔距离

(元器件和导电部件之间的)做出规定。

电气间隙距离(图 7.2)被定义为通过空气测量的两种导电材料之间的最短距离。合格的电气间隙距离防止不同电压下导电部件之间电气间隙电离导致击穿,从而避免可能出现的任何闪络。污染等级、温度和相对湿度会影响击穿的趋势。沿电气间隙击穿是一种快速现象,是由持续时间很短的脉冲所引起的破坏。因此,将最高峰值电压(包括瞬变电压)用于确定电气间隙。

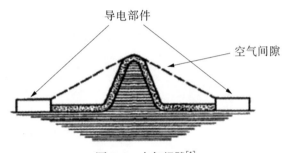

图 7.2　电气间隙[1]

要确定电气间隙距离应考虑以下几个因素:

- 当设备在额定电压条件下工作时,所考虑的绝缘能承受或可以承受的工作电压。
- 设备网电源电压。
- 所需绝缘类型。
- 过电压类别和瞬变电压值。
- 设备工作所在环境的污染等级。
- 设备拟安装的最高海拔。

应确定电气间隙的大小,使可能进入设备的瞬态过电压和可能在设备内产生的峰值电压不会破坏任何间隙。

爬电距离(图 7.3)是指沿绝缘体表面测量的两个导电部件之间的最短距离。提供所需的爬电距离可消除由于在设备使用寿命内导电部件之间的表面漏电起痕而导致的失效风险。由于在设备使用寿命内,沿表面绝缘路径的两个导电部件之间施加了高压——具体取决于设备所处的工作环境(如温度、湿度和灰尘等污染物的存在情况),再加上绝缘的材料特

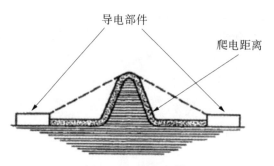

图 7.3　爬电距离[1]

性——所谓的相对漏电起痕指数(CTI),处于不同电压水平的导电部件之间可能发生高压漏电起痕,包括某些绝缘击穿情况[5]。相对漏电起痕指数对绝缘材料的性能进行描述,以在表面上跟踪从一个导电部件流向另一个导电部件的电压。

在确定爬电距离时应考虑以下几个因素:

- 工作电压。
- 应提供的绝缘类型。
- 污染等级。
- 所使用绝缘材料(如 PCB 材料、塑性材料或屏障)的漏电起痕特性(材料的相对漏电起痕指数等级)。
- 电路类型(如初级电路、次级电路、电信网络电压电路、安全特低电压电路或特低电压电路)。

一般来说,爬电距离不能小于电气间隙。对于符合产品安全标准的每一台设备而言,在初级电路内,初级电路与次级电路之间绝缘的最小电气间隙和爬电距离(单位为 mm)按照适用标准确定。有些设备,甚至是复杂设备,适用的标准不止一个。在这种情况下,标准规定的可能用于该设备的最严格条件应适用于该阶段的设计。

从电气安全的角度及性能的角度来看,制造商的目标是确保投放市场的设备安全可靠,一般并不强制要求设备同时根据多个标准认证/列名(这种解决方案通常用于确保设备的电气安全等级)。另一方面,制造商提供的设备应符合适用标准规定的所有已知要求,这应是任何制造商均应达到的目标。此外,这样做让制造商大幅度降低他们的法律责任。

7.6 通地/接地

这两个术语具有相同的含义,其定义取决于标准的作者决定改变和采用不同的术语,无论是否包含在国际电工(IE)词汇表中。

如果电气产品内部带有危险电压时,则设备需要提供接地装置。接地装置含有各种部件或带有导电壁的外壳(如金属外壳,设备带有可触及导电部件)。

通地指的是有意创建将可触及导电部件与地面相连的低阻通道。其通常被视为防止触电的二级保护措施。

为了防止触电,Ⅰ类设备应与设备内的保护导体或所有导电部件相连,将主保护接地端子与为确保安全需要接地的设备部分相连。

对于在使用前需要安装的设备,请注意保护端子无法提供保护措施直到其在现场安装妥当。

在这种情况下,确保安全是制造商的职责之一,强烈建议制造商提供关于安装的详细说明,以便指导安装人员。

接地有以下几种用途:

● 防止触电。
● 确保产品的正确功能。
● 确保电磁干扰(EMI)合规性。
● 保护接地线的内部连接须可靠。

值得注意的是,虽然制造商在生产中进行常规测试(在生产过程中或在生产结束时对每台设备进行的测试。测试的目的在于发现制造失效及制造过程中和材料方面存在的不可接受的容差),以验证保护接地的连续性,但是连续性取决于现场设备的安装情况。这种差异凸显了电气检查人员在防止错误安装方面所起的作用。

在评估产品的适用标准中,规定将电路与保护接地隔离。接地最初可能仅被视为防触电保护措施(消除电位差的目的)。但是,现在的电子工业和技术领域,接地已成为降低和消除具有危害的"噪声"的重要措施,此类"噪声"可能会极大地降低电气设备的性能,甚至降低对应的功能。适当接地不仅可以消除多余的"噪声",还可以提高过电压保护装置的工作安全性和效率。

7.7　防火外壳、电气外壳和机械外壳

外壳是防止设备受到任何方向上的外力及与电气设备直接接触的部件或元器件。外壳也应具有以下保护功能[6]：

（1）防止人员触及外壳内的危险部件（电气和机械）［国际防护（IP）代码］。

（2）防止固体异物进入外壳内的设备（IP 代码）。

（3）防止水浸入外壳内的设备（IP 代码）。

（4）防止电气设备受到外部机械撞击（IK 代码）（撞击防护）或指定环境条件的影响［美国电气制造商协会（NEMA）标称］。IK 代码提供一种方法指定外壳的容量，以防止其内含物受到外部机械冲击。

当预期市场要求提供特定 IP 或 IK 防护等级时，使用试验触指和各种检测来确定外壳的可接受防护等级。外壳应视为设备的一个部件，其具有下述一种或多种功能：

- 电气外壳：设备的部件，用于限制接触可能处于有危害电压，有危害能量或电信网络电压电路的零件。
- 防火外壳：用于尽量减少火焰蔓延的设备部件。用于设备外壳的材料应确保尽量降低着火和火焰蔓延的风险。耐热、经回火处理、有线或层压金属、陶瓷材料和玻璃都被视为在未经测试的情况下符合要求。以下元器件需要防火外壳：①未封装的、带有起弧零件的元器件，如开路开关和继电器触点和开关；②带有绕组的元器件，如变压器、螺线管和继电器；③接线；④半导体装置，如晶体管、二极管和集成电路；⑤电阻、电容和电感；⑥限功率电源系统内的元器件，包括过电流保护装置、限制阻抗、调节网络和满足有限电源输出标准的某个点之前的布线。
- 机械外壳：用于防止机械及其他物理危害（如热、火、化学危险和辐射）导致受伤的设备零件。

当机械外壳或电气外壳也用作防火外壳时，应使用更严格的防火外壳要求。

7.7.1 IP 代码

IEC 60529* 标准对 IP 代码进行了介绍并做出了相应解释。IP 代码由两个特征数字组成,使用可选字母、附加字母和补充字母。如果外壳为不同的预定安装方式提供不同的防护等级,制造商应在安装说明中注明相关防护等级。

第一个特征数字表示防止接触危险部件和固体异物的防护程度,其值在 0~6 范围(0 意味着无防护)。这个值有两个含义:防止固体进入设备和防止人员触及有危害部件(如手背、手指、工具和电线)。

第二个特征数字表示防止有水进入而产生危害,其值在 0~8 范围(0 意味着无防护;8 意味着在连续浸水期间,防止水进入产生不良影响的)。

附加字母提供关于防止人员触及危险部件,如使用手背或手指、工具或电线。

补充字母表示为各种可能性补充特有的信息,包括高压设备、水压试验中的运动和天气状况。

了解终端用户必须遵守的关于外壳的条件至关重要。室外外壳设计时,应考虑所有可能产生的负面影响,包括结冰。设备手册内会包含关于安装、装配和定位的详细信息。IEC 60529 标准指定了外壳 IP 防护等级方面的适用要求。

> **注**:IP 代码以下列方式表示外壳的防护等级:
>
> IP N_1 N_2 L_1 L_2
>
> (1) IP:代码字母(IP)。
>
> (2) N_1:第一个特征数字的值在 0~6 范围,或者字母 X——防止接触危险部件和固体异物的防护程度。
>
> (3) N_2:第二个特征数字的值在 0~8 范围,或者字母 X——防止进水的防护等级。
>
> (4) L_1:附加字母 A、B、C、D(可选字母)——防止触及危险部件的防护等级。
>
> (5) L_2:补充字母 H、M、S、W(可选字母)——与特定设备或测试相关的补充信息。

---

* 译者注:等同国标 GB/T 4208。

在不需要指定特征数字时,应用字母"X"代替(如果两个数字都不需要,则为"XX")。

IPN$_1$X

该编码系统指示外壳防止人员触及设备危险部件的防护等级,同时指示外壳防止固体异物进入的防护等级,并未对外壳防止进水的防护等级进行详细说明。

关于 N$_1$ 意义的详细说明如下:

0:无防护。

1:防止人员用手背触及危险部件,以及防止直径为 50 mm 和更大的固体异物穿透设备。直径为 50 mm 的试验指应与危险部件保持足够的间隙,而且不得从外壳孔口通过。

2:防止人员用手指触及危险部件,以及防止直径为 12.5 mm 和更大的固体异物穿透设备。直径为 12 mm,长度为 80 mm 的多节试验指应与危险部件和探针(直径 12.5 mm)保持足够的间隙,并且不得从外壳孔口通过。

3:防止人员用工具触及危险部件,以及防止直径为 2.5 mm 和更大的固体异物穿透设备。直径为 2.5 mm 的探针不得从外壳孔口通过。

4:防止人员用金属线触及危险部件,以及防止直径为 1.0 mm 和更大的固体异物穿透设备。直径为 1.0 mm 的探针不得从外壳孔口通过。

5:防止人员用金属线触及危险部件,以及防止灰尘进入设备。直径为 1.0 mm 的探针不得从外壳孔口通过。渗入的灰尘量不得影响设备的正常运行或产生不可接受的风险。

6:防止人员用金属线触及危险部件,以及防止灰尘进入设备。直径为 1.0 mm 的探针不得穿透,而且不应穿透任何量的灰尘。

IPXN$_2$

该编码系统指外壳防止进水的防护等级的编码系统。未对防止人员触及设备危险部件的防护等级,以及防止固体异物进入外壳的防护等级做出规定。

关于 N$_2$ 意义的详细说明如下:

0:无防护。

1:防垂直下落的水滴。垂直下落的水滴应无不良影响。

2：当外壳倾斜度达 15°时，防垂直下落的水滴。当外壳垂直方向上的两侧倾斜度达到 15°时，垂直下落的水滴应无不良影响。

3：防喷水。垂直方向上两侧以 60°的角度喷射的水应无不良影响。

4：防溅水。从任何方向喷射到外壳表面的水应无不良影响。

5：防水射流。从任何方向喷射到外壳表面的水应无不良影响。

6：防强大的水射流。从任何方向喷射到外壳表面的强大水流应无不良影响。

7：防暂时浸水产生影响。当外壳在标准化的压力和时间条件下暂时浸水时，不可能出现大量进水，造成不良影响的情况。

8：防连续浸水产生影响。当外壳在制造商和用户商定，但比 7 严重得多的条件下持续浸水时，不可能出现大量进水，造成不良影响的情况。

$IPN_1 X L_1 (IPXXL_1)$

附加编码系统指示外壳防止人员触及设备危险部件的防护等级。当这种防护高于 N_1 指示的防护等级，或者仅指示了防止人员触及有危害部件时，将用 X 替代第一个特征数字 N_1。该附加编码系统并未对外壳防止进水的防护等级进行详细说明。

关于 L_1 意义的详细说明如下：

A：防止人员用手背触及有危害部件。直径为 50 mm 的触及试具应与危险部件保持足够的间隙。

B：防止人员用手指触及有危害部件。直径为 12 mm、长度为 80 mm 的多节试验指应与危险部件保持足够的间隙。

C：防止人员用工具触及有危害部件。直径为 2.5 mm、长度为 100 mm 的触及试具应与危险部件保持足够的间隙。

D：防止人员用电线触及有危害部件。直径为 1.0 mm、长度为 100 mm 的触及试具应与危险部件保持足够的间隙。

$IPN_1 N_2 L_2 (IP N_1 N_2 L_1 L_2)$

该编码系统是与设备使用有关的补充编码系统，外壳防止触及设备有危害部件、防止固体异物进入和水进入的防护等级。

关于 L_2 意义的详细说明如下：

H：高压装置。

M：检测当设备的运动零件(如旋转机器的转子)处于运动状态时因

进水而产生的不良影响。

S：检测当设备的运动零件（如旋转机器的转子）处于静止状态时因进水而产生的不良影响。

W：适用于规定的天气条件，且具有附加的保护功能或过程。

7.7.2　IK 代码

对于 IK 代码而言，标准 IEC 62262 规定了[7]在进行测试时外壳的安装方式。主要的大气条件、影响的数目及其（均匀）分布，以及设计用于产生各种能量水平的摆锤大小、样式、材质和尺寸见表 7.4，冲击试验特征见表 7.5。

表 7.4　IK 代码与冲击能量

IK 代码	IK00	IK01	IK02	IK03	IK04	IK05	IK06	IK07	IK08	IK09	IK10
冲击能量	*	0.14	0.2	0.35	0.5	0.7	1	2	5	10	20

表 7.5　冲击试验特征

IK 代码	IK00	IK01～IK05	IK06	IK07	IK08	IK09	IK10
冲击能量/J	*	<1	1	2	5	10	20
R/mm	*	10	10	25	25	50	50
材料	*	聚酰胺	聚酰胺	钢	钢	钢	钢
质量/kg	*	0.2	0.5	0.5	1.7	5	5
摆锤	*	是	是	是	是	是	是
弹簧锤	*	是	是	是	否	否	否
自由落锤	*	否	否	是	是	是	是

注：R 为击打元件的半径。

7.7.3　NEMA 外壳型号

《美国国家电气法规》规定应识别用于特定操作环境的设备外壳。对于非有危害位置而言，美国电气制造商协会在 NEMA 标准出版物 250 中确定了外壳的型号及名称，这种型号及名称适用于配电设备和控制设备外壳,如机柜、断流器箱、封闭配电盘或开关板、仪表插座、封闭断路器或开关、工业控制装置和其他设备。室外外壳也适用于室内使用。符合多种类型要求的外壳应标上多个标定[6]。表 7.6 列明了 NEMA 外壳型号。

表 7.6　NEMA 外壳型号(取决于环境条件)

外壳型号	环境条件
1	室内使用,注明"仅供室内使用"
2	室内使用,限制落水量;注明"防滴漏"
3	室外使用加上扬尘,外壳上结冰后完整无损;注明"防雨"和"防尘"
3R	室外使用,外壳上结冰后完整无损;注明"防雨"
3RX	室外使用加上抗腐蚀,外壳上结冰后完整无损;注明"防雨"和"抗腐蚀"
3S	室外使用加上扬尘,外壳上结冰后完整无损;结冰后外部机构仍可工作;注明"防雨"和"防尘"
3SX	室外使用加上扬尘,外壳上结冰后完整无损;结冰后外部机构仍可工作;注明"防雨"和"防尘"
3X	室外使用加上扬尘加上抗腐蚀,外壳上结冰后完整无损;注明"防雨""抗腐蚀"和"防尘"
4	室外使用,溅水、扬尘和软管导流水,外壳上结冰后完整无损;注明"防雨"和"防尘"
4X	室外使用,溅水、扬尘和软管导流水加上抗腐蚀,外壳上结冰后完整无损;注明"防雨""防水"和"抗腐蚀"
5	室内使用,防止空气中的灰尘、掉落的灰尘和非腐蚀性液体滴落;注明"防滴漏"和"防尘"
6	室外使用,外壳上结冰后完整无损加上在有限的深度暂时浸没时进水;注明"防雨"和"防水"
6P	室外使用,外壳上结冰后完整无损加上在有限的深度长时间浸没时进水;注明"防雨""防水"和"抗腐蚀"
12、12K	室内使用,灰尘和滴无腐蚀性的液体;注明"防滴漏"和"防尘"
13	室内使用,灰尘、喷洒水、油和无腐蚀性冷却剂;注明"防滴漏"和"防尘"

7.8　额定值

在谈论电气组件和设备的额定值时,制造商制定特定的运行条件有几个方面,实际上代表了设备的能力。

实际上,额定值是指在产品定义文件(PDD)中设置的元器件和设备的所有特征、设定在产品的设计阶段及之后的制造阶段要达到的目标。

正常负载电气设备额定值如下所述:

● 电源电压或电压范围(如 120 V、230 V、100～240 V、120 V/230 V、3/N 交流 400 V、3/PEN 交流 400 V、3/N/PE 交流 400 V)。

● 频率或频率范围(如 50 Hz、60 Hz、50/60 Hz、50～60 Hz、400 Hz)。

● 额定电流(单位为 A)。

● 额定功率(单位为 VA 或功率因数>0.9 时为 W)。

● 相数(在未对相数做出规定时,其被视为单相电路)。

● 最大输出电压和电流范围(适用于插座)。

设备正常运行时的环境额定值如下:

● 最高工作温度。

● 存储温度。

● 工作相对湿度。

● 存储相对湿度。

● 最高海拔。

特殊额定值(若适用)如下:

● 外壳的 IP 分类、IK 分类。

● 外壳的 NEMA 名称。

● 输出能级(如射频能或激光能)。

● 辐射波长(如紫外线或激光)。

● 耐火。

● 负载限制。

● 外壳类型。

● 安全完整性水平。

- 性能水平。

制造商将在用户手册内公布上述所有额定值,其中一些额定值出现在设备标志中。在测试期间,根据规定的额定值对设备进行评估。

对于电气设备中所用元器件的额定值见第 8 章。

7.9 电路类型

电气设备内的电路可以分为以下两大类,具体取决于不同标准所采用的术语:

- 初级电路:直接与外部电源或其他等效供电电源直接相连的内部电路。
- 次级电路:不与初级电源电路直接相连,由变压器、变流器、等效隔离装置或电池供电的内部电路。

初级电路分为以下类型:①交流;②直流。

初级电路包括下列元器件:与交流电源相连的所有装置、变压器和电机一次绕组。

次级电路按照《美国国家电气法规》和适用标准严格分类,具体取决于电路内的电流和电路内产生的功率,以及根据功能将电路用于何种类型的装置/应用程序。在北美,《美国国家电气法规》和《加拿大电气标准》对此类次级电路的具体接线规则做出了规定。

将电路类型与电气产品的电压和电流限制联系起来,可以得到以下电路[2]:

- 限流电路:电路的设计与保护能够确保,在正常运行条件和单一故障条件下产生的电流不属于有危害电流。
- 安全特低电压电路:次级电路的设计与保护能够确保,在正常运行条件和单一故障条件下产生的电压不超过安全值。
- 电信网络电压电路:设备内的次级电路,限制进入该电路可触及的接触区域;此等电路的设计与保护能够确保,在正常运行条件和单一故障条件下产生的电压不超过规定的限值。电信网络电压电路,被分为 TNV - 1 电路、TNV - 2 电路和 TNV - 3 电路,内容如下:

(1) TNV - 1:在正常运行条件下,正常工作电压不超过安全特低电压电路限值的电信网络电压。在该电路中,通信网络和电缆配电系统可能会产生过电压。

(2) TNV-2:在正常运行条件下,正常工作电压超过安全特低电压电路限值的电信网络电压。该电路不会承受电信网络的过电压。

(3) TNV-3:在正常运行条件下,正常工作电压超过安全特低电压电路限值的电信网络电压。在该电路中,通信网络和电缆配电系统可能会产生过电压。

7.10 正常负载

任何电气设备的正常负载都由系统配置表示,系统配置表示设备运行和执行其所有设计功能时的实际最大功耗;当设备按照制造商的安装说明书和用户手册运行时,应该尽可能接近设备正常使用的最恶劣条件,这应该是设备的一种运行模式。

此参数在电气设备的评估中非常重要,将其用于根据设备的额定值进行适用的试验(输入试验、加热试验和单一故障条件),也用于对设备关键元器件(电源线和开关等)进行评级。

正常负载是制造商为设备声明的一个值,在现场安装时应对其加以重视。重要的是,在评估期间,正常负载必须准确(尽可能接近真实值),并且非常精确(能够在执行型式试验时获得其可再现值)。

7.11 异常运行条件

人们希望电气设备在正常运行期间,可以按照预期状态运行。提出以下问题:如果设备使用不当或某个元器件失效后,继续让设备运转,将会发生什么情况?哪些元器件最有可能失效?如果发生这样的失效,设备表现如何?这些问题的答案反映了设备在异常运行条件下的状态。

当某一元器件失效时,设备不可能继续完全按照预期状态运行,但其必须对终端用户保持完全安全状态。

这里不讨论可靠性问题。只是想强调,电气设备的设计团队应该考虑所有可预见的元器件失效情况(包括软件),并确保在此等情况下,设备的安全性不会遭到损害。单一故障条件是单一异常运行条件的表现形式。换句话说,单一故障条件是指危险防护措施存在缺陷,或者存在可能导致危险的故障条件。由于没有对故障防范确定可靠、可验证的要求,故应该考虑所有可能同时发生的故障。同时发生的最严重的故障是那些导致最危险后果的故障。

近来,人们发现在对该异常运行条件进行定义的过程中产生的问题要多于答案。IEC 62368-1 标准将其定义为"非正常运行条件、非设备本身单一故障条件的临时运行条件"[4]。

在某些方面,我们不能完全同意该定义。异常运行条件可能是由设备、接触设备的人或试图操作设备的人引起。类似地,异常运行条件可能导致元器件、设备或安全机制失效,并可能导致单一故障条件。我们认为,不可能在设备的异常运行条件和设备内部的单一故障条件之间划分明确的界限。

举个异常运行的例子:某设备的外壳外有通风孔,内有风扇。终端用户可能会用物体覆盖通风口从而引发运行异常,这可能迫使设备在更困难的条件下工作。然而,当内部温度变得有危害时,为防止不可接受的火灾伤害风险而设计的安全机制应该发挥作用。在这种情况下出现的单一故障条件很可能是由于风扇被异物卡住而造成。

安全机制是强制性的,但与此同时,也应将其设计为在正常条件下不发生动作,有时被称为不当跳电。否则,安全的设备会对终端用户造成危险。举个例子:嵌入式灯具在温升试验时,由于安全机制在试验开始后不到 6 h 就被激活,因此被认为是不安全的。我们必须明白,只要用户需要,灯具就必须为其提供照明功能,而不能随意自动关闭。对此灯具的评估结果是,即使从电气安全的角度来看它是安全的,但由于它不能充分发挥其功能,所以不能通过测试。

类似的例子在任何行业都存在。制造商有责任确保设备在正常负载下运行时,以及在发生部分元器件失效时的异常运行条件和单一故障条件下充分发挥其功能并保持安全。只有在异常运行条件和发生单一故障条件时,才可以不考虑设备的功能而激活安全机制。在导致单一故障条件的异常运行条件下,为保护此类情况而设计和应用的补充安全机制应保持有效。

参 考 文 献

［1］ IEC 60601 - 1, "Medical Electrical Equipment — Part 1: General Requirements for Safety and Essential Performance," Geneva, (2005+2012).

［2］ IEC 60950 - 1 + AMD1 + AMD2 "Information Technology Equipment — Safety — Part 1: General Requirements," Geneva, 2005 - 2013.

［3］ IEC 60990, "Methods of Measurement of Touch Current and Protective Conductor Current," Geneva, 2016.

［4］ IEC 62368 - 1, "Audio/Video, Information and Communication Technology Equipment — Part 1: Safety Requirements," Geneva, 2014.

［5］ IEC 60664 - 1, "Insulation Coordination for Equipment Within Low-Voltage Systems — Part 1: Principles, Requirements and Tests," Geneva, 2007.

［6］ Hoffman Enclosures Inc., "*Standards*," Anoka, USA, 2003.

［7］ BS EN 62262 + Amd. 1, "Degrees of Protection Provided By Enclosures for Electrical Equipment Against External Mechanical Impacts IK Code," 2002.

拓 展 阅 读

Bolintineanu, C., and S. Loznen, "Product Safety and Third Party Certification," *The Electronic Packaging Handbook*, edited by Glenn R. Blackwell, 1999, Boca Raton, FL: CRC Press.

ECMA - 287 European Association for Standardizing Information and Communication Systems, "Safety of Electronic Equipment," Geneva, 2002.

IEC 61032, "Protection of Persons And Equipment by Enclosures — Probes for Verification," Geneva, 1997.

IEC 61557 - 4, "Electrical Safety In Low Voltage Distribution Systems up to 1 000 V a. c. and 1 500 V d. c. — Equipment for Testing, Measurement or Monitoring of Protective Measures — Part 4: Resistance of Earth Connection and Equipotential Bonding," Geneva, 2007.

ISO 13857, "Safety of Machinery — Safety Distances To Prevent Hazard Zones Being Reached by Upper And Lower Limbs," Geneva, 2008.

Pyke, D., and C. S. Tang, "How To Mitigate Product Safety Risks Proactively? Process, Challenges and Opportunities," *International Journal of Logistics Research and Applications*, 13, 2010, pp. 243 - 256.

U. S. Department of Energy, "LED Luminaire Lifetime," 2011. x.

元器件的选择

8.1 概述

一旦定义了产品并开始设计,硬件团队将尝试选择完全符合产品定义文件中规定的元器件。

我们不会试图从一种技术转移到另一种采用不同元器件的更新的技术,而是通过审查电气安全方面的内容,以便从设计之初就了解一些所谓的安全关键元器件,并确定如何选择它们。在此过程中,人们将列出一些可能决定元器件选择的因素,并考虑硬件设计工程师在选择这些元器件时可能想了解的内容。

根据结构要求,组件符合任何产品安全标准需要做三个层面的工作,组件的选择是其中的第二个层面,而第三个层面是测试。

为确保电气设备的安全,结构中使用的材料和元器件应妥善选取并进行安装,使其能够在设备预期的使用寿命内可靠地发挥作用。这意味着所选的材料和元器件应保持在制造商的额定范围内,且不会在正常操作和故障情况下造成危害。如前期没有对这些元器件进行调查,则发生失效的概率会更高,且可能会产生无法接受的风险。

对设备安全至关重要(意味着其失效可能导致危害处境)的元器件称为安全关键元器件。

一般而言,这些元器件旨在防止(设备的设计及安装/用户的说明)由于电气设备的制造、包装、运输、安装、使用和服务过程中可能产生的应用危害造成的任何伤害或损坏。

除这些元器件外,具有高完善性特征的元器件同样也用于电气产品中。这些元器件的一个或多个特征[如平均故障间隔时间(MTBF)]可确保其功能在设备的预期使用寿命和合理可预见的误用方面,相对于标准的安全要求而言,是无故障的。当特定元器件的故障会产生无法接受的风险时,建议制造商使用具有高完善性特征的元器件(如 Y1 电容和某些集成电路)。

安全关键元器件(包括电源、变压器、电源线、初级熔断器、电源输入模块、电源电容、电磁干扰滤波器、断路器、电源开关、直流-直流转换器、继电器、接线材料、电机、风扇、热塑性材料、电磁兼容性涂层、光隔离器、电池、PTC、次级熔断器和联锁开关)必须得到认证。此类元器件已根据相关的国家或国际元器件标准进行了评估,并获得了第三方的认可(如 UL、VDE 或 SGS 等)。法律上不要求元器件必须有 CE 标志,认可状态由认可证书副本或许可证进行记录。使用目录数据表不是证明合规性的最佳方法。须特别注意终端产品对元器件的可接受条件,以便在其指定电气额定值范围内正确应用和使用,不得超过元器件指定电气额定值。

被认可的元器件仅适用于工厂安装在终端产品或设备中,这些终端产品或设备的制造商已知其使用限制,且在第三方评估的限制范围内使用。被认可的元器件的可接受条件必须与指定的终端产品应用相兼容。

被认可的元器件通常标有第三方认证机构的标志。这种元器件标志适用于结构特征不完整或性能受限的组件。此外,还应提供一份证书,详细说明认证的额定限值(如电压和温度),以及一份完整的支持性测试报告。在某些情况下,元器件可不标标志,但应由证书或报告进行认证。在某些情况下,由于元器件本身的尺寸限制,标志贴在包装上。

标有 NRTL 认可标志的元器件应可视为已被 NRTL 接受,并在跟踪有效服务内的可靠元器件。从经济角度而言,购买非认证元器件比认证元器件的价格要便宜,但是之后需要支付额外的费用来对这些元器件进行测试。

一般产品安全标准的测试报告中均包含一个安全器件表格(又称

"CDF"），其中列出关键元器件或安全所依赖的元器件和电路信息，需要保留此元器件列表以供内部或外部审核之用，且应作为每台设备的质量体系文件的一部分。

每个关键元器件应提供以下信息：

（1）元器件名称。

（2）制造商/商标。

（3）类型/型号。

（4）技术规范。

（5）适用标准。

（6）合规标志（认证状态）（如 UL、CSA、TÜV、VDE 和 SGS 等合规标志）。

技术规范中的参数信息应视为可能会影响安全特性的相关技术信息，如阻燃等级、最高工作温度、工作电压范围、最大电流、击穿电压、绝缘电阻和尺寸、触电和能量危害防护、电气绝缘、耐火性和机械强度。

由于技术的不断发展，软件因储存数据/代码而用于设备的安全性保护，也应将其视为安全关键元器件，因此须指定设备投放市场时使用的软件版本。

软件种类非常广泛，应成为设计团队及制造商认真研究的一部分。必须设计一个功能丰富的程序来测试那些使用了软件作为安全功能的任意系统的电磁敏感性。计算机和其他产品的瞬态行为通常可以接受，但当用于安全系统时则情况不同。例如，医疗电气设备或设计用于协助交通指挥的设备可能会要求用户采取措施，以便在发生失效事件后进行复位程序。因此，硬件/软件设计团队须在评估期间证明系统是故障失效安全的。

如果在运行中定时检查点不一致，则一般情况下，安全关键系统必须具有冗余、故障安全关闭功能，以及基于硬件的看门狗定时器（有时内置于微控制器中），以确保继续其功能。此外，在冗余处理器上运行的软件通常由不同的团队编写，因此一侧的程序错误不会在另一半或三分之一的冗余 CPU 中被复制过去。在此应特别注意，Windows 协议禁止在安全关键应用程序中使用 Windows 产品。

如何定义批准程度？有多种方法可证明用作安全关键元器件的元器

件可被接受使用,且可在保护设备的能力方面提供更高的可信度。批准包括以下内容:

- 认证/列名/认可。
- 型式试验过程中的产品评估。
- 确保符合元器件标准的测试。
- 根据其他官方文件进行的验收(如元器件验收服务公告和特殊检查)。

以上所有内容均可用于设备元器件,无论设备是否执行安全功能,都应考虑使用元器件的电气设备的特性及适用标准。当设备执行安全功能时,使用经认证/列名的元器件至关重要。只有这样的元器件才能从其制造过程中的监控程序(所谓的跟踪服务,由相关认证机构确定的程序)中受益。对于此类应用,为了对元器件的认证/列名特性进行补充,应要特别注意可靠性验证。关键元器件列表示例见表 8.1,其中包含一些实际示例,以了解如何完成关键组件列表。表 8.2 列出了具有特定额定值和元器件标准(国际和 UL)[1]的元器件。对于 UL 标准[2],还需指定 UL 类别代码号(CCN)。UL 列名类别由四个字母表示。对于这些字母的公认类别,美国末位为 2,加拿大末位为 7。

8.2 半导体

各个国家的电气安全法规均认识到,作为安全关键元器件集成在电气设备中的半导体元器件可保护用户免受触电和触电二次伤害。从电磁兼容性的角度来看,在 50~600 V 的系统上工作时,将设置火灾和电弧闪络的具体要求。半导体元器件遇到的主要安全问题为静电,因此,在使用此类元器件时,与电磁兼容性设计团队密切合作非常重要。此外,根据元器件的类别,还应考虑其他特性,这取决于在使用该元器件的设备区域内所执行的功能。

8.2.1 集成电路

根据集成电路的工作温度范围、引脚之间的爬电距离及不同内部电路之间的耐电强度来选择集成电路(IC)。有些集成电路应在输入和输出

表 8.1 关键元器件列表示例

标准中的条款编号（如 IEC 60950 中的 1.5.1、IEC 60601-1 中的 8.10、IEC 60335-1 中的 24.1）			关键元器件列表		
元器件/部件编号	制造商/商标	型号/型号	技术数据	标准（版本或年份）	合规标志[1]
开关电源	Power-Win Technology Corp.	PW-250B-1Y300PU	额定输入：100~240 V，50/60 Hz，4 A 额定输出：30 VDC，6.67 A，200 W（无对流）；30 VDC，8.34 A，250 W（有对流）17.1 CFM	IEC 60950-1: 2005，EN 60950-1: 2006 + A11: 2009（CB）CSA C22.2 No. 60950-1-07，UL 60950-1: 2007	NEMKO（58990 号证书）CSA(LR 94521)
IC U31（电池保护）	Maxim or equivalent	DS 1339C-33 或同等	提供反向充电保护	UL/CSA 60950-1	UR(E 141114)
外壳塑料	Bayer	Bayblend FR3000	额定值：V-0 表示厚度为 1.5 mm，5 VB 表示厚度为 2.0 mm，RTI 表示器具中厚度最小值 75 mm，外壳主要部分 3 mm，盖子 2.5 mm	UL 746C，UL94	UR(E 41613)
直流风扇	Delta Electronics or equivalent	AFB 0524VHD	额定值：24 V，0.15 A，最小值 17.02 CFM；最大值 20.3 CFM	CSA C22.2 第 113 号	CSA(LR 91949)
印刷线路板	Any	Any	额定值：最低温度 105℃，V-0	UL 796	UL

（续表）

元器件/部件编号 标准中的条款编号（如 IEC 60950 中的 1.5.1、IEC 60601-1 中的 8.10、IEC 60335-1 中的 24.1）	关键元器件列表				
	制造商/商标	型号/型号	技术数据	标准（版本或年份）	合规标志[1]
内部接线（次级）	Any	Any	额定最小值 300 V、60℃、VW-1 或 FT-1 或更高	UL 758	UL
管理（PPC）卡适配器（IC U2）的 USB 输出上的保护设备	Texas Instruments	TPS 2031D	额定值：6 VDC、0.6 A，最大保护电流 1.1A	UL 2637	UL
线性稳压器 U29 向 USB 保护 IC U2 提供 5-VDC	Micrel	MIC 29502WU	额定输出：5 VDC、5 A	—	随机测试
连接插头，无熔断器	Qualtek Electronics	770W-X2/10	额定值：250 V、2.5 A 最高温度：85℃	UL 498	CSA、VDE、UL R/C；E 139592
熔断器	Bel Fuse	RST 2.5	额定值：印刷电路板类型 T2.5/250V，盖子 V-0	UL 248	VDE、S、UR E 20624
NTC	CANTHE-RM	MF 72-005D9	额定值：5 Ω，最大稳态电流：3 A	UL 1434	UR、E241319
压敏电阻器 RV1	Panasonic	ERZ-V10D391	额定值：390V、2500-A峰值、70J	—	UL、CSA

（续表）

标准中的条款编号(如 IEC 60950-1 中的 1.5.1, IEC 60601-1 中的 8.10, IEC 60335-1 中的 24.1)	关键元器件列表				
元器件/部件编号	制造商/商标	型号/型号	技术数据	标准(版本或年份)	合格标志[1]
电容-C8, C10, C12, C13	Johanson Dielectric	302R29W-102KV3ESC	额定值：SMD 1808, 1nF, 250 V AC, X2	IEC60384-14, UL 60950-1, UL 60950-21	TUV, S, UR E 212609
热敏电阻 R4	EPCOS/T-DK	B57371V21-03J060	额定值：10-kΩ smd NTC 0603	UL 1434	UL, E 69802
英国电源线	PHINO	P318-0328-1	英国电源线，3A 熔断器-C7, 1.2M, RAL7047 护套		VDE
光耦 ISO1	Fairchild	FOD 817SD 或可互换	5 000 Vrms 的高输入输出隔离电压	UL 1577	UL R/C：E 90700, VDE
软件	XXYY. Ltd.	3.02 版			随机评估

补充信息：提供的证据(如证书发起方、编号及国家认可测试实验室文件编号)可确保达到要求的合规水平。

表 8.2　具有特定额定值和相关适用标准的元器件列表

元器件	特性、技术数据和额定值等	元器件标准	UL CCN
信息技术配件：磁盘驱动器、条码扫描器，光学收发器	电压；电流	无元器件标准，适用终端设备标准的要求：UL/IEC 60950	NWGQ NWGQ2
电器插座/插口	电压；电流	UL 498 IEC 60309-1；-2 IEC 60320-1；-2-2	AXUT2 AXUT RTRT2 ZYVZ2

（续表）

元器件	特性、技术数据和额定值等	元器件标准	UL CCN
电器插座 带电磁干扰滤波器、开关、熔断器座	电压；电流；X2 电容；Y2 电容	UL 1283 UL 498 IEC 60940 IEC 60939 – 1	FOKY2 AXUT2 AYVZ2
电器接线	电压；横截面积；最高温度	UL 758 IEC 60317	AVLV2
电池（锂）	电压；最大充电电流（对于 B 型可充电池）；保护装置	UL 1642 IEC 62133	BBCV2
电池包（锂）	电压、容量（单位为 mAh 或 Ah）；PCM 型；阻燃性（用于盖子）	UL 2054 IEC 62133	BBFS2
蓄电池（标准）（铅酸）	电压、容量（单位为 mAh 或 Ah）	UL 1989 UL 2054 IEC 60086	BAZR2
电池充电器·非自动型	电压；电流	UL 1012 适用终端设备标准的要求：UL/ IEC 60335 – 1	BBML2
桥式整流器	电压；电流	UL 1557	QQQX2
绝缘套管	可燃性；最大电线数量	UL 635 IEC 60137	NZMT2

（续表）

元器件	特性、技术数据和额定值等	元器件标准	UL CCN
扎线带	钢丝圈抗拉强度;最高工作温度;可燃性	UL 1565	ZODZ2
电容(X型、Y型)Y1=双重绝缘	电压;电容;容差;绝缘电阻	UL 1414 IEC 60384-14	FOWX2
电容(通用)	电压;电容;容差	UL 810 IEC 61071 IEC 61921 IEC 62391	CYWT2
断路器	电压;电流	UL 1077 IEC 60934 IEC 60898	QVNU QVNU2 DIHS2 DKPU2 DKUY2
导电涂层(金属化)	涂层厚度;基质	UL 746	QMRX2
印刷线路板(印刷电路板)涂层	涂层材料(颜色,厚度,可燃性);层压板(类型,厚度;最高焊接温度	UL 746 UL 94	QMJU2
涂料-塑料-元器件	颜色;可燃性;最小厚度;相对热指数(RTI)	UL 746 UL 94 UL 1694	QMFZ2
连接器	电压;电流	UL 310 IEC 61984	RFWV2

（续表）

元器件	特性、技术数据和额定值等	元器件标准	UL CCN
接触器	电压；电流	UL 508 UL 60947 – 1 UL 60947 – 4 – 1	NRNT2
压接连接器	压接在闭环或铲形连接器上，用于固定在螺钉端子或带正定位销的快速连接断开型连接器下	UL 486	ZMVV2
数据处理电缆	电压；横截面积；最高温度	UL 1690	EMRB
直流–直流转换器	IN：电压；电流 OUT：电压；电流	无元器件标准；适用终端设备标准的要求：ANSI/AAMI ES 60601 – 1 IEC 60601 – 1 UL/IEC 60950	QQHM2 QQGQ2 NWGQ2
二极管	电压；电流	UL 1557	QQQX2
外壳	外形尺寸（$a \times b \times c$）以 cm 为单位，厚度以 mm 为单位；颜色；可燃性（用于热塑性零件）	UL 94 UL 746	QMFZ2
风扇交流，直流	电压；电流；风量（m^3/h；CFM）	UL 507	GPWV2
滤波器（电磁干扰/射频干扰）	电压；电流；X2 电容；Y2 电容	UL 1283 IEC 60940 IEC 60939 – 1	FOKY FOKY2

（续表）

元器件	特性、技术数据和额定值等	元器件标准	UL CCN
熔断器	电压；电流；类型(FF，F，M，T，TT)	UL 248 - 1；- 14 IEC 60127	JDYX、JDYX2
熔断器座	电压；电流；可燃性	UL 512 IEC 60127 - 6	IZLT2 JAMZ2
加热元件	电压；电流	UL 1030 UL 499	UBJY2 KSOT2
互连电缆	电压；横截面积；最高温度	UL 758 UL 62 IEC 60227 IEC 60245	AVLV2 ZJCZ
联锁开关	电压；电流	UL 61058 IEC 61020 IEC 61058	WOYR WOYR2
绝缘胶带 变频器、转换器	电压；可燃性 IN：电压；电流 OUT：电压；电流	UL 510 UL 1741 IEC 60146	OANZ2 NMMS2
隔离装置（非光学）	RMS 隔离；工作电压	UL 1557 附加适用终端设备标准的要求： IEC 61010 - 1 UL/IEC 60950 - 1	FPPT2
标签	胶粘剂、基材、油墨和覆盖材料	UL 969	PGDQ2

（续表）

元器件	特性,技术数据和额定值等	元器件标准	UL CCN
激光模组	电压;电流;激光等级	UL 60950 – 1 IEC 60825 – 1 IEC 60825 – 2 FDA 21 CFR, J 子部分(Ⅰ、Ⅱ、Ⅱa、Ⅲa、Ⅲb)	NWGQ2
LED 非激光	颜色;电压	UL 1598 IEC 62504	IFAR
电机(仅结构)	绝缘等级	UL 1004 IEC 60034	PRGY2
电机(带阻抗保护)	电压;电流;功率	UL 2111	XEIT2
电机启动电容	电容;容差;电压	UL 810	CYWT2
光纤电缆	光密度;最大火焰蔓延距离	UL 1651	QAYK
光隔离器	RMS 隔离;输入到输出端子之间的间距(空气和沿机身)	UL 1577 IEC 60747 – 5 VDE 884	FPQU2
过电流保护器(固态)	电压;保护电流;温度范围	UL 2367 IEC TR 61912	QVRQ2

（续表）

元器件	特性、技术数据和额定值等	元器件标准	UL CCN
塑料部件（如绝缘体和泡沫）	尺寸；可燃性	UL 94 UL 746	QMFZ2
插头和插座	电压；电流	UL 498 IEC 60884 IEC 60309 - 1 IEC 60309 - 2	RTRT
电源	输入：电压；电流；频率；输出：电压；电流；频率	IEC/UL 60950 ANSI/AAMI ES 60601 - 1 UL 1310	QQGQ2 QQHM2 EPBU EPBU2
电源线（美国、加拿大、欧盟、国际）	类型；电线数量；电压；横截面积；最高温度	UL 817 CENELEC HD - 21 IEC 60799	ELBZ
脉冲变压器	工作电压；绝缘等级；触发电流	UL 506	XTEX2
印刷线路板（印刷电路板）	可燃性	UL 796 IEC 60603 - 2	ZPMV2
继电器	电压线圈；电压和电流（或功率）；触点	UL 508 UL 1577 IEC 60255 IEC 60730 - 2 - 10	NLDX2 NRNT2 NLRV2 NKCR2

（续表）

元器件	特性、技术数据和额定值等	元器件标准	UL CCN
		IEC 60947 IEC 61810 IEC 61811 IEC 61812 IEC 60747 - 5	NMFT2 FPQU2
继电器插座	电压；电流；可燃性	UL 508 IEC 60255	SWIV2
电阻	电阻；容差；功耗；抗电强度	UL 1676 IEC 60115 - 1	FPAV2
电阻-熔断和温度限制 安全相关可编程元器件（如 微处理器、ASIC 和 EPROMS） ——家用		UL 1412 UL 60730 - 1	FPEW2 XAAZ2
热缩管	电压；可燃性	UL 224	YDPU2
套管	电压；可燃性	UL1441	UZFT2
电磁阀	电压；电流	UL 906	VAIU2
应力释放		UL 514B	NZMT2 QCRV

（续表）

元器件	特性、技术数据和额定值等	元器件标准	UL CCN
电涌抑制器	击穿电压；钳位电压；峰值脉冲电流	UL 1449 IEC 61463-1 IEC 61644-1	VZCA2
开/关开关	电压；电流；类型（1极；2极）	UL 61058 IEC 60669 IEC 61020 IEC 61058	WOYR WOYR2 NRNT2
接线端子	电压；电流；介电强度；工作温度；可燃性	UL 1059 IEC 60947-7	XCFR2
温度保险丝	电压；电流；跳闸温度	UL 1020 IEC 60691	XCMQ2
热保护器（用于电机）	电压；电流；跳闸温度	IEC 60730	XEWR2
热敏电阻（负温度系数；正温度系数）	电压；保持电流；跳闸电流；标称电阻	UL 1434 IEC 60539	XGPU2
温控器	电压；电流；跳闸温度	UL 873 UL 60730-1	XAPX2
变压器（带过载保护）	输入：电压；电流；输出：电压；电流	UL 506 ANSI/AAMI ES 60601 UL/IEC 60950	XPTQ2 NWGQ2 XODW2

（续表）

元器件	特性、技术数据和额定值等	元器件标准	UL CCN
		IEC 60044 IEC 60076 IEC 60742 IEC 60989 IEC 61050 IEC 61558	FGQS2 XOKV2
变压器（仅结构；绝缘系统）	绝缘等级	UL 1446 IEC 60076 – 3	XORU2 OBJY2
半导体器件（晶体管、三端双向可控硅开关元件）	类型：电压；电流	UL 1557 IEC 60747	QQQX2
三层绝缘线	可燃性	UL 1446 IEC 60851	OCDT2
管道	绝缘；可燃性	UL 224	YDPU2
阀门	类型（如空气、气体、油、制冷剂、蒸汽和水）；电压	UL 429 UL 60730 – 2 – 8 IEC 60534	YSYI2 YIOZ2
压敏电阻器	最大钳位电压；工作电流	UL 1449 IEC 61051 – 1	VZCA2
电压选择器	电压；电流	UL 61058 IEC 61020 IEC 61058	WOYR WOYR2

之间提供一定的绝缘。通常集成电路的特性在 25℃ 的环境温度下给出。在选择集成电路过程中,应将使用集成电路设备的最低工作温度和最高工作温度降低额定值作为指导。确保安全接头处的半导体器件足够牢靠,即使在典型的失效短路条件下也能正常工作,这一点非常重要。同样重要的是,要使软件/可编程设备尽可能地脱离安全设计,以避免安全评估中所需的大量工程投资。

固态过电流保护器是集成电路的特殊类别。当输出负载超过限流阈值或出现负载侧短路时,固态过电流保护器会将输出电流限制在安全水平。固态过电流保护器用于隔离变压器、电源或蓄电池的负载端以提供补充绝缘。固态过电流保护器仅安装在印刷线路板(PWB)(工厂接线)上,所以无法进行手动操作或复位,且未指定固态过电流保护器内的电气设备间距。

8.2.2　二极管

二极管有多种使用方法,如用于保护电流敏感电路。使用电池的设备内也可能会使用到二极管,当电池安装不当时,二极管可对设备进行保护,将阻止反向电流从电池流向电路的其余部分。因此,二极管可保护电路中的敏感电子设备。

根据应用和二极管所承受的工作电压来选择二极管。其他须考虑的二极管特性包括额定工作峰值电压、峰值脉冲功耗(PPP)、峰值脉冲电流(IPP)、钳位电压(VC)及必须覆盖设备的工作温度范围。

发光二极管(LED)可能是最广为人知、最易识别的一种二极管。当电子跃过 PN 结时,发光二极管将发出可见光,发出的光称为"冷光"。一些二极管视为激光设备。为了在没有任何附加防护装置的情况下被接受,在正常功能条件下和在单一故障条件中,二极管应符合 1 类激光的标准。

光电二极管仅在暴露于光线时才会导通。光电二极管在使用光敏开关的产品项目设计时很有用,因为只有在有光的情况下电路才起作用。

齐纳二极管又称稳压二极管,具有 PN 结反向击穿特性,其电流可在很大范围内变化而电压基本不变,起到稳压的作用。此二极管是一种直到临界反向击穿电压前都具有很高电阻的半导体器件。在这临界击穿点上,反向电阻降低到一个很小的数值,在这个低阻区中电流增加而电压则保持恒定,稳压二极管是根据击穿电压来分档的,因为这种特性,稳压管主要被作为稳压器或电压基准元件使用。

整流二极管用于阻止电流以错误的方向流动。整流二极管的功能是找到电路正确匹配的因素。对于桥式整流器也是如此。

肖特基二极管用于在达到击穿电压时快速打开和关闭及在数字电路中进行快速响应。当电流流过二极管时,端子之间的电压降极小。硅晶体二极管有电压降或损耗,而肖特基二极管的电压降要小得多。该较低的电压降可实现更高的开关速度和更好的系统效率。当时间是安全敏感问题时,应考虑使用肖特基二极管。

8.2.3 晶体管

晶体管的选择取决于工作电压、电流和功耗。此类 PCB 上的元器件位置应考虑整体产品布局。在晶体管上配备散热器可能会影响其余电路的正确功能,可能会产生微气候,当所有元器件选择工作温度范围时,应考虑这一微气候。

> **注:** 功率晶闸管、晶体管、二极管、桥式整流器及这些器件的任何组合均视为电隔离半导体器件。这些设备配有散热器,或者预期在最终应用中连接至散热器。对于这些设备,重要的是在带电部件(端子)和散热器之间建立隔离系统。因此,这些设备具有隔离电压额定值。这些设备安装在终端设备中应考虑到外壳、安装、电气间距和隔离的标准要求。

8.3 无源元件

8.3.1 电阻器

从电气安全的角度选择电阻器时须考虑两个因素,即额定功耗和额定电气强度测试电压。在两个需绝缘的电路之间使用电阻器可能会在电气强度耐压测试和单一故障条件方面产生巨大问题,然而,串联阻值相同的两个电阻器可解决该问题,串联更多的电阻器将增加总电阻,须通过对应强度的测试电压。

功率电阻器应在与 PCB 保持一定距离处进行安装,否则板材吸收的热量会严重降低材料的相对漏电起痕指数。

8.3.2 电容

电容用于储存电能。电容由两块板组成,其中分隔板将两块板进行电隔离。对板进行充电,电荷将保留在电容中,直到电容内部放电或电容通过电路放电为止。

电化学电池和电容之间的区别在于,电池通过电化学方式储存能量,而电容通过静电方式储存能量。电池的能量密度可能高于电容的能量密度。超级电容的功率密度可能高于电池单元的功率密度。电容的能量储存能力以法拉(F)为单位。小型电容中储存的能量很小,超级电容中储存的能量很大,且超级电容的峰值电流非常高,在电路设计中应考虑这一点。

电容有许多不同的类型,每种类型都有其独特的特性和应用。不同类型的电容之间将存在应用重叠,且成本、形状因数、可获取性及其他因素可能会成为选择特定类型电容的差异化因素。

电容的失效模式因类型而异。根据电容的类型,电容可能会发生失效,且失效模式的范围为从开路到短路,或者电容的容值降低出其规格范围。

以下是常用电容的介绍,包括对电容失效的一些潜在原因的讨论[3]。

* 陶瓷电容:陶瓷电容的电介质为陶瓷。陶瓷电容会由于机械破裂、浪涌电流和介电击穿而发生故障。值得注意的失效模式是由于相对较低的弹性而导致部件开裂。电容中没有液态电解质,通常这些电容会以无害方式发生故障。在罕见且独特的情况下,这些电容可能会发生热故障,呈现出柱状火焰。因此,需要有部件应用于防止可能导致部件破裂的机械应力。在设计和安装陶瓷电容时,应考虑上述因素。

* 电解电容:电解电容有极性且含有液体电解质。电容在极端高温条件、过高电压、介电击穿和暴露于极性的情况下将会发生故障。电容通常会发生无害故障,但可通过排气机构进行排气。电解电容有可能泄漏电解质到电路板的带电区域,这会带来一定的危害。在电解电容的电路板设计和安装中应考虑这一点。

* 薄膜电容:薄膜电容也称为金属化薄膜电容。薄膜电容由紧密缠绕的交替金属化膜电极和介电膜层构成。薄膜通常由聚酯、聚苯乙烯、聚碳酸酯、聚丙烯和纸制成。薄膜电容可能由于内部短路、施加的过大电压或内部开路而发生故障。通常,薄膜电容会发生

无危害故障,但在特殊情况下,可能会发生热故障。

- 钽电容:钽电容是由钽粉压制成颗粒制成的电容。粒料中的钽丝形成阳极。电解质为固体,由二氧化锰形成。二氧化锰上的导电层形成阴极。钽电容可能由于内部短路、过大的纹波电流、空隙或过度的电压暴露而导致电介质击穿而发生故障。钽电容的失效通常是无危害的,但在特殊情况下,钽电容可能会发生热失效。

我们应保持常态化地研究、分析和考虑电容在其应用中需要适应的电气、热和机械应力的影响危害。

用于电子设备电源部件的固定电容为 X 电容和 Y 电容。X 电容[4]适用于电容的失效不会导致触电危险但可能导致火灾风险的情景。X 电容分为三个子类: X1、X2 和 X3(表 8.3),取决于脉冲的峰值电压,这些脉冲叠加在可能要使用的电源电压上。这些脉冲可能是由于外部线路上的雷击、相邻设备的通断或电容使用设备的通断引起的。Y 电容[4]适用于电容失效可能导致触电危险的情景。Y 电容分为四个子类: Y1、Y2、Y3 和 Y4(表 8.4)。Y 电容的桥接基本绝缘(连接在初级和地面之间)应符合基本绝缘的电气强度测试(对于 250 Vrms 的工作电压,测试电压应为 1500 VAC 或 2121 VDC)。

表 8.3　X 电容的子类

子类	峰值脉冲电压/kV	符合 IEC 60664-1 的安装类别	应用
X1	>2.5~4	III	高脉冲
X2	≤2.5	II	一般用途
X3	≤1.2	—	一般用途

表 8.4　Y 电容的子类

子类	绝缘类型	额定电压/V
Y1	双重或加强	≤500
Y2	基本或附加	≤150~300
Y3	基本或附加	≤150~250
Y4	基本或附加	<150

额定交流或直流电压的首选值为 125 V、250 V、275 V、400 V、440 V、500 V 和 760 V。电容的额定电压值必须考虑。重要的是要注意：电容将承受电气强度测试电压（耐压测试），因此电容的额定值应遵循所需 RMS 电压的峰值脉冲值。同样，端子之间及未绝缘部件与金属外壳之间的爬电距离应完全满足产品标准的要求。禁止在带电部件和非接地可触及部件之间用电容连接。任何额定值大于 100 nF 的电容都必须标明额定电压和电容值。电容不应跨接在温度保险丝上。

另一类电容为电解电容。电解电容由缠绕的电容元件组成，该电容元件浸有液体电解质，连接至端子并密封在罐中。该电容元件由阳极箔、用电解质饱和的纸隔板和阴极箔组成。额定电容值，即标称电容值，是在 120 Hz、温度为 25 ℃ 条件下标定。为了降低运行过程中释放的氢气产生的过大压力而引起的爆炸风险，铝电解电容配备了泄压结构。

对于电解电容，应提供额外的单独绝缘层（如延伸套管），该绝缘层的厚度必须符合产品标准间距要求。

铝电解电容包含的材料会在接触火焰时着火并助燃。易燃部件包括塑料部件、绝缘套管、纸张和电解质。如在电容失效期间发生火花，电容中的氢气会被点燃。在某些应用中，应考虑提供防火罩。

8.3.3　电感

电感应具有符合适用标准的补充过载能力，以及完全满足设备额定工作温度范围的能力。根据产品标准，电感的支撑件应具有可接受和确定的可燃性等级。

8.4　温度控制装置

设备内部的高温有时必须要加以控制，如灯具温度升高可能会引发着火危害。有几种设备可对温度高低进行感应，选择此类元器件时，应判断它的应用是否会在发生失效时造成损坏及可能造成的所有后果。在这种情况下，在设计中考虑设备的功能及传感元件在设备工作温度范围内的可靠性是非常重要的。

超温保护装置不应在正常使用中发生动作。超温保护装置在单一故障条件下动作,且应具有额定的最大分断电压和电流值。在温度控制系统发生失效的情况下超温保护装置只有在被保护部件无法继续运行的情况下才能进行自复位。超温保护装置为熔断电阻和温度限制电阻。

在当今的高性能系统中,热管理已成为一项越来越重要的功能。热管理应首先测量特定位置(如电子电路、电机绕组、变压器绕组、加热设备和用户可触及部件)的温度,并断开产生热量的部件的电源,这样可防止热危害(如烧伤和火灾)。

温度测量应选择适当的温度传感器,有四种主要传感器可用:热电偶、电阻温度探测器、热敏电阻和集成电路温度装置。这些温度传感器之间的差异见表8.5。

表8.5　传感器之间的差异

性能指标	热电偶	电阻温度探测器	热敏电阻	集成电路温度装置
测量范围	宽;最高1800℃	窄;最高850℃	非常窄;最高150℃	非常窄;最高150℃
稳定性	低	高	中	高
精度	中	高	低	高
灵敏度	低	高	高	高
线性度	中	高	低	高
响应时间	快	慢	慢	快
输出信号强度	非常低	低	强大	强大
供电	无	须提供外部电源	无	须提供外部电源
应用	高温测量	需要精度时	需要灵敏度时	远程应用

为了更加可靠,可将传感器的输出信号(低电压或低电流)转换为更强大的4~20mA信号或数字输出。热电偶基于两种不同金属之间的接头产生一个随温度升高的小电压。加热传感器接头会产生与两个接头之

间的温差成正比的热电位。有几个热偶组对，用字母(B、E、J、K、N、R、S和T)表示，具有各自的特征和范围(表8.6)。

表8.6　热电偶组

接头热电偶	类　型	特　性
K	镍铬/镍铝合金	最常见的热电偶类型，价格便宜、准确、可靠且温度范围宽
J	铁/康铜 (一种铜镍合金)	也很常见。与K型相比，温度范围更小，且在更高的温度下使用寿命较短。在费用和可靠性方面与K型相同
T	铜/康铜	非常稳定的热电偶；用于极低温应用
E	镍铬/康铜	在1000°F和更低的中等温度范围内，与K型或J型相比，信号更强，精度更高
N	镍铬硅/镍硅	精度和温度极限与K型相同，但价格略高
S	铂铑-10%/铂	用于非常高温的应用。由于高精度和稳定性，有时用于低温应用
R	铂铑-13%/铂	用于非常高温的应用。具有比S型更高的铑百分比，这使其价格更高。在性能方面与S型非常相似。由于高精度和稳定性，有时用于低温应用
B	铂铑-30%/铂铑-6%	用于极高温应用。在非常高的温度下保持较高的精度和稳定性

电阻温度探测器(RTD)的原理是利用某些金属(通常是铂和镍)变热时会增加其电阻。使用最广泛的传感器为100Ω或1000Ω的电阻温度探测器或铂电阻温度计。为了对电阻变化进行测量，将传感器输出电压与参考电压一起馈入惠斯通电桥。铂电阻温度计可覆盖$-200\sim800℃$的温度范围。

热敏电阻是由金属氧化物组成的电阻器件，这些金属氧化物形成磁珠并封装在环氧树脂或玻璃中，其电阻随温度升高而降低，因此热敏电阻器称为负温度系数(NTC)传感器。电阻随温度非线性急剧降低。

负温度系数热敏电阻的标准目录参考温度为$25℃$，或者有时在看到"零功率电阻"时给出热敏电阻器主体的温度。该"零功率电阻"由热敏电阻的直流电阻值表示,是在特定条件下以较低的热敏电阻功耗测得的。

使用负温度系数热敏电阻器可提供高精度的温度测量及小容差,可确保精细的控制。关于 NTC,注意通过负温度系数热敏电阻的适当老化过程来确保其时间稳定性是非常重要的。根据应用的不同,这些传感器的封装过程可提供具有特定功能的广泛应用,以维护设备的安全特性,这使负温度系数热敏电阻器成为非常通用的元器件。

由于其具有的优点,NTC 可成功用于保护电力系统免受过热或冷却系统失效的影响。NTC 热敏电阻的主要缺点是响应速度很慢,不适合检测温度的快速变化,因此只能用于保护系统免受对温度缓慢变化产生缓慢影响。NTC 电阻不能用于短路或过电流保护。

集成电路温度装置是一种温度传感设备,其输出电压与温度成线性正比。对于集成电路温度装置,精度是指在指定电压、电流和温度(以℃表示)条件下,输出电压与 $10\,mV/℃$ 乘以集成电路温度装置外壳温度之间的误差。

8.4.1 恒温器

恒温器是一种能够通过目标温度设置来控制系统升温或冷却的设备。当达到一定温度时,恒温器会接通或断开电触头。恒温器可采用多种方式结构(通常由两种不同的金属制成),且可使用各种传感器来进行温度测量。传感器的输出动作对升温或冷却设备进行控制,随后,加热或冷却设备将满负荷运行,直到达到设定温度为止,然后关闭。

选择用于温度控制的双金属片恒温器时,须考虑以下因素:激励温度、电气负载、预期使用寿命及环境运行条件(温度和湿度)。

激励温度是恒温器接通或断开电路时的温度。基于环境温度,恒温器状态可为常开(N/O)或常闭(N/C)。关于电负载,重要的是要知道负载是电阻性的还是电感性的,以及最大的稳态电流和电压的值。

8.4.2 温度保险丝

温度保险丝(TCO)是不可复位的热保护器,包含在电子电路和电气设备的发热区域内。当达到"断开温度"时,热敏元件会感测温度变化并

"断开"电路，从热源开始异常工作到热敏元件"熔断"的时间间隔取决于几个因素，如安装条件、设备保持温度及温度保险丝的最大温度极限范围。

温度保险丝的主要优点是其结构非常简单。温度保险丝是热敏元件，即一种特殊的树脂，该树脂在环境温度达到熔点时开始液化。热敏元件被焊接在一对导线上，并涂有防止氧化的化合物密封。树脂化合物产生表面张力，使其形成球形形状，从而将液化的元件拉开。温度保险丝的尺寸一般被小型化，使其可在电源、移动电话、视听设备、信息技术设备、变压器、电磁阀、电风扇、小型电机、吹风机、燃气家用电器、荧光灯、电动剃须刀、加热设备、集成电路、电池和汽车工业等领域上被广泛应用。温度保险丝也可用于过热保护。如果没有具体的可接受条件，温度保险丝不得用于生命支持设备、航空工业和核电工业。

根据应用场合，制造商应从使用环境的角度选择温度保险丝，当温度保险丝在高于最高工作温度的条件下连续使用时，温度保险丝可能会退化，且在指定温度[5]下可能无法正常工作。具体来说，制造商应考虑以下几点：

（1）选择正确的涂层（如陶瓷或酚醛树脂涂料）。

（2）额定工作温度。

（3）保持电流。

（4）额定电压。

由于温度保险丝执行重要的安全功能，因此，选择经测试机构认证或认可的温度保险丝，并了解使用温度保险丝设备的所有热特性，包括额定工作温度、保持温度（当最大额定电流通过时，根据标准条件进行工作时的温度）及最高温度限值（在一定的持续时间内断开的设备不会再次接通的温度）。设备的设计应确保在温度保险丝运行后，任何过热都不会超过最高温度限制。此外，测量导线（端子）之间的电阻并用 X 射线检查内部状态是确认交货时和安装在设备中温度保险丝状态的有效方法。

温度保险丝的使用非常方便，为了获得最佳效果，使用温度保险丝时应仔细研究设备本体和设备引线的安装/定位，以达到均匀加热的目的。同样重要的是要确保该位置不受连续振动的影响，从而避免在设备本体和设备引线上产生任何机械张力。制造商应对足够数量的终端产品进行测试,并在正常和异常条件下重复进行测试。

8.5 电机和风扇

应根据电机和风扇预期负载和终端设备的使用环境条件对其进行判断。强烈建议制造商确保为电机和风扇提供安全测试(如过载保护、堵转、过电压和防止启动)。设计人员应选择一些部件可有效对电机和风扇的运动部件进行防护。

必须确保电机不会引起火灾危害。因此,制造商应避免使用仅结构认可的电机,因为未对这些电机进行堵转和过载保护方面的测试。制造商应仅使用被认为具有阻抗或热保护功能的电机。风扇的重要参数是空气流量(体积流量)。

评估流量的步骤如下[6]:

(1)确定设备内部产生的热量 P。

(2)确定设备内部允许的温升 ΔT。

(3)计算传热所需的空气流量:

$$Q(\text{CFM}) = (1.76 \times P)/\Delta T$$

其中,P 为内部散热(单位:W);ΔT 为允许温度(单位:℃);Q 为空气流量(单位:CFM,立方英尺/分钟)。

空气流量也可表示为:$1\,\text{m}^3/\text{h} = 1.6\,\text{CFM}$;$1\,\text{m}^3/\text{min} = 0.028\,\text{CFM}$;$1\,\text{m}^3/\text{s} = 0.00045\,\text{CFM}$;$1\,\text{L/s} = 0.47\,\text{CFM}$。

当检测到空气流量损失时,包含风扇冷却的关键系统应配备热警告或停机机制。

8.6 热塑性材料

热塑性材料的特性包括物理特性(比重、面积系数、铅笔硬度、吸水性和可燃性)、光学特性(透光率、雾度、黄度和折射率)、机械特性[抗拉强度和应力、伸长率(应变)、拉伸弹性模量、撕裂、冲击和破裂强度及耐折性]、热特性(拉伸热变形、负载下的挠曲温度、比热、热膨胀系数和维卡软化温度)和电气特性(介电常数、消耗因数、体积和表面电阻率、电弧电阻和钨相对漏电起痕指数)[6]。

根据使用标准的适用要求选择热塑性材料是非常重要的。首先应根据热塑性材料的工作温度、与任何热源的距离、材料正常使用时的位置及所需的可燃性等级,来选择外壳、支撑件和绝缘壁。所需的可燃性是针对设备内的最小使用厚度。机械设计人员应提供证据证明,热塑性材料在制造后不会因模制而收缩。

当将热塑性材料模制成最终产品所需的形状时,最终部件中可能会出现内部模制应力。随着时间和温度的升高,内部应力可能会导致产品逐渐变形,并可能使内部部件暴露在外。在指定温度下的烤箱中放置 7 h后,取出完整的产品样品,并检查是否有模具变形。如外壳的任何变形、翘曲或开口导致电气危害或被测设备的运动部件暴露,则外壳的任何变形、翘曲或开口被视为是不可接受的[6]。

还必须确保与基材一起使用的任何着色剂都不会降低最终材料的可燃性等级。

聚合物材料的燃烧性能水平以相对热指数为特征,并通过阻燃等级(可燃性)进行分类。相对热指数在电气和机械性能方面均以各种厚度分配。所有聚合物部件和 PCB/PWB 必须具有可接受的阻燃等级。常见的阻燃等级为 5 V、5 V - A、5 V - B、V - 0、V - 1、V - 2 和 HB。最不易燃的是 5 V 材料。对于泡沫材料,常见的阻燃等级为 HF - 1、 HF - 2 和 HBF。对于薄材料,常见的阻燃等级为 VTM - 0、VTM - 1 和 VTM - 2。

产品应用的聚合物材料可燃性评估须执行以下步骤[6]:

- 识别将在产品中使用的聚合物材料。
- 确定每种材料在产品中发挥的作用。
- 获得有关材料特性的信息。
- 通过检查终端产品标准来评估材料在终端产品应用中的适用性。

当热塑性材料用于容纳产生热量的元器件(如加热元件)外壳时,应考虑热塑性材料的维卡软化点。

8.7 接线端子

接线端子通常通过螺钉、弹簧垫等方式与永久安装设备和网电源端连接或用于设备内部的互连，位于一次电路中的接线端子必须为认可的类型。

接线端子的额定值应符合设备制造商的接线端子额定值，以确保接线端子能够在最大正常负载下，在要求的最高温度下运行，能够承受相邻端子之间的电气强度测试电压，并允许连接具有足够横截面积的特定电线。

使用哪个标准来验证认可用于永久连接电源的接线端子是非常重要的。然而获得认可可能还不够，由于用于连接的螺钉尺寸或无法通过产品标准要求的特定测试（如现场接线测试）等，制造商还经常面临接线端子导致的拒收问题。使用接线端子时遇到的另外一种常见问题是在一个锁定装置部分中连接了多根电线，超出了允许的横截面积。

8.8 连接器

应根据将要连接的电路类型来选择连接器。在同一个连接器上将电信网络电压电路与安全特低电压电路连接在一起，意味着相邻端子之间将具有一定的击穿电压、一定的爬电距离和电气间隙要求。出于安全目的（如防止电池反向连接）使用此功能的键控制连接器，应满足设备使用寿命期间发生的连接数量的机械要求。

8.9 内部接线

内部接线[6]对于确保任何电气设备的安全至关重要。电线应经过认证/列名，来确保绝缘质量厚度的均匀性和其可燃性，以及电线符合环境条件。例如，根据不同的应用，电线可能需要耐油、耐水或在低温下具备良好性能。此外，还应考虑电线的额定电压、指示其电流能力的规格及电线所承受的温度。对于电线规格，建议使用 1.25 的系数。如必要，应根

据应用对所需的绝缘进行检查;用作双绞线的绝缘能力有时是一个问题,
应予以重点考虑。如来自不同电路的电线绝缘层相互接触(如网电源和
低电压),则必须将每根电线的绝缘等级定为任一根电线中的最高电压。
电线必须使用 PVC、PFE、PTFE、FEP 或氯丁橡胶进行绝缘。大多数
电线特性标记在电线本身或包装(线轴)上。与电源连接的电线必须经过
认证/列名。

参 考 文 献

[1] MECA, "*Critical Component Table*," Franklin, USA.

[2] UL Standards Info Net, "Catalog of UL Standards for Safety".

[3] Swart J. , et al. , "Case Studies of Electrical Component Failures," Failures 2006, South Africa, 2006.

[4] IEC 60384 - 14, "Fixed Capacitors for Use in Electronic Equipment — Part 14: Sectional Specification: Fixed Capacitors for Electromagnetic Interference Suppression And Connection to the Supply Mains," Geneva, 2013.

[5] Uchihashi Estec Co. , Ltd. , " Application Instructions for Elcut Thermal Cutoffs," 1998.

[6] Bolintineanu, C. , and S. Loznen, " Product Safety and Third Party Certification," *The Electronic Packaging Handbook* , edited by G. R. Blackwell, Boca Raton, FL: CRC Press, 2000.

拓 展 阅 读

Dowlatshahi, S. , "Material Selection and Product Safety: Theory Versus Practice," *Omega 28* ,2000, pp. 467 - 480.

ECMA - 287, European Association For Standardizing Information and Communication Systems, "Safety of Electronic Equipment," Geneva, 2002.

Harris, K. , and C. Bolintineanu, "Electrical Safety Design Practices Guide," Tyco Safety Products Canada Ltd, Rev 12, March 14,2016.

IEC 60950 - 1 + AMD1 + AMD2, "Information Technology Equipment — Safety — Part 1: General Requirements," Geneva, 2005 - 2013.

Interpower Products, "Designer's Reference Catalog," No. 16.

Karana, E. , P. Hekkert, and P. Kandachar, "Material Considerations in Product Design: A Survey of Material Aspects Used by Product Designers," *Materials and*

Design 29,2008，pp. 1081 – 1089.

Littelfuse，"Electronic Designer's Guide," EC101 – E，February 1998.

Martin，P. L.，*Electronic Failure Analysis Handbook*，New York：McGraw-Hill，1999.

Wickmann，Circuit Protection Design Guide，W1/0008,2012.

蓄 电 池

9.1 概述

现今,移动电子产品的拥有量大得惊人,移动产品已成为生活中不可或缺的一部分;消费者对移动性的需求推动了产品便携式设计的发展。在移动产品中,电源需要以蓄电池的形式为产品供电。自19世纪亚历山德罗·沃尔塔(Alessandro Volta)研发出首个锌铜电池以来,电池技术得到了改善。

蓄电池分为两类,即原电池和二次电池。原电池是不可充电的电池,可在电池放电后对其进行处理。二次电池是可充电的电池,允许用户对电池进行充电和重复使用。因此,原电池具有一次放电使用寿命周期,二次电池具有多次充电、放电使用寿命周期。

安全性在原电池和二次电池中都起着重要的作用。因此,必须对电池及其产品的安全性能进行安全设计和验证。

9.2 二次电池

可充电电池用在不适合使用原电池的产品市场。最初,移动产品依靠可充电的铅酸电池、镍镉(NiCAD)电池和镍氢(NiMH)电池来为便携式产品供电。这些电池化学物质使用的是水基电解质。但锂离子技术的引入及蓄电池中电池轻量化、能量密度高的特性使得便携式产品变得更小。凭借轻质、能量密度高及越来越低的成本，锂离子技术正被推向新的产品，并且是便携式产品中的旧电池化学物质向锂离子储能的一个过渡。

当前移动产品应用中最主要的可充电电池是锂离子化学材料，本章重点将放在锂离子化学材料上。典型的电池系统如图 9.1 所示。

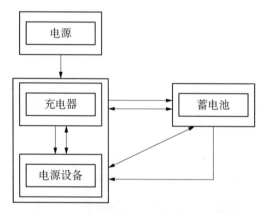

图 9.1　与锂离子电池系统相关的元器件

典型的锂离子电池系统基本上由四个元器件组成：

（1）电源适配器，可以是 12 V 的汽车适配器、USB 适配器或 120 V/230 V 交流适配器。电源适配器将调节连接至产品充电器电路的电源，以便对电池充电。交流适配器须经过安全评估和安全认证。

（2）充电器。充电器电路是产品内的电路，可确保在充电电流、高电压和充电温度方面，在蓄电池单元的正常工作范围内对蓄电池进行充电。充电器电路可以是产品的一部分，也可以与产品设备分开。充电器可能需要进行安全评估和安全认证。

（3）蓄电池。蓄电池通常具有电流、电压和温度控制的二次冗余设置。这些控件独立于充电器和产品设备。根据设计的不同，该电路的主要功能是充当独立的安全电路，仅当充电器中的控制电路和产品出现故障的时候才须进行工作。蓄电池必须经过安全评估和安全认证。

（4）电源设备，由蓄电池进行供电，蓄电池设计用于提供为产品供电所需的电源。为应用选择适当的电池对于确保电池系统的可靠性和安全性十分重要。在充电系统根据充电温度、电压和电流来管理电池充电的情况下,产品通常会针对放电电流、低截止电压和放电温度来管理电池的放电。电源设备及其所有子系统和元器件都需要在子系统和系统等级进行安全评估和安全认证。安全评估可采用系统方法,以确保控制系统在电源设备和电池系统中的结合,且不允许电池、蓄电池或电源适配器规格范围外的间隙或应力。

9.2.1 可充电电池

锂离子化学材料不是从铅酸或镍基化学材料发展而来,而是在 20 世纪 90 年代由索尼公司(Sony)开发的一种全新电池化学材料(图 9.2)。

图 9.2 圆柱形锂离子电池

锂离子电池由一组电极组成,这些电极安装在通常称为电池罐或电池袋的外壳中。锂离子电池的几何形状通常有两种,即圆柱形电池和棱柱形电池(棱柱形电池具有罐状结构或袋状结构),其尺寸会根据电池的容量和应用情况而有很大不同。电池外壳可以是袋状结构,是具有铝衬里的聚合物;也可以是金属罐状结构,通常是铝。电极将容纳在密封的电池外壳或电池袋中。电极由一个阳极和一个阴极组成,夹在阳极和阴极之间,是一个聚合物隔膜。电池中使用的有机电解质可被隔膜吸收,也可在阳极和阴极之间自由流动(图 9.3)。

从安全角度来看,锂离子电池的作用不同于铅酸电池和镍基电池的化学作用。电池可能会发生热失控和过热状态,但热事件的严重程度取

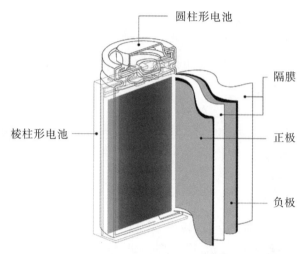

图 9.3   圆柱形锂离子电池和棱柱形锂离子电池的结构

决于电池的荷电状态(SOC)。在最坏情况的失效模式下,锂离子电池的热失控事件可能引发电池排气或电池快速解体进而引起着火和燃烧,以及排出潜在的可燃气体。

在多电池组中,单个电池故障可能会从一节电池传播到相邻电池,且可能持续到电池系统中所有受影响的电池都发生故障为止。电池热失效的传播并非总是能被发现,且其失效形式受包括蓄电池设计在内的许多因素影响。

导致火焰燃烧风险增加的原因如下:

- 易燃电解质:大多数锂离子电池的电解质含有易燃元器件。
- 持续的放热化学反应:一旦电池进入热失控状态,各种降解和氧化过程就会使电池中的温度保持在 500 ℃ 以上,一直存在着点燃二次可燃物的风险。

电池失效可在电池使用寿命的早期和后期出现,仅取决于导致电池失效的失效机制。电池失效可能是由于电池设计不良、电池制造缺陷、电池管理设计缺陷、电池管理失效、电源滥用、机械滥用或热失效造成的。除这些潜在的失效机制外,也可能发生后期失效和使用寿命终止,但这些失效机制可能是唯一的,且是电池模型特有的。

由于上述限制,锂离子电池需要一种控制系统,以非常精确的方式对电池进行充电和放电。如电池管理系统无法完成此任务,则存在电池可能受到电应力,电池的可靠性和安全性也会受到影响。电池电化学反应要求电池由蓄电池管理单元(BMU)和设计用于对锂离子电池进行充电的充电器进行管理。

9.2.2 锂离子电池

与铅酸和镍基电池系统相比,锂离子电池在结构上也有所不同。通常,在铅酸和镍基化学材料中,电池将由一节或多节电池组成,构成电池电压和电流规格。可将电池封装在包装材料或外壳中,与一组延伸件组合在一起以形成电池触点。铅酸电池和镍基电池的充电器的结构从非常简单到非常复杂(图9.4)。

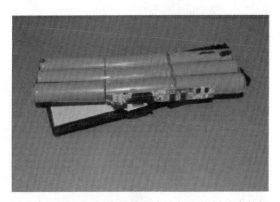

图9.4　显示电池、电池管理电路板和塑料外壳的锂
离子电池组

相反,从系统的角度来看,由于增加了对电压、电流和温度的精确控制及安全电路冗余,锂离子电池更加复杂。电池可被封装在包装材料或外壳中,但电路板(通常称为"电池保护电路"或"BMU")也被封装在外壳中以形成蓄电池。该保护电路可保护电池免受诸如过电压充电、过电流充电和过热充电等变量的影响。锂离子电池的充电系统是一种精密设备,应很好地控制进入锂离子电池的电荷量,以防止过度充电。

其原因是,锂离子电池的化学材料中目前没有任何机制可管理电池的过度充电。在铅酸电池和镍基电池中,过度充电过程中电解质中的水会分解成氧气和氢气,这种过程以缓慢的速度发展,则气体可能会重新结合并形成水,从而有效地防止了电池活性物质的过度充电。这种缓慢的过度充电用于平衡电池组中的电池。如以较高的速率进行过度充电,通常会通过排气阀释放过量的气体。

锂离子电池在过度充电期间的电化学不稳定性可能会引起电池内的一些可靠性和安全性问题,包括电解质的降解、锂电镀和气体的产生及热失控。

9.2.3 锂离子电池失效原因

锂离子电池以不安全的方式发生故障的原因有很多。锂离子电池可能会由于图 9.5 所示的原因发生故障。该信息可用于安全失效模式和影响分析(SFMEA)。图 9.5 左侧列出了应力和缺陷,右侧列出了电池的潜在失效模式。

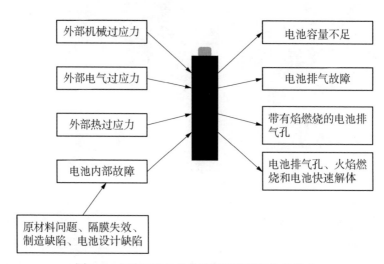

图 9.5 锂离子电池的故障原因和潜在失效模式

安全评估应考虑电池系统设计,其中包括产品设备。当执行安全评估时,可采用类似于 IEEE 1625 和 IEEE 1725 的系统方法。

在这两个标准中,方法是从环境、用户、电源、主机设备、电池组及电池的角度来对电池系统进行评估。电池是电池系统的元器件,从根本上决定了电池组、用户和环境的限制。

例如，将电池在最高70℃的额定温度下进行安全放电，且将产品在80℃的额定温度下进行操作，则电池安全规格将与电池不兼容，因此无论产品规格如何，电池安全规格在这种情况下限制了产品规格。这与电池系统中电池和元器件的所有运行参数有关。因此，系统方法可确保将电池系统设计为在元器件、子系统和系统等级具有最佳的兼容性。

9.2.3.1 外部机械过应力

当锂离子电池受到外部机械应力或损坏时，可能会发生与安全相关的失效。此外，外部机械应力涉及可能对电池或由电池供电的电路板发生的机械损坏。这些元器件的损坏可能导致电池立即失效或导致缺陷，该缺陷在失效实际发生之前有一定时间的潜伏期。电池失效模式取决于各种因素，如机械损坏的程度、环境温度、电池使用时间及电荷状态。例如，电池的电荷状态越低，电池失效的严重程度就越小；电池的电荷状态越高，则电池失效的严重程度就越大。电池上的外部机械应力可导致隔膜在电池内发生故障，并导致阳极到阴极短路，这将导致电池内部发热，且电池可能进入热失控状态。电路板和元器件的损坏可能导致失效，甚至导致电路板安全相关失效的蔓延。应充分保护锂离子电池和控制电路免受外部机械应力，从而防止损坏电池和电路板。

9.2.3.2 外部电气过应力

在锂离子电池中，各种元器件对外部电气过应力敏感，且可能发生故障从而损害电池组的安全性，包括独立的电子元器件[1]和锂离子电池[2]。各种电子元器件（如瞬态抑制器）可能会承受过应力，从而导致热故障。元器件可能会加热或点燃相邻的表面，从而可能对用户造成灼伤危险或火灾危险。锂电池在充电或放电期间受到电气应力时可能会过热，或者在低温充电期间可能会发生锂电镀，从而损害电池性能和电池安全性。因此，锂离子电池需要一个控制电路，以确保电池仅在电池设计操作窗口内工作，用于充电和放电电压及电流。

9.2.3.3 外部热过应力

锂离子电池对温度敏感。蓄电池中的各电池具有特定的温度范围，电池将在该温度范围内工作。在低于指定工作温度下工作时，可能会发生锂电镀，这是不希望看到的。在高温下运行时，电池可能会过热。

锂离子电池的排气会导致电解质迁移到电池管理单元的电路板或产品设备电路板上。电解质可能会导致传播电路板失效[3],这代表了与安全相关的失效模式,因为它们会导致电池外部发热并迫使电池发生热失控。在锂离子电池中,锂离子电池的外部过热存在燃烧或火灾的风险。但电池内部发热也可能是由电池内部故障引起的。在这些情况下,锂离子电池的安全性取决于各种因素。

9.2.3.4　电池内部故障

锂离子电池内部故障是电池内部发生的故障,可由电池内部或外部因素引起。发生内部电池失效的锂离子电池也会发生与安全相关的失效。导致电池内部故障的潜在原因有很多,如用于制造电池的受污染或不合格的原材料、电池制造缺陷、隔膜故障或电池设计错误。

为了最大程度地减少锂离子电池内部故障,须对锂离子电池的设计和制造进行评估和测试。电池的设计可通过内部测试,利用安全标准并获得安全认证进行评估。电池的制造可通过安全审核和认证,以及在工厂实施质量流程进行管理,以确保制造过程一致性并符合电池设计人员的制造要求。

9.3　二次电池安全标准

在蓄电池供电的产品中,蓄电池中的能量可能非常大,任何不受控制的能量的意外释放会带来人身伤害或财产损失的风险。锂离子电池、电池充电器和产品设备的设计通过安全测试和认证进行评估。在此评估过程之后,将对各个元器件进行加压和测试,以确保它们在故障保护下运行,从而最大程度地降低对操作员的人身伤害风险。当前市场上存在两种不同类型的电池,即不可充电的原电池和可充电的二次电池。本节将对二次电池进行讨论。

在各个国家,政府对可能造成重大危害的产品进行监管。FCC 和FDA 的法规对于在美国销售的消费品是强制性的,但在消费品安全方面,制造商和产品分销商的法规是自愿的。这意味着制造商可自行决定对产品进行认证,也可根据客户的要求对产品进行认证。在某些情况下,认证可跨国家进行,且在美国获得产品认证可能有助于产品在其他国家进行认证,反之亦然。在美国,认证公司可带有自己的认证标志。例如,Intertek 可使用其 ETL 标志对产品进行认证;保险商实验室可使用其 UL 标志对产品进行认证,还有一些如 SGS 的 Qmark 等其他标志。这些认证公司可批准独立的实验室对其各自的标准进行测试,但这些标志将归各个安全认证公司所有。除产品安全认证之外,国家政府控制机构的消费品安全委员会(CPSC)还负责对产品安全进行监测。该机构将对产品安全相关失效进行监视,并有权对不上报其产品安全相关失效的公司处以罚款。此外,CPSC 还有权调查不安全产品并向产品制造商发起产品召回。

电池的安全标准是用来评估电池或产品设备作为一个单个实体或组合,以符合和认证特定电池安全标准。安全标准旨在对电池、蓄电池和产品设备的设计和制造进行测试,以确保满足特定标准的安全要求。

每个国家都有自己的产品安全标准,可充电电池标准也有相同趋势。各个国家都制定了自己的标准或采用了其他国家的标准。在许多情况下,如未按照在特定国家适用的标准对电池进行认证,则无法在该国家销售。

尽管蓄电池认证在某种程度实现了统一,但各个国家都有自己的标准或与国际电工委员会统一的标准。表 9.1 列出了几个国家和地区及其二次电池相关标准。

表 9.1 几个国家和地区及其二次电池标准列表

国家和地区	适用标准	标准说明
IEC	IEC 62133	《含有碱性或其他非酸性电解质的二次电池;便携式密封二次电池及其制造的电池在便携式设备中使用的安全要求》
	IEC 62133 - 1	《二次电池和含有碱性或其他非酸性电解质的电池;便携式密封二次电池及其制造的电池在便携式设备中使用的安全要求 第 1 部分:镍系统》
	IEC 62133 - 2	《含有碱性或其他非酸性电解质的二次电池 第 2 部分:便携式密封二次锂离子电池及其制造的电池在便携式设备中使用的安全要求》

（续表）

国家和地区	适用标准	标准说明
美国	ANSI C18	《适用于所有类型的蓄电池,从碱性原电池到可充电电池》
	ANSI 18.2	《为了便携式可充电电池和蓄电池的安全;涵盖锂离子电池系统和镍基电池系统》
欧盟	EN 62133	基于 IEC 62133
日本	JIS C8714	用于便携式电子设备的锂离子电池
印度	IS16046	基于 IEC 62133
俄罗斯	GOST 62133:2004	基于 IEC 62133
韩国	KC 62133	基于 IEC 62133
中国	GB31241:2014 CNS 15364:2010 CNS 14857-2	可充电电池测试 适用于锂离子二次电池/电池组(不包括纽扣电池、产品中作为附件安装的电池);符合 IEC 62133

9.3.1 其他标准制定者

9.3.1.1 联合国和美国交通运输部

联合国(UN)提出了关于危险货物运输的建议,可将这些建议形成文件,并作为一个国家的电池运输要求。美国交通运输部(DOT)采用了这些建议来进行锂离子电池和锂金属电池的安全包装和运输。《关于危险货物运输的建议书试验和标准手册》第3部分第38.3节载明了试验标准。

UN/DOT 38.3

UN DOT 测试通常称为 UN/DOT T 测试,由8项测试组成。消费品和汽车领域中的电池必须符合本标准,才有资格被运输。其他与运输行业相关的国际组织也必须遵守与这些行业相关的标准。本标准是蓄电池制造商和 NRTL 的自我认证,不需要第三方进行认证。

9.3.1.2 UL

UL 既是标准组织,又是认证实验室。UL 标准不仅在消费品领域流行,而且还为电动汽车电池开发了标准。具体而言,对于锂离子电池,UL

对于消费品有两个主要的电池标准。

UL 1642

本标准专门针对锂离子电化学系统,用于进行锂离子电池芯测试。当锂离子电池芯集成到电池中时,UL 2054 用于对电池包进行测试。

UL 2054

本标准特别适用于电池。这意味着将一节或多节电池池芯集成到一个外壳中以形成蓄电池。除锂离子电池外,所有电池化学性质均可使用本标准进行测试,UL 1642 将取代本标准的电池芯测试部分。

轻型车辆和汽车领域的相关标准如下:

- UL 2271:本标准适用于轻型电动汽车使用的电池。
- UL 2272:本标准适用于悬停板使用的电池。
- UL 2580:本标准适用于电动汽车使用的电池。

9.3.1.3 IEEE

IEEE 在电气领域运作,因其所有受管制区域都与电力相关,其中包括蓄电池标准。以下专门为消费品市场制定的涉及锂离子电池系统的两项蓄电池标准。这些标准的独特之处在于不仅针对单个元器件,而且还将蓄电池作为集成到产品中的系统进行评估。这是锂离子电池系统设计中的关键要素,因为电池系统须进行工程设计,且不能像过去与一些其他电池化学系统一样仅仅是集成在一起,而不会变得单元化。

IEEE 1625

本标准专门为包含多节电池组的笔记本电脑而制定。但本标准适用于所有可移动的多节电池消费品,特别是计算设备。本标准涉及电化学电池、蓄电池、设备充电系统和插墙式电源适配器。本标准基于系统方法,评估各种元器件的集成以便在环境中运行来提高产品安全性。CTIA 使用本标准来制定多节电池移动设备的锂离子电池认证协议的测试、评估和审核。

IEEE 1725

本标准专门为单节电池移动设备制定。本标准基于 IEEE 1625,但可用于使用锂离子电池的多个单节电池消费品。本标准涉及电化学电池、蓄电池、设备充电系统和插墙式电源适配器。本标准基于系统方法,评估各种元器件在一个环境中运行以提高产品安全性。CTIA 使用本标准来制定单节电池移动设备的锂离子电池的测试、评估和审核的认证协议。

9.3.1.4 CTIA——美国无线通信和互联网协会

CTIA 是一个国际贸易组织，专门制定移动电话行业的标准。CTIA 为使用锂离子电池的移动产品制定了两项电池标准：第一项电池标准侧重于单节电池，第二项电池标准侧重于多节电池。

CTIA IEEE 1625

本标准专门为移动计算设备由多节电池芯组成的电池包而制定。CTIA 要求将本标准用于移动设备及其电池的认证。CTIA 标准要求对移动设备电池系统进行测试、评估和审核，其中包括在电池等级、蓄电池等级和系统集成等级进行评估和测试，以及对为设备电池系统进行供电和充电的适配器进行评估。

CTIA IEEE 1725

本标准专门为单节电池移动设备而制定。CTIA 要求将本标准用于移动设备及其电池的认证。CTIA 标准要求对移动设备电池系统进行测试、评估和审核，其中包括在电池等级、蓄电池等级和系统集成等级进行评估和测试，以及对为设备电池系统进行供电和充电的适配器进行评估。

9.4 原电池

市场上可购买多种形式的原电池，从纽扣电池到 AAA 电池、AA 电池、B 电池、C 电池、D 电池、9 V 电池和其他尺寸的电池（图 9.6）。目前，

图 9.6 各种尺寸的碱性原电池

市场上主要的原电池化学材料为锌碳电池、碱性电池、锂-二硫化铁电池和锂离子电池。这些电池在市场上占主导地位,并大量出售。

锌碳电池是市场上三种电池中存在最久的电池。锌碳电池为 $1.5\,V$,成本低于碱性电池和锂-二硫化铁电池,但锌碳电池的电池容量小于碱性电池和锂-二硫化铁电池,且电池使用寿命较短。同样,锌碳电池在完全放电后可能会泄漏腐蚀性电解质。

碱性电池,也称为碱锰电池,是三种电池中存在第二长久的电池,其电池容量和电流输出得到大大提高。碱性电池的内部放电率非常低,可长时间储存。碱性电池可能会泄漏腐蚀性电解质,且不防漏。碱性电池的输出电压也为 $1.5\,V$。

锂-二硫化铁电池是本节讨论的三种电池中存在时间最短的电池。锂金属电池有多种类型,其他版本的输出电压可能在 $3\sim4\,V$,最常见的可能是提供 $3\,V$ 输出电压的纽扣电池。锂金属电池的电池容量较碱性电池有所提高,也提供 $1.5\,V$ 的输出电压。这是由于电池的内部电阻较低,并且能为高耗能产品(如数码相机)供电。

与锌碳电池和碱性电池相比,锂金属电池的安全性较高。2004年,美国交通运输部和美国联邦航空管理局禁止在客机上批量运输锂金属电池,但如不超过最大锂含量,乘客可将锂金属电池随身携带。锂金属电池是热敏性的,当快速放电或被外部热源加热时,可能会放热失效。锂金属电池可配备限流装置,以防止过大的放电电流并提高电池安全性。

原电池相关的安全风险是存在的。原电池可能会过热并给用户带来灼伤风险。锂金属电池可能会排出热气体,否则可能会发生故障,从而导致电池快速解体。电解质可能具有腐蚀性,在接触人的眼睛或皮肤时导致损伤。

纽扣电池(图 9.7)可能是锌碳电池或锂金属电池,也具有其他风险,如每年都有儿童因吞咽纽扣电池而住院的情况,这可能会导致严重的身体内部损伤。

图 9.7   各种尺寸的纽扣电池

9.5   原电池安全标准

有关于原电池的安全标准。表 9.2 列出了与原电池相关的通用标准的子集；表 9.3 列出了锂原电池通用标准的子集，重点放在锂金属原电池上。

表 9.2   与原电池相关的通用标准的子集

标准编号	标准名称
IEC 60086-1，BS 387	原电池：通用标准
IEC 60086-2，BS	电池：通用标准
ANSI C18.1M	带含水电解质的便携式原电池：通用标准
ANSI C18.3M	便携式锂原电池：通用标准

表 9.3   锂原电池通用标准的子集

标准编号	标准名称
BS 2G 239：1992	飞机用活性锂原电池规范
BS EN 60086-4：2000 IEC 60086-4：2000	原电池锂电池安全标准

（续表）

标准编号	标准名称
IEC 61960. ED. 1.02/ 208497 DC	包含碱性或其他非酸性电解质的二次电池。便携式设备用二次锂电池
BS G 239：1987	飞机用活性锂原电池规范
BS EN 60086 - 4：1996 IEC 60086 - 4：1996	原电池锂电池安全标准
ST/SG/AC. 10/ 27/ADD. 2	联合国《关于危险货物运输的建议书》

原电池只能放电一次，放电后处理。原电池不可充电，因此给原电池充电可能会带来安全风险。

9.6 蓄电池安全设计

锂电池系统应经过工程设计，以确保电池满足电池要求，且产品设备的电池在其整个使用寿命期间满足产品要求。在设计过程中，应对电池系统的安全设计进行评估和测试。安全标准将对内部安全流程设计的有效性进行评估。尽管产品品牌将定义产品的安全等级，但可将符合安全标准视为产品应遵守的标准。

电池系统安全性不仅需要安全设计，还需要电池和蓄电池制造流程及质量控制。电池质量控制至关重要。电池系统设计是安全的，电池可能是安全的，但电池中的制造缺陷可能会超出电池系统安全性，并导致电池系统变得不安全。因此，从系统等级到元器件等级的单一所有权和连续性是管理设计安全性和制造质量的有效方法。ASFMEA 是一种很好的工具，可将电池系统设计、电池元器件及电池运行环境中确定的所有风险都纳入其中，该方法有助于最小化产品安全风险。

参 考 文 献

[1] Swart J，et al. "Case Studies of Electrical Component Failures," *Failures 2006*，

South Africa, 2006.

[2] Swart J, et al. "Going Beyond Industry Standards in Critically Evaluating Lithium-Ion Batteries," *Advancements in Battery Charging*, *Monitoring and Testing*, Vancouver, Canada, 2005.

[3] Slee, D. , et al. , "*Introduction to Printed Circuit Board Failures*," IEEE *Symposium on Product Compliance Engineering*, Toronto, CA, 2009.

拓 展 阅 读

Batteries and Energy Storage Technology Magazine (BEST Magazine).

Battery Council International. "Failure Modes Study: A Report of the BCI Technical Subcommittee on Battery Failure Modes," 2010, Chicago, IL.

Battery University, Internet site.

Gates Energy Products, *Rechargeable Battery Applications Handbook*, Boston, MA: Butterworth-Heinemann, 1992.

IEEE 1725, "IEEE Standard for Rechargeable Batteries for Cellular Telephones," 2011.

Linden, D. (ed.), *Handbook of Batteries*, (4th ed.)., New York: McGraw-Hill, 2010.

Perez, R. A. , *The Complete Battery Book*, Philadelphia: Tab Books, 1985.

Swart, J. , et al. , "*Lithium-ion batteries for hybrid electric vehicles: A safety perspective*," 5th International.

Advanced Automotive Battery (and Ultracapacitor) Conference, Hawaii, 2005.

Van Schalkwijk, W. A. , and B. Scrosati, *Advances in Lithium-Ion Batteries*, New York: Kluwer Academic/Plenum Publishers, 2002.

Vincent, C. , and B. Scrosati, *Modern Batteries*, Second Edition, New York: John Wiley & Sons, Inc. , 1997.

电　源

10.1　概述

从安全角度来看,电源元器件可视为产品中最重要的部分,因为它们为其余所有元器件供电。此外,电源元器件提供了危险电压(电源)和非危险电压(低压辅助电源)之间的主要隔离。

10.2　电源插头、连接器和电线元器件

可通过多种方式将电源连接至电气产品。用于连接至网电源的电源可配备以下连接方式:

(1) 电源线,可拆卸或不可拆卸,固定在电源上或与电源组装在一起。

(2) 简单插头。

(3) 使用接线端子的永久连接。

可拆卸电源线是软线,旨在通过适当的电器耦合器(如 IEC 60320,NEMA 类型)连接至电源。

不可拆卸电源线可以是普通的电线,即软线,无需特殊准备或任何特殊工具即可轻松更换,也可以是特殊的电线,这意味着必须进行特殊准备,即须使用特殊工具进行更换,或者不能在不损坏电源线和电源的情况

下进行更换。根据使用的终端设备,电源线可配备非工业型插头(A 型)或工业型插头(B 型)。

带电源的或直接插入式电源的简单插头是一种没有电源闭合/分断开关的设备。如必须快速断开设备的连接,则直接插入式电源的插头应用作断开设备。切勿阻塞进入电源插头和电源插座的通道。此类电源的安装说明应包括适当的安全说明。

永久连接的电源须使用特殊的方式连接至网电源,通过螺钉端子或其他可靠方式(如接线端子或螺钉)连接至建筑物安装接线的设备。此类设备应由服务人员或有执照的电工根据当地的电气规程和条例进行现场安装。

10.2.1 连接插头

连接插头的特性包括样式(根据国家要求,见表 10.1)、额定电流和电压。用于额定电流为 20 A 或更低的铝线插头应使用经修订的铜铝(CO/ALR)标记进行正确标记。

插座和连接插头的特征之一是必须先接通,再断开,这意味着插入插头时首先进行接地,然后拔出插头,最后断开接地。此特征可确保在连接和断开过程中完全接地。电源插头的额定电流必须至少为产品电流额定值的 125%。

连接插头的测试包括插片和插脚的安全性、温度、插头扭力测试、高温插片拉力测试、突拉测试、推回力测试、插片保持力循环测试、腔体深度测试、插片保持力测试、过载测试、耐电弧性和插入不当测试。

根据产品使用的国家,连接插头(电器耦合器)必须具有该国家要求的配置。有些国家对电器耦合器有特殊的补充要求,如在这些国家必须对插头进行特定批准(如在澳大利亚和新西兰,符合 AS/NZS 3112 是强制性的)。因此,建议制造商和供应商不要随产品一起提供可拆卸电源线,而应由当地经销商自行决定。表 10.1 列出了全球范围内的插头、插座样式及可使用电压和频率。

> **注:** 表 10.1 中列出的插头和插座样式是根据 IEC TR 60083: 2015[1]编订的。

表 10.1 全球插头和插座样式、电压和频率

区域	电压/V	频率/Hz	插头和插座样式	备注
阿布扎比,迪拜,巴林,冈比亚,格林纳达,爱尔兰,中国澳门,马来西亚,马拉维,马耳他,毛里求斯,特里尼达-达库尼亚群岛,英格兰,根西岛,泽西岛,北爱尔兰,圣赫勒拿,阿森松岛,苏格兰,威尔士,新加坡	230	50	G	G(BS 1363)
阿富汗,阿塞拜疆,白俄罗斯,佛得角,埃及,格鲁吉亚,伊朗,哈萨克斯坦,吉尔吉斯斯坦,新喀里多尼亚,朝鲜,圣多美和普林西比,塔吉克斯坦,土库曼斯坦,乌兹别克斯坦	220	50	F 还使用 C 型插座,C 型插头也可接受 E 型插头,F 型插头,但不带接地;插座 F 也可接受 C 型插头和 E 型插头	F(F 型插头;CEE 7/4 插头和 CEE 7/3 插座)
阿尔巴尼亚,阿尔及利亚,安道尔,亚美尼亚,奥地利,亚速尔群岛,巴利阿里群岛,波斯尼亚和黑塞哥维那,保加利亚,克罗地亚,爱沙尼亚,芬兰,德国,希腊,匈牙利,冰岛,拉脱维亚,立陶宛,卢森堡,北马其顿,	230	50	F 还使用 C 型插座,C 型插头也可接受 E 型插头,F 型插头,但不带接地;插座 F 也可接受 C 型插头和 E 型插头	C(欧式插头;CEE 7/16)

（续表）

区域	电压/V	频率/Hz	插头和插座样式	备注
摩尔多瓦、黑山、荷兰、挪威、葡萄牙、罗马尼亚、俄罗斯、塞尔维亚、斯洛伐、西班牙、瑞典、土耳其、乌克兰	220	50	C	
安哥拉、厄立特里亚、加蓬、几内亚比绍、毛里塔尼亚、巴拉圭、索马里、多哥	220	50	C	厄立特里亚:230 V
安圭拉、安提瓜、伯利兹、哥伦比亚、古巴、多米尼克、萨尔瓦多、关岛、海地、洪都拉斯、牙买加、墨西哥、蒙特塞拉特岛、巴拿马、秘鲁、菲律宾、中国台湾、特立尼达和多巴哥、英属维尔京群岛	110	60	A, B	安圭拉:仅接 A 型插座;牙买加:50 Hz;墨西哥:127 V;安提瓜:230 V;蒙特塞拉特岛:230 V;萨尔瓦多:115 V;特立尼达和多巴哥:115 V;伯利兹:额外 220 V;秘鲁:220 V
阿根廷	220	50	I 还使用 C 型插座、C 型插座也接受 E 型插头,F 型插头,但不带接地	菲律宾:220 V I(IRAM 2073)
澳大利亚、圣诞岛、科科斯群岛、库克群岛、斐济、基里巴斯、新西兰、瑙鲁、巴布亚新几内亚、皮特凯恩群岛、萨摩亚、汤加、图瓦卢、瓦努阿图	230	50	I	AS/NZS 3112 巴布亚新几内亚:240 V;汤加:240 V;库克群岛:240 V;斐济:240 V;几内亚:240 V;瑙鲁:240 V;基里巴斯:240 V;瓦努阿图:—240 V

（续表）

区域	电压/V	频率/Hz	插头和插座样式	备注
东萨摩亚、阿鲁巴、巴哈马、百慕大、加拿大、哥斯达黎加、开曼群岛、危地马拉、利比里亚、马绍尔群岛、密克罗尼西亚、尼加拉瓜、帕劳、波多黎各、美国、委内瑞拉	120	60	A、B	A(US NEMA 1 – 15) B(US NEMA 5 – 15; IEC 60906 – 2)
孟加拉国	220	50	C、D、G	D(BS 546 5 A)
巴巴多斯	115	50	A、B	
比利时、刚果（布）、刚果（金）、捷克、法国、科特迪瓦、波兰、圣皮埃尔和密克隆群岛、斯洛伐克、突尼斯	230	50	E	E(CEE 7/6 插头和 CEE 7/5 插座) 还使用 C 型插座，E 型插座也接受 C 型插头

（续表）

区域	电压/V	频率/Hz	插头和插座样式	备注
贝宁、布基纳法索、布隆迪、喀麦隆、中非、科摩罗、吉布提、赤道几内亚、摩洛哥、马里、蒙古、摩洛哥、叙利亚、塔希提岛	220	50	C, E	塔希提岛：60 Hz
不丹	230	50	D, F, G	
玻利维亚	115, 230	50	A, C	
博奈尔岛、库拉索岛	127, 220	60, 50	A, B, F	
博茨瓦纳、多米尼加、加纳、中国香港、伊拉克、尼日利亚、卡塔尔、圣基茨和尼维斯、塞拉利昂、斯里兰卡、坦桑尼亚、也门、赞比亚、津巴布韦	230	50	D, G	津巴布韦：220 V；香港：220 V；卡塔尔：240 V；圣基茨和尼维斯：60 Hz
巴西	127, 220	60	N N型插座也接受C型插头	NBR 14136
文莱、塞浦路斯、福克兰群岛（马尔维纳斯群岛）、直布罗陀、马恩岛、马耳他、肯尼亚、科威特、阿曼、圣卢西亚、塞舌尔、乌干达、阿联酋	240	50	G	阿联酋：220 V
柬埔寨	230	50	A, C, G	
加那利群岛、斯瓦尔巴尔群岛	220	50	F	斯瓦尔巴群岛：230 V

（续表）

区域	电压/V	频率/Hz	插头和插座样式	备注
乍得	220	50	D、E、F	
智利	220	50	L L 型插座也接受 C 型插头	
中国	220	50	A、G、I	
刚果（布）、刚果（金）、法属圭亚那、瓜德罗普岛、马提尼克岛、塞内加尔	220	50	C、D、E	瓜德罗普岛：230 V；塞内加尔：230 V
丹麦	230	50	K 型插座 K 也接受 C、E 和 F 型插头	K（DS 60884 - 2）
埃塞俄比亚、格陵兰岛	220	50	D、J、L	
法罗群岛、格陵兰岛	230	50	C、K	格陵兰岛：220 V
几内亚	220	50	C、F、K	
圭亚那	240	60	A、B、D、G	
印度、尼泊尔、巴基斯坦	230	50	C、D、M	

（续表）

区域	电压/V	频率/Hz	插头和插座样式	备注
印度尼西亚	230	50	C, F, G	
以色列	230	50	H H型插座也接受C型插头	H(SI 32)
意大利 圣马力诺	230	50	F, L; F型插座也接受 C, E型插头 L型插座也接受	
日本	100	50（日本东部）、60（日本西部）	也接受C型插头 A, B	
约旦	230	50	B, C, D, F, G, J	
老挝	230	50	A, B, C, E, F	
黎巴嫩	220	50	A, B, D, G	
莱索托	220	50	M	M(15 A BS 546)

（续表）

区域	电压/V	频率/Hz	插头和插座样式	备注
利比亚	230	50	C、D、F、L	
列支敦士登、瑞士	230	50	J J 型插座也接受 C 型插头	J（SEV - 1011）
马尔代夫	230	50	D、G、J、K、L	
摩纳哥、莫桑比克	230、220	50	C、D、E、F	
		50	C、F、M	
缅甸	230	50	C、D、F、G	
纳米比亚	220	50	D、M	
荷属安的列斯	115、220	60/50	A、B、F	
尼日尔	220	50	C、D、E、F	
留尼汪岛、圣马丁	220	50	E	圣马丁：60 Hz
卢旺达	230	50	C、J	
圣文森特	110、230	50	A、B、G	
沙特阿拉伯	220	60	G	

（续表）

区域	电压/V	频率/Hz	插头和插座样式	备注
所罗门群岛	220	50	G、I	
南非	230	50	D、M、N	
韩国	220	60	C、F	
苏丹	230	50	C、D	
苏里南	127、230	60、50	A、B、C、F	
斯威士兰	230	50	M	
泰国	220	50	A、B、C、F、O；O型插座也接受C、E和F型插头，但对于E和F型插头则不接地	O
东帝汶	220	50	C、E、F、I	
乌拉圭	230	50	C、F、I、L	
越南	110、220	50	A、C、D	

10.2.2 电源线

为特定应用选择电源线时,须考虑几个因素。最常见的因素如下:

- 载流量:导体可承载的电流。电线尺寸越大,电流越大(表 10.2)。

表 10.2 电线和电缆的最大安培容量

导体尺寸(铜)		电流/A	
AWG	横截面积/mm²	最大值 产品额定值	产品外部防护等级
18	0.75	$I \leqslant 6$	10
16	1.0	$6 < I \leqslant 10$	16
14	1.5	$10 < I \leqslant 16$	25
12	2.5	$16 < I \leqslant 25$	32
10	4.0	$25 < I \leqslant 32$	40
8	6.0	$32 < I \leqslant 40$	63
6	10.0	$40 < I \leqslant 63$	80
4	16.0	$63 < I \leqslant 80$	100
2	25.0	$80 < I \leqslant 100$	125

注:导体尺寸大约等于尺寸上的等效值;AWG=美国线规。

- 电压:额定电压主要取决于绝缘层厚度。绝缘层越厚,额定电压越高(如额定电压为 300 V 时,标称绝缘层厚度为 0.4 mm;额定电压为 600 V 时,标称绝缘层厚度为 0.8 mm)。

- 温度:这将涉及产品或环境所需的最高温度和最低温度(如通常为 80 ℃、105 ℃和 200 ℃)。

电气产品应根据 EN 60245 第 53 号(橡胶护套)或 EN 60227 第 53 号(PVC 护套)在欧盟范围内提供适合设备额定值的欧洲统一的电线元器件,或者可为设备提供电器插座,每个国家都将提供欧洲统一的可拆卸电线元器件。

使用不可拆卸电线的产品必须配备衬套和应变消除装置。电线必须通过进线套管进入产品,电线表面光滑、圆润且必须经受电线固定测试。

对于额定电流不超过 6 A 的设备,电源线中导体的横截面积至少为 0.75 mm²。对于额定电流在 6~10 A 范围的设备,电源线中导体的横截

面积至少为 $1.0\,mm^2$（表 10.2）。

如提供的电线元器件不带插头，则必须附上适当的安装说明。

用作固定件一部分的任何紧固螺钉均不应直接压在电线上，且至少应将一部分电线固定件牢固地固定在产品上。用于在产品与其电线之间进行交流连接的端子可以是螺柱型、柱型或螺钉型。所有这些都必须满足尺寸要求。准备用于永久固定到产品上的电源线时，保护接地导体的长度应比电路导体稍长，以便在应变消除机构失效的情况下，保护接地连接是最后一个断开的。

电源线适用以下测试：

- 导体安全性测试。
- 绝缘安全性测试；绝缘耐压测试。
- 绝缘电阻测试。
- 加速老化测试。
- 压碎测试。
- 耐冲击测试。
- 屈曲测试。
- 护套保持力测试。
- 附着力测试。
- 循环热测试。
- 耐磨性测试。
- 耐切割性测试。
- 伸长率测试。
- 抗拉强度测试。

产品未附带电源线时，必须包括适用的额定值，这样地方主管部门就可以接受额定值适当的电源线。适用于电源线的任何其他要求（如保留、位置和特殊开口）应在安装/用户手册中详细说明。

在欧盟市场上，电源线使用 HAR 标志编码（图 10.1）。根据 HAR 协议，作为协议签署者的 CB 认为带其他签署者中任何一个 HAR 标志的电缆和电线无条件地具有自己的认可标志，并应相应接受。建立了 HAR 标志编码并在欧盟国家的电缆制造商全力支持下运行，欧盟国家的代表为欧洲电线电缆制造商协会（Europacable）。

统一电线编码系统

（根据欧洲电工标准化委员会 HD 361 S3 和 HD 308 S2）

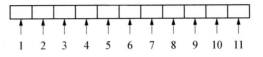

1 类型	2 电压 U_0/U	3 导体绝缘	4 电缆护套	5 结构元器件
A-国家 H-协调化	01 - 100 V 03 - 300/300 V 05 - 300/500 V 07 - 450/750 V 式中 U_0 表示绝缘导体与地面之间的均方根值 U 表示两相导体之间的均方根值	B-乙烯丙烯橡胶 E-聚乙烯 J-玻璃纤维 N-聚氯丁橡胶 Q-聚氨酯 R-橡胶（天然或合成） S-硅橡胶 V-聚氯乙烯（PVC） Z-聚烯烃交联复合材料	E-聚乙烯 J-玻璃纤维 N-聚氯丁橡胶 Q-聚氨酯 R-橡胶（天然或合成） T-棉纱编织 V-聚氯乙烯（PVC） Z-聚烯烃交联复合材料	H-扁平分开电缆 H2-扁平非分开电缆 C4-铜编织屏蔽 C7-铜胶带屏蔽

6 导体材料	7 结构形式	9 导体数量	10 接地导体	11 导体横截面积/mm^2
无-铜 - A-铝 - Z-特殊	- F-用于软电缆的细绞线 - H-用于软电缆的超细绞线 - K-用于固定安装的细绞线导体 - R-多绞线导体 - U-单芯导体	（数量）	G-有 X-无	（数量）

编码示例：

HH03VB-F3G1.00：额定电压 U_0/U 300/300 V 的电缆；导体的聚氯乙烯（PVC）绝缘；乙烯丙烯橡胶护套；铜导体；带三芯细绞线和接地导体的软电缆；导体的横截面积为 $1.00\,mm^2$。

图 10.1　欧盟 HAR 编码[2]

　　如在北美，导体的颜色编码通常为黑色（火线）、白色（零线）和绿色（地线），欧洲统一导体为棕色（火线）、蓝色（零线）和绿色/黄色（地线）（图 10.2）。由于欧洲和北美的电源线上的导体颜色编码及其标准之间存在差异，以及导体的结构也不同，所以，当在欧洲和北美市场上使用时，必须为同一设备配置不同的电线。表 10.3 列出了北美电缆类型的编码。

导体颜色编码		
导体	国际颜色编码	北美颜色编码
3 导体		
火线	棕色	黑色
零线	蓝色	白色
接地	黄色/绿色	绿色
5 导体		
火线	棕色	黑色
火线	黑色	橙色
火线	灰色	红色
零线	蓝色	白色
接地	黄色/绿色	绿色

图 10.2　电源导体的颜色编码

表 10.3　北美电缆类型[4]

电缆类型	技术说明
SVT	热塑性绝缘真空吸电源线,带或不带第三导体接地,300 V(PVC)
SJT	初级耐用软线,热塑性绝缘导体和护套,300 V(PVC)
SJTW	除室外额定值(PVC)外,与 SJT 相同
SJTO	与 SJT 相同,但带防油外部护套(PVC)
SJTOW	除室外额定值(PVC)外,与 SJTO 相同
ST	耐用软线,带所有热塑性塑料结构,600 V(PVC)
STW	除室外额定值(PVC)外,与 ST 相同
STO	与 ST 相同,但带防油外部护套(PVC)
STOW	除室外额定值(PVC)外,与 STO 相同
SPT - 1	平行护套热塑电缆,300 V。带或不带第三导体接地(PVC)
SPT - 2	与 SPT - 1 相同,但结构较重(PVC)
SPT - 3	与 SPT - 2 相同,但结构较重(PVC)
SJE	耐用软线,绝缘热塑性弹性体,带护套,300 V(TPE)
SJEW	除室外额定值外,与 SJE 相同(TPE)

（续表）

电缆类型	技术说明
SJEO	与 SJE 相同,但带防油护套(TPE)
SJEOW	除室外额定值(TPE)外,与 SJE 相同
SJEOO	与 SJE 相同,但带防油导体绝缘层和护套(TPE)
SJEOOW	除室外额定值外,与 SJEOO 相同(TPE)
SE	超耐用软线,热塑性弹性体,带导体绝缘层和护套,600 V(TPE)
SEW	除室外额定值外,与 SE 相同(TPE)
SEO	与 SE 相同,但带防油护套(TPE)
SEOW	除室外额定值(TPE)外,与 SEO 相同
SEOO	与 SE 相同,但带防油导体绝缘层和护套(TPE)
SEOOW	除室外额定值(TPE)外,与 SEOO 相同
S	超耐用软线,带热固性绝缘导体和热固性护套,600 V
SO	与 S 相同,但带防油护套(热固性)
SOW	除室外额定值外,与 S 相同(热固性)
SOO	与 S 相同,但带防油导体绝缘层和护套(热固性)
SOOW	除室外额定值(热固性)外,与 SOO 相同
SJ	耐用软线,热固性绝缘导体和热固性护套,300 V(热固性)
SJO	与 SJ 相同,但带防油护套(热固性)
SJOW	除室外额定值(热固性)外,与 SJO 相同
SJOO	与 SJ 相同,但带防油导体绝缘层和护套(热固性)
SJOOW	除室外额定(热固性)外,与 SJOO 相同

命名:
S=软线等级(在后面不跟 J、V 或 P 的情况下也表示超耐用软线)。
J=耐用。
V=真空吸软线(也是轻型电缆)。
P=平行软线(也称为光纤软线),始终为轻型。
E=热塑性弹性体(仅 UL/NEC 标识)。
O=防油*。
T=热塑性。
W=室外,包括防日光护套和潮湿场所额定导体(以前为"W-A")。
H=加热器电缆。
VW-1=阻燃。
FT2=阻燃。
* 当标识中仅出现一个"O"(即 SJEOW)时,表示仅外护套材料是防油的;当标识中有两个"O"(即 SEOOW),表示导体绝缘层和外护套绝缘层都是防油的。

以下是某些国家用于医疗应用的插头和电线的特定要求：

• 澳大利亚：在澳大利亚的医疗应用中，医院更喜欢使用透明插头和橙色软电线，这些插头和连接器必须具有澳大利亚认证。

• 北美：医院级插头应遵守插头标准中的特殊要求——UL 498 和 CAN/CSA C22.2 第 42 号。医院级插头、连接器和插座带"绿点"，表示已针对接地可靠性、装配完整性、强度性和耐用性对它们进行了设计和测试。特别是，它们符合 UL 标准 498（连接插头和插座）中有关突拔插头接地脚固定、故障电流、端子强度、接地温度和电阻、装配安全、线夹应变消除和拉线，以及材料的各种耐久性和冲击测试的要求。锁定端子可确保可靠的电源连接，这对与患者连接的医疗设备非常重要。

• 丹麦：建议将丹麦医院级插头和插座用于医疗应用，且在标准 SB 107 - 2 - D1 中增加了相关规定。丹麦医院级插座的设计可防止在特定医疗环境中"常规设备"被连接并破坏电源电路。

10.2.3 应变消除：电缆衬垫

为了使地方政府能够接受，不可拆卸电源线必须通过多项测试。最重要的测试之一是应变消除测试（电线固定测试）。在进行应变消除测试时将做出一些更改以符合预期市场的适用标准。这种测试是拉动式测试，将确保在测试期间和之后，电源线不会给用户带来任何风险。拉力不应损坏内部端子，且不应造成电气连续性的损失。应变消除可延长电源线的使用寿命并加强电源线与产品的连接。

多种形式的应变消除装置带螺纹，可采用两种不同方式进行组装。应变消除装置的安装螺纹可直接拧入产品的面板，或者可通过面板上的穿通孔松开应变消除装置，并安装锁紧螺母。显然，每个选项都须在产品面板上使用不同尺寸的间隙孔。

可在不同类型的安装螺纹中提供应变消除装置：国家管螺纹（NPT）是美国标准，而 *Panzer Gewinde*（PG）是欧洲标准。PG 螺纹有时称为公制螺纹，但不是真正的度量标准。目前有一个螺纹度量系统正在替换 PG 螺纹体系。螺纹系统的选择取决于设备的位置。打算在北美使用的设备应使用 NPT 应变消除装置，而在欧洲使用的设备应使用公制螺纹应变消除装置。

在应变消除装置主体的另一端是用于连接圆盖螺母和挠性螺母的螺纹，这种螺纹设计用于承受高扭矩条件下的压力。

10.2.4　接线端子

接线端子(见第 8.7 节)专门用于在电源线和永久连接的不可拆卸电源线连接产品的主电路之间建立内部连接。三触点接线端子在单相应用中提供了连接点，带火线、零线和地线的端子。五触点接线端子在三相应用中提供了连接点，带火线、零线和地线的端子。

国际标准要求设备结构使用永久连接的电源线，以使电源线可在不使用任何专用工具(如烙铁)的情况下断开连接并从产品上卸下。允许使用螺丝刀和扳手。这些要求背后的理论是，产品维修很可能在用户所在地进行，且由对产品本身了解有限的人员执行。假设工具和技能可能会受到限制，因此电源线的连接过程应简单。

图 10.3 说明了符合国际要求的安装。电源线通过应变消除装置进入产品，可使用扳手将其释放，不必从面板上将其卸下即可释放电缆。

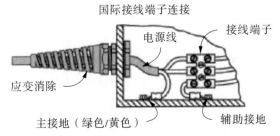

国际接线端子连接

电源线　　接线端子

应变消除

主接地（绿色/黄色）　辅助接地

图 10.3　应变消除装置和接线端子的使用[5]

电源线连接至接线端子，接线端子的结构使得螺丝刀是连接或断开电源线的唯一工具，不允许使用焊接型端子排。接线端子的结构应维持火线之间，以及火线与地线之间的爬电距离和电气间隙。绝缘结构必须防止与载流表面接触，以消除意外触电的可能性。这是通过在接线端子上拧入螺钉和端子来实现的，因此只有螺丝刀才能进入。在这种情况下，螺丝刀的可触及性意味着国际标准中描述的标准试电指在接线端子与电线安装到位时不能接触载流表面。

10.3 保险丝/保险丝座

电气设备内的电路会遭受破坏性的过电流、恶劣的环境导致过载、意外情况或元器件失效,由于某些元器件的老化和功能及经常由于用户的不当使用,导致随时间的推移而恶化,这些只是促成产生上述过流/过载的其中一些因素。

保险丝是电路保护装置,在电路过载的情况下,通过将故障电流限制在较低值来提供保护。

保险丝视为不可复位的保护装置,设计用于在当流过保险丝的电流产生多余的能熔化熔断元器件时,安全断开电路。在正常运行中,熔断器充当导体。熔断器中的基本元器件是金属丝或金属带,当电流超过熔断器能承受的电流时,金属丝或金属条会熔化,从而断开电路并断开设备与电源的连接。

国际保险丝的尺寸为 5 mm×20 mm 和 6.3 mm×32 mm。国际保险丝的标准是 IEC 60127 - 1 和 IEC 60127 - 2,而保险丝座的标准是 IEC 60127 - 6。北美保险丝有两种尺寸:¼×1¼英寸或 5 mm×20 mm。其涉及标准有 UL 248 - 1 和 CSA 22.2 第 248.1 号。

关系产品和电源中的一个重要参数是额定保护电流。额定保护电流表示设备外部(即建筑布线中、电源插头中或设备机架中)提供的过电流保护装置(如熔断器或断路器)的额定电流。在大多数国家中,电源电路的额定保护电流为 16 A。在加拿大和美国,电源电路的额定保护电流为 20 A;在英国和爱尔兰,电源电路的额定保护电流为 13 A;这是电源插头中使用的保险丝的最大额定保护电流。

熔断器可以是以下类型:

- 快速熔断器:快速熔断器会在过载和短路时快速断开电路。快速熔断器用于没有瞬态浪涌电流的设备。快速熔断器为不能承受(即短暂的)电流过载的设备提供保护。

- 延时熔断器:延时熔断器设计用于在有限的时间内(在冲击电流中)承受大量的电流过载。延时熔断器用于可承受短暂过载的设备,通常在感应负载的情况下(如在使用风扇和变压器的设备中)。

熔断器的时间和电流特性可以通过以下缩写和颜色代码来表示：FF＝非常快速（黑色）；F＝快速（快熔）（红色）；M＝中等时间（延迟）（黄色）；T＝时间滞后（慢熔）（蓝色）；TT＝长时间（延迟）（灰色）。

熔断器可具有单个或多个元件。单个元件熔断器通常为快速熔断器。在承受浪涌电流的电路中，熔断器不应造成有害的开孔，因此建议使用慢熔熔断器。在浪涌（冲击）电流为运行前 10 ms 内满载电流的 10 倍的设备中，建议使用快速熔断器（F 型）[6]。

保险丝的一个重要特性为分断能力（过载时熔断器保持完好无损的最小能力）。通常指的是低（L）分断能力，数量级为 30～200 A；高（H）分断能力，数量级为 1500～15 000 A。高分断能力的保险丝通常由陶瓷而不是玻璃制成，并用硅砂填充以吸收较大过载并保护保险丝本身。清除故障电流时，硅砂和陶瓷可确保熔断器合为一体，且不会产生电弧。重要的是要确认所选保险丝的分断能力大于可提供给产品的最大可用电流。如分断能力过低，则保险丝可能会爆炸或产生持续时间不可接受的电弧，从而在清除短路时会损坏产品或对操作人员造成伤害。

电源可提供的最大交流短路电流取决于如配电变压器的额定电流、导体尺寸、变压器与产品之间的距离等因素。一些小型玻璃保险丝的电流可能是其额定电流的 10 倍，这对于许多应用而言已经足够了。但如须额外的保护，则可能需要高分断能力的保险丝。在选择正确类型的保险丝（保护装置）时，应考虑保险丝承受故障电流的能力。否则，保险丝可能会烧坏并造成附加损坏。定义保险丝在对过流做出反应时保持其完整性额定电流是分断额定电流（也称为分断能力或短路额定值）。定义为保险丝可在额定电压下安全分断电路的最大允许电流。大部分国家电气法规中规定了这一要求。NEC 2017 版的最新版本在第 110.10 节"电路阻抗、额定短路电流和其他特性"中规定："须保护电路的过流保护装置、总阻抗、设备额定短路电流和其他特性应进行选择和协调，以使用于清除故障的电路保护装置能够在不对电路中的电气设备造成大范围损害的情况下清除故障。"

每项熔断器标准还规定了非熔断时间和熔断时间电流限制。非熔断时间定义为保险丝在不清除故障/断开电路的情况下可承受指定电流的最短时间。熔断时间定义为保险丝在清除故障/断开电路之前可承受指定电流的最小允许时间范围(最小值~最大值)。

使用保险丝的设计要求如下:

- 保险丝应位于产品电源电路的电源侧,包括任何电源开关,且最好安装在所有电源导体中。在产生高频的设备中,干扰抑制元器件必须位于电源和保险丝之间。

- 不应将保险丝安装在永久性安装的产品和多相设备的保护性接地导体和中性导体中。

- 对于 I 类产品(接地)和具有功能接地的 II 类产品,应在每根电源线中提供保险丝,对于其他单相 II 类产品,应在至少一根电源线(相)中提供保险丝。

- 如产品中接地的所有部分和主电路(包括相对极性的部分)之间存在两个保护方法,或者产品未进行接地(无保护接地,无功能接地),则可省略保险丝用于接地故障保护。

- 在某些产品中,保险丝需要标明和指示。

- IEC 60127 规定,保险丝承受的电流为产品额定电流的 120%,但北美标准规定熔断器必须在负载小于产品额定电流的 110% 时断开电路。

- 必须根据故障模式电流选择保险丝额定电流,且应比满载电流(产品额定输入电流)高 1.25~1.5 倍。保险丝额定电压应至少等于线路电压。

- 如在主电路中使用符合 IEC 60127 的保险丝时,则预期短路电流超过 35 A 或保险丝额定电流的 10 倍(以较大者为准),则保险丝应具有较高的分断能力(1500 A)。

- 任何操作员更换保险丝的类型和额定电流均应在每个保险丝座旁标明。

- 符合 IEC 60127 的保险丝应标有保险丝额定电流、保险丝额定电压和保险丝类型,示例如:"保险丝的 IEC 符号" ⊏▭⊐ T1AL250 V(慢熔保险丝额定电流/电压 1 A/250 V,具有低分断能力)或 F1AH250 V(快熔保险丝额定电流/电压 1 A/250 V,具有高分断能力)。

- 如不打算更换保险丝,则无须标记保险丝额定电流/电压。

选择正确的保险丝应考虑以下因素：
- 设备/电路额定电流和电压。
- 保险丝额定电流/电压。
- 产品使用环境温度。
- 保险丝位置的环境温度。
- 最大可用故障电流。
- 预期浪涌（冲击）电流、浪涌电流和瞬变。
- 尺寸、安装方式、拆卸/更换的便利性和位置的可见指示。
- 保险丝座样式、安装样式、夹具、焊接、PCB 安装和射频干扰。

此外，应确保预期使用的保险丝具有机构批准的状态。为了正确使用保险丝，应进行充分的测试并研读使用说明，以确定最佳的保险丝。在初步评估期间，应使用预期尺寸的接线正确将保险丝安装在设备中，以确保保险丝和保险丝座的良好连接；评估应在正常状态、过载和任何可预见故障条件下进行。当使用可复位保险丝（如 PTC 型）时，在发生过载后进行复位会切断电源并允许设备冷却，在设计过程中还应考虑其他方面，包括正常使用期间设备内保险丝的位置。温度对可复位保险丝具有很大的影响，而且人们已经不止一次地观察到，仅由于将 PTC 型保险丝安装在设备内的发热元器件上方这一事实，可能会造成不当跳电。

10.3.1　保险丝座

保险丝座安装在产品中，用于固定保险丝。保险丝座可同时容纳北美和国际尺寸的保险丝。保险丝架是保险丝座的"盖子"。它将保险丝带入保险丝座，并将保险丝固定到位。将保险丝架与保险丝座结合使用的好处之一是使它们防触摸。

对于保险丝座，建议在低于试验室规定的额定温度下操作。为此，设计人员应从这个角度考虑将进行评估的环境温度与使用带保险丝座的保险丝的产品预期的整个工作温度范围相比较，从而进行判断。一般来说，在 25℃ 的环境温度下，保险丝座的温度不得超过最高额定温度的 60%。从这个角度来看，40% 的额定降额在理论上是一个可接受的值，确保遵循保险丝座制造商规定的最大允许功率和温度。

评估保险丝座中的热影响时要考虑的因素如下：

（1）保险丝座触点中的功耗影响。

（2）所选保险丝的额定功耗。

（3）保险丝座的允许功率、额定温度和工作电流。

（4）设备内部和外部的环境温度。

（5）电气负载交替（循环负载）。

（6）负载＞0.7 In 的长期运行。

（7）周围元器件的热影响。

（8）设备的散热/冷却和通风设计。

（9）连接线的长度和横截面。

（10）保险丝座的安装方向。

　　预期由操作员进行更换带保险丝的保险丝座在更换保险丝期间不得接触带电部件。该法规对保险丝座的细节进行了详细的规定，应如何设计和安装保险丝座，以便在更换保险丝时将保险丝断电。保险丝座附近应设置清晰的标志，如"危险—更换保险丝之前，请先断开电路"。

　　设计时必须同时考虑保险丝和保险丝座，以确保选择适当的配对。这些考虑包括如下：

- 什么尺寸的保险丝最合适？
- 产品使用位置的额定负载是多少？
- 设备启动时是否会有大量冲击电流？
- 设备可处理过载多长时间？
- 过载是否足以破坏保险丝？

散热考虑包括如下：

- 保险丝的功耗。
- 保险丝座的额定电流/电压。
- 设备内部和外部的环境温度。
- 电气负载变化。
- 长时间运行。
- 通风、冷却和散热。
- 电线的长度和尺寸。

　　对于 PC 板上的内部保险丝，保险丝夹可用作保险丝座。一个保险丝须配备两个保险丝夹。我们应考虑在哪种类型的应用中使用保险丝？

在适用的电气产品安全标准中,该问题未给出直接答案。

10.3.2　过流影响

如之前所述,在电气产品运行过程中发生的主要异常问题是过流。可能产生不可接受风险的过电流为过载电流或短路电流。当保护设备非常快(在达到其较高破坏值之前的不到四分之一的周期内)地切断短路时,该设备称为"限流设备"。大多数保险丝是限流的。

根据经验(图 10.4～图 10.6 中的相关示例),保护电气设备最困难的场景是存在过载电流。而另一方面,短路电流则可通过简单的方式如使用保险丝来解决。

图 10.4　仅有短路保护的变压器中过载电流的影响

图 10.5　温度保险丝额定电流错误的变压器中过载电流的影响

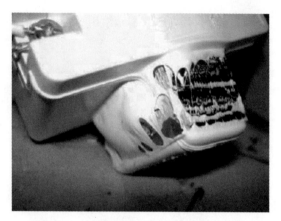

图10.6 无保护变压器中过载电流的影响

因此,在首次设计电气设备及随后在对设备进行测试和评估时,过载电流应被视为非常重要的一个因素。否则,可能会发生如图10.6所示的情况,整个变压器都从塑料外壳里脱落出来,使得终端用户担忧害怕。

图10.4中的直接插入式电源仅进行短路过流保护。当电源过载时,会过热到熔化塑料外壳的温度,且在安装位置,由于其重量,变压器从内部开始通过外部的塑料壁离开外壳(图10.5、图10.6)。该例显示了已适当进行短路保护的电源,但当电流略低于负载侧的短路电流时,该短路保护不能覆盖过载保护。

10.4 电源输入模块

使用电源输入模块将电气产品连接至网电源可降低发生事故的风险。大多数模块的设计须在进行任何更改之前,如保险丝更换和电压选择,必须从设备上卸下电源线装附件。将电源输入连接器与其他模块功能联锁,可减少用户意外触电的可能性。选择电源输入模块时,须考虑功能和安装方向。电源输入模块具有多种元器件(如交流电源入口、开关、保险丝和保险丝座、电压选择器及电磁干扰/射频干扰滤波器)组合(图10.7、图10.8)。这些组合如下所示:

- 交流电源插口:这些电源输入模块使用电源插座将电源引入设备,

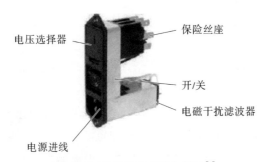

图 10.7　典型的电源输入模块[7]

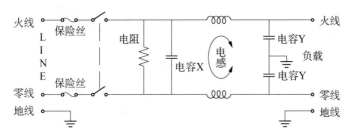

图 10.8　电源输入模块电气示意图[8]

以实现Ⅰ类接地连接或Ⅱ类(无接地)连接。

- 电源开关：电源开关可使电源控制保持在产品电源附近。电源输入模块中使用的许多开关为双刀开关(同时控制火线和中性导体)、单刀开关。电源输入模块的电源开关在 250 VAC 时的额定电流通常为 4~10 A。垂直或水平标记的开关的可用性使满足开关上正确标志对准的标准成为可能。一些电源开关配备指示接通位置的指示灯。由于电源入口端子在打开设备电源后仍处于通电状态，因此必须通过热缩管或绝缘快速断开型连接器对其进行保护。如使用热缩管和绝缘快速断开型连接器，则最低额定值必须为 300 V 和 105 ℃。

- 保险丝座：电源输入模块可与 1/4 英寸(1 英寸＝2.54 cm)×1$\frac{1}{4}$英寸或(5 mm×20 mm)保险丝一起使用。电源输入模块可以为单保险丝电源输入模块或双保险丝电源输入模块。电源输入模块的设计允许用户在某些情况下只须卸下保险丝替换夹，即可将单保险丝电源输入模块快速更改为双保险丝电源输入模块。在单保险丝电源输入模块中,保险丝替换夹必须位于电路的零线侧才能使单保险丝电源输入模块工作。

- 电压选择器:电压选择器允许设计和制造设备在 120 VAC 或 230 VAC 电压下运行。更改电压选择器允许用户定义正确的输入电压。在某些电源输入模块中,电压选择器的更换是通过卸下保险丝座并旋转电压选择器来进行的。
- 电磁干扰(射频干扰)滤波:电磁干扰也称为"射频干扰(RFI)"。术语"电磁干扰"和"射频干扰"通常可互换使用,但电磁干扰实际上是任何频率下的电噪声,而射频干扰是电磁干扰频谱(射频频段)上的电噪声特定子集。

电磁干扰滤波器是一种电子无源电路,用于以下两种作用:

(1)防止产品辐射,可能会干扰其他产品产生的传导噪声。滤波后的典型频率为 10 kHz～30 MHz,用于噪声拾取并通过外部电线或电源线传导(图 10.9)。

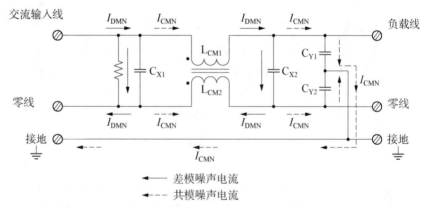

图 10.9　典型电磁干扰滤波器用于抑制传导电磁干扰噪声[9]

(2)抑制出现在信号或电源线上并可能进入产品的传导干扰(提高产品的抗扰度)。干扰可能会打断、阻碍、降低或限制产品电路的有效性能。干扰源可以是任何携带快速电流的人造或自然物体。

这种滤波器的一个重要参数是插入损耗,表示通过产品不带滤波的电压与通过产品带滤波的电压之比确定的值(分贝)。共模插入损耗表示由于滤波器电路消除干扰或噪声而导致的火线和中性线(接地时)上的信号损失量。差模插入损耗表示由于滤波器电路消除干扰或噪声而导致的火线和中性线[当相互参考时(即在火线和中性线之间)]的信号损失量。插入损耗值通常基于 50 Ω 测试电路的结果。

选择正确的电磁干扰滤波器时,应考虑以下参数:

- 滤波器类型——如知道应抑制什么,如电容类型和 LC 组合类型?
- 外壳大小/尺寸。
- 工作温度范围(检查是否与终端产品的工作温度范围相符)。
- 额定电流、额定电压。
- 介电强度测试电压。
- 终端产品可接受的最大漏电流值。

在选择电磁干扰(射频干扰)滤波器时,从电气安全的角度考虑滤波器供应商提供的额定值、终端产品的适用安全标准中规定的要求[考虑漏(接触)电流、介电强度测试电压],以及终端设备标准中规定的滤波器组成部分的任何适用要求是非常重要的。

注意,一些供应商给出的输入电压额定范围较宽(如 100～240 VAC),但最大漏电流是针对最低电压给出的。该值应乘以设备预期最大电压的比值,如设备的额定电压为 100～240 VAC,且在 120 VAC 的情况下,最大漏电流为 1.8 mA,则当将设备连接至 240 VAC 时,漏电流可能会达到 240/120×1.8＝3.6 mA,对于任何认定为 1 类设备,根据 IEC 60950 系列标准,该值不符合要求。

为了减少由于来自外部电源的电磁传导而影响电路的干扰,电磁干扰(射频干扰)滤波器在导体和接地之间使用电容。因此,少量电流通过滤波器传导至地面。如漏电流大于适用标准规定的最大允许限值,则该电流可能会导致触电的危险。一般接受条件应为使用认证过的滤波器,连接在主电路中,它将视为安全关键元器件部件,因此,对于预期市场,地方当局应可接受。

10.5　开关

电气产品应配备断开所有载流导体的装置。这可以包括开关或断路器,无须使用工具即可断开连接的电器耦合器,或者无须使用工具即可从壁装电源插座上拔下主插头(无锁定装置)。对于永久连接的产品和多相产品,仅允许使用开关或断路器。如插头视为断开设备,则必须容易接触到,且安全说明中应相应进行指定。对于单相便携式产品,长度不超过3m的电源线插头被认为很容易接受的。

任何设计人员均应首先观察人类工效学方面及设备的应用领域,并确定任何电源开关均满足以下条件:

- 电源开关已针对预期应用设置了适当的额定电流和额定电压。
- 电源开关易于访问且能够立即运行。
- 电源开关具有清晰的开和关位置,用于安全锁定。
- 从工艺适用角度来看,电源开关应易于安装。
- 电源开关是预期市场和预期应用的批准上市产品。

电源开关视为安全关键部件元器件,因此必须是认可的类型。

注意,接触块的不同颜色[如常开(N/O):蓝色;常闭(N/C):红色]将有助于设备的可制造性(通过防止接线错误)和可维修性(电路识别)。

当同一开关打开多个电源时,设计人员应考虑所涉及电源的电流之和。安装在未极化电源线中的开关应同时打开所有电源导体,与安装在极化电源线中的开关(仅应断开的载流导体)相反。电源开关切勿断开设备电源线的接地导体。

设备外壳的机械设计人员应考虑开关的人体效程学方面的要求,网电源开关必须设计得易于识别、易于接触。

开关的额定值必须等于或大于其控制的负载,且必须断开所有未接地的导体[双极单掷开关(DPST)类型]。开关必须牢固安装,以使其在正常使用中不会旋转。应在电源开关、断路器和按钮开关旁边标记"开"和"关"位置的"O"和"I"符号。

双极单掷开关的间距符合 IEC 60328 要求(每极的最小接触间隙为3mm),如产品包含1/3或更高的马力电机,则须配备单独开关。如有提供指示灯,则其颜色方面应符合 IEC 60073。隔离开关不应配备红色触发装置(因为红色被用于紧急停止)。

10.5.1　急停开关

急停装置定义为故障安全控制开关或电路,当断电时,该开关或电路将停止产品运行并切断网电源外壳之外的所有潜在危险。

急停装置,也称为"E-stop",是在电气系统上执行紧急停机操作的特殊先导装置。急停装置按钮与典型的"关闭"按钮的不同之处在于,它们必须通过严格的测试并符合各种规范的要求。

急停装置设备的类型包括不带机械防护装置的按钮操作开关、拉线操作开关或踏板操作开关。急停装置设备应为自锁型,且应安装在易于靠近的位置,且对于常规操作员和其他可能须操作它们的人员而言,均无危险。无论操作模式如何,急停装置设备都应始终可操作,且应覆盖所有其他功能和操作。

可使用的执行器类型包括蘑菇型按钮、电线、绳索、杆件、手柄和不带保护罩的脚踏板。急停装置设备的执行器应为黄底红色,在某些情况下,另外提供标签可能很有用。急停装置功能不应损害安全设备或具有安全相关功能的设备有效性。重置不应启动重启。急停装置的操作绝对不可依赖于电子逻辑或通过通信网络或链路进行命令的传输。

10.5.2　固态继电器

固态继电器(SSR)具有开/关控制装置,其中负载电流由一个或多个半导体传导。固态继电器可设计为将交流或直流切换至负载。固态继电器具有与机电继电器相同的功能,但没有运动部件。固态继电器的分类与实现输入输出隔离的方式有关。在簧片耦合固态继电器和光耦合固态继电器上,输入输出隔离是通过簧片继电器或光线来实现的。在变压器耦合固态继电器上,输入输出隔离度取决于变压器的设计。对于直接控制的交流或直流型固态继电器,由于控制电路与负载电路之间不存在隔离,因此目前存在很大的缺点。从控制电路到固态继电器外壳及负载电路的最小击穿电压应与基本绝缘相对应。

10.6　压敏电阻器

压敏电阻器[即电压敏感电阻器(VDR)]及火花隙、充气浪涌电压放电器(气体放电管)、碳块和高压二极管称为浪涌电压保护装置,用于防止由瞬态浪涌电压产生的危险。瞬态浪涌电压可能通过受控的开关动作以可预测的方式释放，或者从外部源（如由于雷电、静电放电、电感负载开关或电噪声）随机感应到电路中，可能会在很短的时间内出现在信号输入和低压交流或直流电源线上。

由于压敏电阻器的高耗能，与瞬态抑制二极管相比，这些元器件吸收的瞬态能量要高得多，且可抑制正向和负向瞬变。当发生瞬变时，压敏电阻器的电阻值从非常高的待机值变为非常低的导电值。因此，瞬变被吸收并降到安全水平。

最常见的压敏电阻器为金属氧化物压敏电阻器（MOV），主要由氧化锌（ZnO）球阵列组成，其中氧化锌被少量的其他金属氧化物（如铋、钴或锰）发生变化。在金属氧化物压敏电阻器制造过程中，将这些氧化锌球烧结（熔融）到陶瓷半导体中。这产生了晶体的微观结构，使这些器件能够在整个本体上释放极高水平的瞬态能量。烧结后，将表面金属化，并通过焊接连接引线。

压敏电阻可用在电气设备的任何电路中，如一次电路或二次电路中。实际上，根据一些安全标准，如在主电路中使用浪涌抑制器，则应为压敏电阻。在压敏电阻的使用寿命内，经过多个开关周期后，流经此类元器件的漏电流会增加。该漏电流会导致温度应力持续不断增加，这可能会在某时刻导致压敏电阻燃烧或爆裂。在这种情况下，压敏电阻会产生危险。因此，一段时间内支持设备安全的元器件可能会引起火灾危险或导致触电危险。

压敏电阻在浪涌事件期间吸收瞬态能量会在元器件内产生局部发热，这可能导致压敏电阻随时间推移而退化。如不进行保护，压敏电阻的退化会增加发热和热失控。因此，越来越多的基于压敏电阻的浪涌保护设备提供了内置的热断开功能。即使在压敏电阻使用寿命结束或持续过电压的极端情况下，内置的热断开功能也可提供额外的保护，以防止灾难性失效和火灾危险。

金属氧化物压敏电阻的额定电压为特定交流线路工作电压。通过施加持续的异常过电压超过额定电压可能会导致金属氧化物压敏电阻器过热和损坏。安全标准考虑这种可能性，规定应保护压敏电阻不受以下因素的影响：

- 高于最大连续电压的瞬时过电压。

- 压敏电阻内部漏电流导致的热过载。
- 发生短路故障时,压敏电阻会燃烧或爆裂。

接受在主电路中使用压敏电阻的重要条件是必须引入具有足够分断能力的断开装置(熔断器),该断开装置应与压敏电阻串联连接。压敏电阻应通过特定的脉冲测试之后,钳位电压的变化不应超过初始值的 10%。

根据浪涌来源,瞬变可能高达数百伏和数百安培,持续时间为 $400\,\text{ms}$。由于负载大小的变化,瞬变的波形、持续时间、峰值电流和峰值电压会发生变化。通过对这些变量进行估算,电路设计人员将能够选择合适的抑制器类型。使用压敏电阻时,设计人员应考虑电路/产品必须遵守的所有适用安全标准,以确保电路/产品尽可能安全。为特定的过电压保护应用选择适当的金属氧化物压敏电阻器时,应考虑以下特性:

- 电路条件,如浪涌事件期间的峰值电压和电流。
- 使用压敏电阻设备的工作温度。
- 金属氧化物压敏电阻连续工作电压(正常状态下应比产品最大额定电压高 20%)。
- 金属氧化物压敏电阻必须承受的浪涌次数。
- 最大直流工作电压下的漏电流。
- 受保护电路可接受的允许电压。

10.7　变压器

电源变压器是一种电气设备,通过电磁感应原理,在不改变频率的情况下,将电能从一个电路传递到另一个电路。电能传递通常随电压和电流的变化情况而发生的。变压器会增加或减少交流电压。变压器的磁芯用于为通过绕组(线圈)的电流在变压器中产生的磁通量提供受控路径。

基本变压器包括五个部件,即输入连接(来自电源)、输出连接(至负载)、绕组(初级和次级)、骨架和铁芯。

电气产品使用不同类型的变压器作为其电源的一部分包括电力变压器和隔离变压器。

(1)电力变压器主要用于将电能从电源线耦合至电路系统,或者耦合至系统的一个或多个元器件。

（2）隔离变压器的匝数比为 1：1，不会使电压升高或降低。因此，隔离变压器用作安全装置。隔离变压器用于将电源线的接地导体与机架或电路负载的任何部分隔离。如在变压器的次级绕组上进行接触，则使用隔离变压器不会减少危险或触电。

从技术上讲，任何真正的变压器，无论是用于传输信号还是电力，都是隔离的，因为初级绕组和次级绕组不是通过导体而仅通过感应进行连接。但仅将主要用途是隔离电路的变压器（与更常见的电压转换变压器功能相对）描述为隔离变压器。如在交流电源和电源输入端之间连接了隔离变压器，则其额定电流至少应为电源所需的最大 RMS 电流的 200%。

从铁芯结构的角度来看，最常见的电源变压器是层压钢（E-Ⅰ形）或环形结构。

电源变压器应符合以下要求：

- 在任何输出绕组上发生短路或过载时，绝缘的过热不应引起不可接受的风险。
- 电源变压器（在湿度调节处理后）应具有介电强度。
- 电源变压器的爬电距离和电气间隙应为绝缘类型要求的值。

为了评估电源变压器的合规性，须将其与绝缘过热一起进行分析。有关分析中使用的结构和材料，如图 10.10、图 10.11 中的横截面。

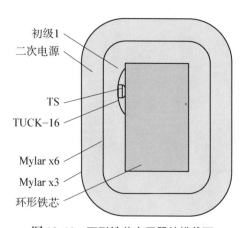

图 10.10　环形铁芯变压器的横截面

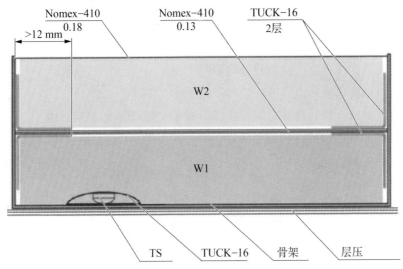

图 10.11 层压钢铁芯变压器的横截面

实现合规性的最常用方法是根据变压器的安培容量适当地测量变压器的一次熔断器值和二次熔断器值。如仅熔断器不足以在任何输出绕组发生短路或过载的情况下防止绝缘过热,则可在初级绕组中包括适当额定值的温度保险丝。

如短路因保险丝的断开而终止,且若保险丝在大约 1 s 内未工作,则应测量流过保险丝的电流。应进行预放电时间/电流特性评估,以确定是否达到或超过保险丝的最小工作电流,并确定熔断器工作之前的最长时间。通过熔断器的电流可能会随时间而变化。

如将输出电压设计为在达到指定的过载电流时崩溃,则过载会缓慢增加至导致输出电压崩溃的值。应考虑以下结构建议:

- 用作绝缘的胶带不应具有吸湿性,且应使用聚酯薄膜、PVC、PTFE、芳纶纸、聚酰胺或玻璃布等材料制成。应满足关于电气强度、间距(电气间隙和爬电距离)、绝缘距离和加热的产品标准要求。
- 如骨架材料的最小厚度为 0.71 mm、最小可燃性为 94 V - 2,则视为可接受。
- 初级绕组和次级绕组之间的绝缘必须至少两层,且总厚度至少为

0.3mm,或者一层且总厚度至少为 1mm。

- 引出绕组的电线套管必须至少具有 0.3mm 的厚度,且距离绕组至少要延伸 20mm。
- 将初级绕组连接至交流电源的引线尺寸应至少能够承受最大输入电流和最小电压 300 V 和最低温度 105℃。
- 负载电线的尺寸应足够承受负载端子短路时流过的输出电流。

电源变压器的结构细节应以以下格式提供:

额定值:

- 输入(V;A):
- 输出(V;A):

结构:

- 铁芯:EI 层压;外形尺寸(mm×mm×mm)

绝缘系统: 温度/等级额定值

电线绝缘:

- 材料最高温度。
- 初级绕组,W1。
- 次级绕组,W2。

UL 认证,文件编号:E_____

骨架: 材料—名称—厚度—可燃性等级

UL 认证,文件编号:E_____

绕组之间的绝缘:

材料每层层厚(mm)

初级—次级

次级绕组

初级交叉

次级交叉

外包装

UL 认证,文件编号:E_____

热保护器 TS:

- 制造商:
- 指定:

- 类型
- 额定值（V；A）：
- 连接：
- 终端：

UL 认证，文件编号：E_____

熔断器（如适用）：

- 制造商：
- 类型/尺寸：玻璃/陶瓷盒（mm/英寸×mm/英寸），连接类型
- 额定值（V，A）：

熔断器座（如适用）：

- 制造商：
- 类型编号：
- 额定值：
- 终端：
- 安装：

外壳（如适用）：

- 外形尺寸（mm×mm×mm）：

开口：无尺寸位置

灌注胶：

- 终端盒：（材质）
- 尺寸：外形尺寸（mm/英寸×mm/英寸×mm/英寸）：
- 导线输入：

变压器安装：

终端：

端子类型；初级；次级

- 端子数量。
- 电流母线材料和厚度。
- 弹簧材料和厚度。
- 固定到安装表面的方法。

UL 认证，文件编号：E_____

抗电强度：

- 初级绕组至铁芯(V)；
- 初级绕组至次级绕组(V)；
- 次级绕组至铁芯(V)。

10.8 电源

电源单元(PSU)是任何电气产品的核心。如 PSU 发生故障，将影响全局，且在某些情况下，如 PSU 的保护功能效率低下，则 PSU 的故障可损坏产品中的其他元器件或与被供电产品配合使用的元器件。

电源分为两种主要类型，即稳压电源和非稳压电源。稳压电源又分为线性稳压电源和开关电源(图 10.12)。

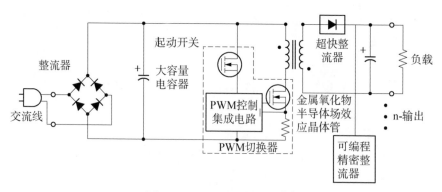

图 10.12　开关电源简化图[10]

所有现代电源都是开关电源，因为它们比旧的线性稳压电源更小且效率更高。有必要了解一下开关电源的工作原理。

首先，开关电源将交流电从网电源转换为直流电。然后对该直流电进行整流和滤波，进行切换(削减＝将直流电压以 40～200 kHz 的频率周期性进行切换)以提供脉冲直流电，但其频率要比电源高得多，因此可应用于高频紧凑型变压器以产生次级电压。根据负载，通过改变斩波速率来控制转换至二次电路的电量。功率晶体管导通的时间越长，转换至二次电路(脉冲宽度调制)的电量就越多。变压器的输出经过整流和滤波以产生所需的直流输出电压。由于输出电压不直接取决于输入电压,因此,开关电源可用于较宽的输入电压范围,甚至可提供直流电压。

电源中的开关电路与开关元器件接地的杂散电容,以及一次电路与输出之间的杂散电容是开关电源产生电磁干扰的主要来源。

数字控制(基于微控制器)与 4 kVAC 增强型输入相结合以实现输出隔离和其他规格(如 1500 VAC 的输出至接地隔离),从而使开关电源符合安全标准。

开关电源具有多种输出特性,可为设备提供电子保护,以防止过载或短路造成的损坏。

开关电源通常能够提供 1.1 倍额定电流,如所连接负载的电流消耗超过 1.1 倍额定电流或发生短路,开关电源将自动关闭。在规定的时间段后,如过载或短路仍然存在,开关电源将尝试重新启动负载并自动切换。在这种情况下,电源可立即将输出电压降低为零(矩形限流),或者缓慢降低输出电压,但可能会导致输出电流的进一步增加(三角形限流)。由于在过载情况下电流不会下降,因此该方法可以可靠地启动高负载。

具有 U/I 特性的电源(过载时的向前折叠动作,无关断)和功率储备能够在额定输出电压下提供高达指定额定电流 1.5 倍的输出电流。除功率储备外,电源还能在输出电压降低的情况下,使输出电流进一步增加高达 50%。电源可提供的电流储备量及能够提供多长时间主要取决于环境温度。由于内部设备的余热、太阳辐射或其安装位置,控制柜内部的温度可能会升高到 60℃ 以上。从某个温度值开始,最大可用输出功率将根据温度的升高而降低。降低额定值过程的起始极限值范围为 40~60℃,具体取决于技术设计和电源制造商。环境温度与电源内部温度之间的温差约为 25℃。因此,如制造商指定供电最高环境温度为 60℃、内部元器件最高额定工作温度为 85℃,则将没有可用的储备,且内部元器件将在最高温度下运行(60℃+25℃=85℃)。根据设备的不同,电源也可能无法在非常低的环境温度下提供其全部输出功率。这是由于连接至输入电路的负温度系数热敏电阻限制了浪涌电流。在非常低的温度下,热敏电阻的电阻会升高,以至于电源无法提供其全部输出功率。当在极端条件下长时间运行电源时(如在功率极限内永久运行或在非常高的环境温度下),电源可加热至无法保证安全运行的程度。

有几种方法可防止电源因超温而损坏：

- 降低最大输出功率以使电源冷却。
- 完全关闭设备电源，必须重新执行手动复位操作后才能继续进行。根据制造商的不同，可使用相应的开关或断开电源来完成复位。
- 仅关闭输出，直到温度降至某个极限值以下（设备执行操作）后再打开输出。

下面列出了安全电源设计的其他建议：

- 使用的元器件和材料应事先获得安全认证。
- 从机械角度来看，应提供所有元器件均牢固固定的刚性结构。
- 防止用户进入所有包含危险电压、发热元器件、风扇叶片或任何其他可能造成伤害的物品区域（包括通过外壳上的任何开口）。
- 必须提供接地连接和绑扎带。
- 爬电距离和电气间隙必须将所有危险电压与用户可达的点分隔开。
- 应有一个非常清晰的隔离区域将一次电路和二次电路区分开（图10.13）。

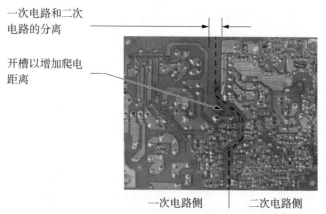

图 10.13　将一次电路和二次电路分开的通道[11]

- 低压输出须配备有效的限流器。

开关电源提供了宽范围的输入，这意味着电源单元可在规定的电压范围内工作。因此，许多现代电源可在 85～264 V 的交流电压（允许包含在额定 100～240 V 的产品中)和 100～350 V 的直流电压下工作,而不会损失任何功率(电源设备能够在整个输入电压范围内提供指定的额定功率)。

具有宽范围输入的电源可连接至几乎任何供电系统,从而降低成本和物流,因为一个电源几乎可满足所有需求。

现代电气产品须紧凑、轻便、高效、具有成本效益、符合《关于限制在电子电气设备中使用某些有害成分的指令》(RoHS)要求、可靠且超级安全的电源。开关电源(SMPS)可满足所有这些需求,但并非所有开关模式电源都是一模一样的。务必从信誉良好的供应商处选择电源,最好是在该领域具有可靠经验,且对相关标准的要求有充分了解的供应商处选择电源。

在选择电源设备时,首先要考虑终端设备必须满足的标准。选择的电源设备应根据该标准或同等标准或更严格的标准进行测试和评估。确保电源设备的批准是最新的。困难在于产品标准的每个新版本和每次修订都会对要求进行修改。满足 IEC 60601 要求的电源(医疗产品)通常可用于信息技术和实验室产品,但反之不一定成立。

根据以下规格选择电源设备:

- 输入电压。
- 输入电流。
- 所有负载条件下符合 IEC 61000 - 3 - 2。
- 保持时间。
- 浪涌电流(必须小于输入元器件的额定电流)。
- 接触电流(漏电流)。
- 介电强度电压。
- 输出电压。
- 输出电流。
- 温度(操作和储存)。
- 温度降低额定值。
- 满载效率。

电源设备应作为一个已认证的元器件,但这并不说明电源设备将满足适用于使用电源设备的终端设备的所有要求,如可接受性条件等限制使用的因素可能适用于电源设备。这些因素可能包括终端设备的外壳、通风和分离要求、电磁兼容性要求及根据其应用场景(如军事、医疗或实验室)的终端设备的特定要求。这可能会产生比答案更多的问题。

考虑购买电源设备时,用户应从供应商处获取以下文件:

(1) 认证状态。

(2) 符合性声明,包括完整的测试和评估报告,可用于提供电源设备是否符合其测试标准的证明。

(3) 关于常规(产线)测试的声明。

(4) 技术文件和所有适用的可接受性条件,包括在终端设备中使用时应满足并保持的安装条件、通风要求、与可靠性相关的条件、电气间隙和爬电距离。

参 考 文 献

［1］ IEC TR 60083 "Plugs and Socket-Outlets for Domestic and Similar General Use Standardized in Member Countries of IEC," Geneva, 2009.

［2］ HD 361 S3, "System for Cable Designation," CENELEC, Brussels, Belgium, 1999.

［3］ Interpower, "Conductor Color Coding," Oskaloosa, IA, 2016.

［4］ Interpower, "North American Cable Types," Oskaloosa, IA, 2016.

［5］ Interpower, "More Information on Terminal Blocks," Oskaloosa, IA, 2016.

［6］ Bolintineanu, C., and S. Loznen, "Product Safety and Third Party Certification," The Electronic Packaging Handbook, edited by G. R. Blackwell, Boca Raton, FL: CRC Press LLC 2000.

［7］ Schurter, "Product Catalog," Lucerne, Switzerland, 2015.

［8］ Delta Electronics, "Product Catalog," Karnataka, India, 2016.

［9］ Berman, M., "All About EMI Filters," Electronic Products, October 2008, pp. 51 – 53.

［10］ ON Semiconductor, "SWITCHMODE™ Power Supply Reference Manual," 2002.

［11］ Mullet, C., "Inside the Power Supply," PPT Presentation, ON Semiconductor.

拓 展 阅 读

ABB STOTZ-KONTAKT GmbH, "Power Supply Units Application Manual,"

Heidelberg, Germany, 2006.

Benatti, J. , "MTBF and Power Supply Reliability," Electronic Products, August 1, 2009.

Brown, M. , Power Supply Cookbook, Boston: Butterworth-Heinemann, 2001.

ECMA - 287, European Association for Standardizing Information and Communication Systems, "Safety of Electronic Equipment," Geneva, 2002.

Flynn, D. , "Challenges for Power Supplies in Medical Equipment," IEEE Power Electronics Magazine, June 2015, pp. 32 - 37.

Hammond Manufacturing, "Power Transformer Guide, Design Guide for Rectifier Use," 2016.

Harris, K. , and C. Bolintineanu, "Electrical Safety Design Practices Guide," Tyco Safety Products Canada Ltd, Rev 12, March 14,2016.

IEC 60320 - 1, "Appliance Couplers for Household and Similar General Purposes — Part 1: General Requirements," Geneva, 2015.

IEC 60884 - 1, "Plugs and socket-outlets for household and similar purposes — Part 1: General requirements," Geneva, 2006.

IEC 60950 - 1 + AMD1 + AMD2, "Information Technology Equipment — Safety — Part 1: General Requirements," Geneva, 2005 - 2013.

Littelfuse, "Transient Suppression Devices and Principles," Application Note AN9768.

STI, Scientific Technologies GmbH, "Selection of Positively Driven/Force Guided Contacts. "

产品结构要求

11.1 概述

除测试外,结构要求与元器件选择都是产品安全标准的重要方面。一旦定义产品并开始设计,硬件团队须实施完全符合产品设计需求的结构。

11.2 外壳

本节讨论仅在非危险场所使用的电气设备。

外壳要求取决于设备类型、安装环境、使用寿命、安装方法及在环境中的相对位置。

外壳类型可分为内部外壳或外部外壳。每种类型具有不同的功能,因此在设计和评估时,会相应地对其进行判断和测试。内部外壳可用于隔离处于危险电压的电路,提供抗辐射的额外保护,或者仅用于保护服务人员或提供某些要求的合规性(如外部外壳无法完全保护设备时,就要考虑外壳的 IP 防护等级),内部外壳通常还用于防止运动部件和辐射危害(如内部外壳可为某些在测试后不显示有水的电路提供防水保护)。

可根据降低危害对外壳进行分类,包括电气、防火和机械外壳(见第7.7 节),还可根据使用环境对外壳进行分类,如下:

- 室内用外壳：提供一定程度的保护，以防止用户接触危险部件，并为外壳内部的设备提供防止固体异物进入的保护；还提供一定程度的保护，以防止由于室内环境可能会进水而对设备造成有害影响（见第 7.7 节）。
- 室外用外壳：提供一定程度的保护，以防止固体异物（如灰尘）进入外壳内的设备；此外，还提供一定程度的保护，以防止因进水（如雨、雨夹雪、雪、冰和紫外线辐射）而对主机设备造成的有害影响。外壳还防止由于电气设备在使用过程中所处的环境而引起的腐蚀（见第 7.7 节）。

外壳可根据其制成材料进行如下分类：

- 金属外壳：外壁由金属制成或主要由金属制成的外壳。
- 非金属外壳：外壁由非金属制成的外壳，如由塑性材料或玻璃纤维制成的。

为了增强外壳满足特定特征的能力，IEC 和 NEMA 等不同组织建立了各自的外壳标准和分类系统（见第 7.7 节）。

毫不奇怪，这两大外壳标准和分类系统对外壳的定义有所不同，因此，不可能从 IEC 60529 分类和 NEMA 标准分类所涵盖的外壳类型中得出的完全等效的转换。

由于 IEC 60529 和 NEMA 对外壳分类的要求存在差异，因此，在选择正确的外壳时，重要的是要了解评估过程中将遵循判断外壳所承载的设备标准。产品定义文件应从一开始就明确说明预期市场和所需外壳的类型，包括其电气安全和性能要求。

外壳的机械设计人员应考虑所有相关要求，包括如下：

- 机械强度和刚度。
- 材料的可燃性等级。
- 材料的耐用性和稳定性。
- 通风要求。
- 设备的安装方式和方法。
- 外壳内元器件安装的正常位置。
- 设计外壳的性能要求，包括包装和运输。
- 防止内部和外部影响的程度。

- 外壳的多功能性。
- 在设备的使用寿命内,材料的稳定性和耐用性。
- 人类工效学设计。
- 成本。

根据 IEC 60950 系列标准,下面列出的外壳结构无须测试即可满足要求。

- 防火外壳底部无开口。
- 在 PVC、TFE、PTFE、FEP 和氯丁橡胶绝缘的导体及其连接器下方的任何尺寸的底部开口。
- 外壳壁上的挡板式结构。
- 防火外壳的金属底部符合适用标准规定的尺寸限制。
- 当需要通风时,提供挡板结构、倾斜的开口和屏风等。

防火外壳和电气外壳的顶部和侧面的开口(不包括外壳内操作员进入区域的开口)应符合适当的标准要求。这里须强调的是,当操作员不使用任何工具进入时或在某些情况下,当使用随设备提供的工具时,必须从安全的角度来判断操作员的进入权限(有时供应商提供调整工具,通过提供这些工具,不得因接触危险而损害安全性)。

防火外壳和电气外壳侧面的开口应设置在适当位置,以使物体进入外壳时不会在危险电压下掉落在裸露的部件上。类似地,在设置通风百叶窗的地方,百叶窗的形状应能使外部垂直下落的物体向外偏转。

在评估外壳时,为了确定合规性,应注意以下方面:

- 操作员区域的保护:操作员区域内不应带电。
- 接地规定:1 类设备应配备保护接地端子。
- 外壳的机械强度:这样可保留导电部件和终端用户之间所需的爬电距离和电气间隙,并防止由于位于外壳内的危险运动部件(如尖角、毛刺和尖锐边缘)或结构本身造成人身伤害的风险。
- 防止接触危险电压电路,包括通信电压电路。
- 防止可能涉及的其他危害,如辐射和化学品。在对外壳进行的测试过程中,任何测试均不应显示出干扰安全功能部件运行的迹象,不会对安全性产生不利影响的饰面损坏,以及裂纹、凹痕和碎屑可被忽略。

- 在性能相关方面,根据制造商的规范对某种程度的保护进行评估。

保险公司、国家和地方法规及具有特定组织(如警察和军事)可能会提出特定要求;在性能方面,视具体可达程度(IP 代码)、具体影响程度(IK 代码)、金属板或塑料壁的最小厚度、是否存在篡改、特定的联锁装置要求及抗攻击性。

这些要求都应结合与安全相关的各个方面进行评估,且最严格的要求应适用于外壳。

应对任何承载危险电压且需要作为防火外壳都要进行设计和评估,满足以下最低要求:

- 可及性:如不使用工具或设备随附的工具,则不得进入外壳;对于工具,可使用螺丝刀或钥匙拆卸螺钉或锁,以进入外壳。推荐使用硬币作为打开外壳的工具是不可接受的,因为可能会危及设备及其附近人员的安全。
- 机械强度:如适用,外部外壳应能够在稳定力测试、冲击测试(钢球测试)和跌落测试等测试过程中具有适当抵抗性。
- 所用材料的可燃性等级和最小厚度:这适用于非金属外壳,所用材料的阻燃等级应满足外壳最小厚度的适用要求。当外壳为金属外壳时,则不涉及可燃性方面的要求。最小厚度应根据机械强度评估进行确定。
- 保护程度、可及性和影响,IP 和 IK 代码:使用访问探针和测试可具体确定所需的 IP 或 IK 保护等级。

另一个重要的考虑因素涉及在外壳上设置的预期开口。带金属或非金属外壳的永久连接的设备可设有预期开口,用于将设备连接至电源和使用导线管与其他设备的互连。此类预期开口带有预置孔,在设计时应考虑以下因素:

- 不会在现场使用的预置孔必须能抵抗产品标准中规定的所有机械强度测试。
- 现场使用的预置孔应使用推荐的工具安全地拆除,以便在拆除后为安装人员提供安全的区域(即光滑、无锋利边缘和无毛刺)。
- 完成预期的接线和连接后,须使用衬套、接头和垫圈来保护预置孔,以提供与设置预置孔的外壳相同程度的保护。

11.3　电路隔离

应根据电路类型（如未接地的 SELV、接地的 SELV、ELV 电路、接地的危险电压电路、一次电路、二次电路和 TNV 电路）及电路之间所需的绝缘来确保电路隔离（功能、基本、补充或加强），如图 11.1 所示。

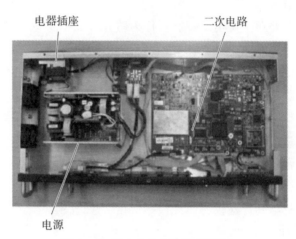

图 11.1　具有充分电路隔离的设备

对于每种类型的电路隔离，产品标准都给出了可接受的结构及所需的间距（爬电距离和电气间隙距离），以及电路之间的足够耐压（使用固体绝缘时）。

电路隔离方法包括永久性隔离、屏蔽、夹紧、布线或固定，使用与主保护接地端子永久连接的保护性屏蔽，以及其他确保等效电路隔离的结构（包括内部外壳）。

众所周知，这些元器件是机械组装、安装在 PCB 上或电线上。在设备正常运行期间，在正常和单一故障条件下任何部件的所有导电部件都应与其余导电部件隔离。

关于设备中元器件的间距，应考虑以下几点：

- 在 PCB 上空间不足的情况下，尤其是在一次电路和 SELV 电路之间，可使用诸如开槽之类的技术来获得所需的爬电距离。开槽宽度必须大于 1mm,否则将不被接受。对于宽度大于 1mm 的开槽,唯一的深度要求是现有爬电距离加上开槽的宽度和开槽深度的两倍必须等于或大于所需的爬电距离。开槽不应削弱基材,使其无法满足机械测试要求。

- 元器件的放置位置应使其本体距离 PCB 边缘至少 2.5mm。
- PCB 的设计应确保元器件水平而不是垂直安装在板上。
- 应考虑金属支架或带金属体的元器件周围的区域没有电路路径以防止短路。
- 除非为二次电路接线的额定最高电压,否则所有二次电路接线应从不同电路(二次电路或一次电路)的所有非绝缘带电部件,以及和其他电路的绝缘导线上正向布线。
- 所有电路接线都应远离尖锐边缘、螺旋面、毛边、运动部件、柜体及其他可能会损坏电线绝缘层的硬物。
- 绝缘电线在金属薄板壁上穿过的孔应配备一个圆形套管。
- 所有电气连接均应由带正极接合的快速连接端子、闭环孔眼、端部朝上的敞开式孔眼、机械固定和焊接的导线或插入 PCB 孔并焊接的导线组成。
- 实际耗散超过 0.5W 的电阻应远离电路板表面和相邻元器件的地方。在局部区域内放置多个元器件时,应考虑适当的间距和方向,以及正常使用时的位置(如采用自然对流冷却的散热器方向)。
- 功率超过 5W 的功率电阻器应在电阻器下方的板上配备一系列冷却孔,其大小近似于电阻器直径,以允许自然空气流通(自然对流冷却)。
- 按照一般的设计惯例,不应将会导致相邻 PCB 表面温度升高至110℃以上的耗散功率的元器件安装在 PCB 上。
- 大型元器件应具有适当的机械支撑件,以确保在机械强度测试期间不影响间距。
- 安装在 PCB 上的电解电容须在 PCB 中设置一个间隙孔,位于压敏排气塞正下方,以便在发生电路故障时释放危险内部压力。
- 危险带电电路应与其他电路至少按适用标准中给出的间距隔开。不同标准中给出了不同的间距,设计人员应使用其中最严格的间距。

- 在隔离电路的所有裸露部件之间应进行连续性测试,以确保裸露部件等电位连接在一起。
- 任何插座中的保护导体触点都应连接至保护连接导体上。
- 应对带电导体之间的故障回路阻抗进行验证,以确保在故障情况下满足安全断开时间。
- 如 SELV 电路的电缆与不同电压的电路组合在一起,则须对绝缘电阻进行测试。该测试在 SELV 电路的带电导体和当前最高电压电路的保护导体之间进行。测试电压应为 500 VDC,绝缘电阻应至少为 $1\,M\Omega$。
- 隔离电路的带电部件应与同一外壳中的其他导体(包括接地线)进行电气隔离。
- 在与氧气一起使用的电气设备中,电气连接器应尽可能远离氧气入口/出口源。
- 如防火外壳仅构成设备的一部分,则应进行仔细的分析以确保存在可靠的屏障来阻止火灾蔓延。

11.4 接地和连接

每项产品安全标准及《美国国家电气法规》《加拿大电气标准》,以及存在此类文件的国家电气规程中都给出了涉及接地和连接的术语。

在标准的定义章节中,对接地和连接进行了明确说明,接地和连接的简单定义如下:

- 接地或已接地:接地或延伸接地连接的导电体。
- 连接:连接以建立电气连续性和导电性。

很明显,接地导体也应进行连接。为充分了解接地和连接的重要性,应注意接地故障表示电路的未接地导体与非载流导体、金属外壳、金属线槽、金属设备或大地之间的无意导电连接。

通常将大地视为导体,因此,大地的电位视为零。为消除触电、电气设备的所有导电可触及部件均应为零电位。大地成分(从一个区域到另一个区域)存在适当的变化(存在许多不同的材料表示湿度、温度及化学元器件的变化），导致大地电阻的相应变化，但将地球视为一个整体时，地球可视为参考电位，其电位值视为零。

接地和连接应用于以下目的：

● 保护生命免受冲击与伤害。

● 促进电气设备和系统的运行。

● 在设备正常运行期间限制对地电压。

● 为了防止由于过电压（如雷击、线路浪涌和意外接触危险电压）而导致过高的电压。

若将一台设备的所有可触及导电部件进行接地，则与该牢固接地的设备直接接触的用户将不会受到触电。

《美国国家电气法规》将"直接接地"定义为"未插入任何电阻器或阻抗设备进行的接地"。

在异常情况下，可能存在危险电位（高于大地电位）。当满足以下任一条件时就属于这种情况：

● 接地导线断开时。

● 接地导线尺寸不足时。

● 接地导线未直接接地（或者接触不良，并导致电阻/阻抗）时。

所有产品安全标准都提供了有关正确接地和连接的详细信息，从应正确接地的部件开始，再到所有细节。此外，每项产品标准都提供了一种非常清晰、简单的验证方法。

接地阻抗测试对电阻进行测量，以确定如内部带电导体接触外壳的情况下，设备是否仍将保持安全。此测试会以高电流对接地连接施加应力，并导致弱连接失效。在发生故障时变成危险带电的产品的所有可触及的导电部件，必须通过双重绝缘或加强绝缘将其进行接地或与危险带电电路分开，或者可使用与保护接地端子相连的导电保护屏障。来自电器插座或接线端子（用于不可拆卸的电源线或永久安装的设备）的接地线应使用螺母和垫圈（图 11.2 螺帽至少拧紧三圈），固定在底座上的带螺纹的螺柱或螺杆（其尺寸适合于连接线，但至少不小于 M4＝No. 6）上的闭环连接器进行连接。接地端子不得用于固定机械部件等其他用途。在使用可触及的插头和插座的地方，插头/插座的组合必须确保首先进行接地，最后断开。

每个元器件的接地导体必须至少与该元器件的最大载流导体一样

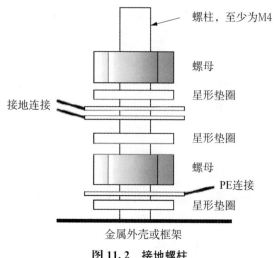

图 11.2　接地螺柱

大。接地导体可能未绝缘,但如绝缘,则必须具有绿色/黄色或绿色绝缘标识。焊接前,必须机械固定待焊接的接地连接。压接连接应使用连接器制造商推荐的工具压接导体和绝缘体。重要的是不要将接地测试与接地连续性测试混淆。最后的测试仅为验证保护性接地连接是否存在。

由于这是低电流测试,因此无法验证该连接承受故障电流的能力。认识接地和连接的重要性,大多数认证机构要求在生产过程中例行执行保护接地导电连续性测试(见第 15.5 节)。

11.5　耐火和阻燃等级

在正常使用条件下电气设备的外壳应具备如下防护条件,包括温度、相对湿度、冷凝、高度(气压)、灰尘、腐蚀性或放射性颗粒、蒸汽、烟雾和盐分对空气的严重污染、暴露于强电场和磁场中、暴露于极端温度(热冲击)下、太阳辐射、被真菌甚至动物攻击、强烈的振动和冲击,另外一个非常重要的考虑因素是外壳还应具有防止任何内部火焰向外蔓延的能力,并能够抵抗可能损坏设备的任何外部火灾。

金属外壳的物理特性能很好地满足如上的条件并起到防火外壳的功能。另一方面,非金属外壳容易使人对其外壳材料的可燃性、材料的着色剂、所使用材料的厚度和成型工艺的关注。所有这些因素可能会大大降低最终外壳的可燃性等级,从而降低其耐火性。

为了确定材料的正确可燃性,标准对成品(或整个外壳)的测试方法进行了规定。当无法进行此类测试时,可对标准样品进行更小规模的焰色试验,以便做出合理的工程判断。

制造商必须意识这些测试,并选择更适合其产品和预算的测试。另外,当必须评估小型元器件且无法将该小型元器件制成标准测试样品时,可执行 UL 1694 所述的"小型元器件可燃性测试"。

进行可燃性测试主要基于几种阻燃测试标准:UL 94、IEC 60695 和 VDE 0471 系列标准(见第 8.6 节)。客户根据标准要求选择要执行的测试。为了进行测试,有必要考虑不同类型的材料。对于不同类型的材料中的每一种材料,都可使用不同的类型和方法,包括原材料、有/无着色剂、不同的厚度、不同类型的燃烧测试、垂直或水平燃烧测试、针焰测试、热线点火测试、大电流电弧点火和灼热丝阻燃性测试。

除对用于电气设备外壳的非金属材料的可燃性进行评估外,还应对这些材料进行多项测试,以确定与电气设备内这些材料可能承受的高温相关材料的机械强度,如球压测试、热软化测试、模应力消除和热变形测试等,从而为机械设计人员提供每种应用的有用信息,其中温度可能会成为决定性因素,使符合要求的外壳能够安全运行,并在设备使用寿命期间对终端用户和相关财产进行保护。

必须为任何设备确定适当的外壳类型和外壳的最小厚度。应特别注意根据设计和最终成型过程中出现的最小使用厚度来选择材料的可燃性。

每项产品标准都提供了有关在每种应用中使用时材料应具有的最低阻燃等级的详细信息。例如,根据 IEC 60950 - 1:2005 中的要求,在防火外壳内使用时,电线绝缘的阻燃要求如下:

- 根据 IEC 60695 - 11 - 10 进行测试时,最小燃烧速率为 V - 2。
- 采用 PVC、TFE、PTFE、FEP、聚氯丁烯或聚酰亚胺进行绝缘。

应注意,由于老化效应,非金属材料可能会由于长时间内部温度的影响而受损害,因此其可燃性等级可能会随时间而降低。考虑到这一点,设计团队应为外壳/外壳部件选择比产品标准中规定的阻燃等级更高的阻燃等级。如此,设计出的产品才能有效防止可能发生的老化问题,总而言之,产品的安全性能高低与投资的多少成正比。

最后,设计人员除了应考虑材料的可燃性外,还应考虑与之相关的其他材料特性,如耐燃性、机械、物理、电阻与温度指数、软化温度和老化信息。这些考虑将取决于材料的功能(如外壳或绝缘层)是否与危险电压直接或间接接触,或者是否将非金属材料用作内部支撑物。

所有这些考虑因素将使设计人员更好地了解材料的性能,具体取决于设备的使用方式(如有人值守的设备、便携式、间歇性、重型、家用或商用设备)。

为了提高对外壳成型过程中使用的模具材料的合格率,寻找到合格的模具开发显得尤为关键。通过与已实施从原材料采购到成品的生产控制措施的人员合作,将会提高采购商本身的技能水平同时提高相关的意识能力。

电路板

电路板是各种产品的基本组成部分。电路板用于先进微电子、电信、航空航天及军事、汽车、工业和医疗设备的制造商生产的设备,以及计算机和手表等。

电路板术语通常可表示部件本身或装有电子元器件的部件,这些部件指向电路板装组件或电子组件,且可包括连接器和其他与电路相关的元器件(图 11.3)。因此,可在各种等级上(如将电路板作为一部分,或者电路板制造和制造电路板的材料)对电子电路板装组件的可靠性进行评估。然后是电子电路板装组件,其中包括组装电路板的元器件、焊点、部件、接线、连接器、其他机械和热部件。

电路板由玻璃纤维垫组成,先用黏合剂浸渍,然后再与铜层层压。电路板为铜层提供平台,蚀刻铜层以形成电路和 PCB。然后将电子元器件、继电器和连接器焊接到电路板上,这些部件之间的电气连接中的铜迹形成工作电路板。

电路板设计可改变,且可由单层电路板或多层电路板组成。在多层电路板中,可在电路板的两侧及电路板内部找到层,通常称为内层。通过 SMD(表面安装)或通孔方法对元器件进行安装。

图 11.3 装有电子元器件和连接器的电路板

因此,电路板是产品设计中的基本部分。因此,须从可靠性和安全性的角度考虑电路板和电子电路板装附件。

电路板和电路板元器件可能会发生故障,并导致产品变得不可靠或出现故障。电子电路板装组件的可靠性可能因不良的焊接、铜迹裂纹、连接性和元器件可靠性而受到损害。此外,电路板故障可能会导致热失效,且在特殊情况下会导致电路板烧焦。这种罕见现象称为传播电路板故障[1-2]。

电路板故障

电路板故障通常表现为电路板板卡烧焦或电路板上有的区域性的烧焦状态。烧焦的原因通常很难理解,因为大多数电路板的额定值为 UL-94V-0,且不支持燃烧。但这种失效模式非常独特且复杂,其温度足以熔化铜箔。

失效机制如下:电路板上的黏合剂由有机材料制成,当暴露于极端温度下时,会形成碳。碳是导电的且具有负电阻温度系数。因此,碳温度越高,电阻越低,这意味着可在碳化断层中耗散更多的功率。因此,当两个相邻的铜线或铜面带碳化有机材料之间的隔离、差压电位、低于临界间隙或间距,以及足够的功率被破坏并碳化时,碳电阻器温度将热失控并在故障区域导致电路板的热应力和烧焦。电路中的电能为热事件提供了"能量"。当额定值为 UL 94V-0 的电路板中的故障区域断电时,则传播电路板故障将停止。电源熔断器可能无法阻止此类失效机制。

导致电路板黏合剂碳化的初始局部加热事件可能源于电路板污染、电阻性接触加热、分立元器件的失效或任何其他热源。为了最小化电路板和电子电路板失效的风险,可使用标准和经验来指导电路板和电子电路板装附件的设计。

电路板和 PCB 板标准

IPC 标准是电路板和电子电路板元器件的常见标准。IPC 最初成立于 1957 年,名为美国印制电路板协会。如今 IPC 改名为国际电子工业联接协会。IPC 被 ANSI 认可为一家标准制定组织。

以下是相关的 IPC 标准:

- IPC - 2221《印制板通用设计标准》。
- IPC - 2223《柔性印制板分型设计分标准》。
- IPC - 2612《电子制图文件分要求(原理图和逻辑说明)》。
- IPC - 2615《印制板尺寸和公差》。
- IPC - 3406《表面贴装导电胶规范》。
- IPC - 3408《各向异性导电胶膜的一般要求》。
- IPC - 4101《印刷板用层压材料标准》。
- IPC - 4202《柔性印刷电路用柔性基底电介质》。
- IPC - 4203《黏合涂层介电薄膜,用作柔性印刷电路和柔性黏合剂黏合薄膜的盖板》。
- IPC - 4204《柔性金属包覆电介质,用于制造柔性印刷电路》。
- IPC - 4562《印制电路用金属箔》。
- IPC - 6011《印制板通用性能规范》。
- IPC - 6012《刚性印制板鉴定与性能规范》。
- IPC - 6013《柔性和刚性挠性印制板规范》。
- IPC - 6202 IPC/JPCA《单、双面挠性印制板的性能手册》。
- IPC - 7351B《表面贴装设计和焊盘图形标准通用要求》。
- IPC - A - 31《柔性原材料测试模式》。
- IPC - A - 600《印制板的可接受性》。
- IPC - A - 610《电子元器件的可接受性》。

- IPC - D - 325《印制板文件要求》。
- IPC - ET - 652《未组装印制板电测试要求和指南》。
- IPC - FA - 251《单面和双面柔性电路指南》。
- IPC - FC - 234《单面和双面印制电路压敏胶黏剂组装导则》。
- IPC - T - 50《术语及定义》。
- IPC - TF - 870《聚合物厚膜印制板的鉴定与性能》。
- PAS - 62123《单、双面挠性印制板的性能手册》。

这些标准可用于提供有关电路板材料和制造、电路板布局和设计及电路板装配的最佳实践指导。

11.6 联锁装置

联锁装置通常是适合作为设备一部分的装置,用于同步某些或所有动作,以预定的顺序与某些其他功能一起运行,以及根据预期设计协调所施加的动作。

例如,一种用于防止当另一机构处于某一位置时,将一个机构运行,从而使这两种机构同时运行可能会产生不良结果(如危险情况)。这种联锁装置通常在机器人行业内使用。

重点讨论安全联锁装置(防护锁开关)和作为机械安全装置的联锁。在产品安全标准中,联锁被描述为一种电气、机械、机电设备或系统,用于防止当门、盖、仪表板打开或卸下的触电或人身伤害(或过度辐射)。

某些产品标准缺少"安全联锁装置"一词。另一方面,有些标准要注意到此实际的安全功能,如 UL 923 标准。本标准还强调了一级联锁装置(如门联锁装置在微波辐射发射超过标准规定的水平之前,打开门时使微波发生器断电)和二级联锁装置(如门联锁装置,其操作旨在防止门打开时微波辐射的发射超过适用标准中指定的水平)。

我们还发现 IT 设备的 IEC 60950 标准中对安全联锁装置有一个简短而明确的定义,即"一种在危险消除之前阻止进入危险区域的手段,或者在进入危险区域后自动消除风险的手段。"

根据以上定义,我们可得出结论:安全联锁装置将执行安全功能。当操作员执行不当操作时,安全联锁装置可使设备(或系统)达到安全状态,或者将设备(或系统)调整为安全状态。

在电气设备安全的情况下,必须通过联锁装置来防止用户进行不安全操作,或者通过在发生不安全操作时将设备设置在安全状态来最大程度地减少不安全操作的危险。安全联锁装置可具有其他或组合的功能,以减少操作员甚至设备可能遭受的危险。

联锁应执行以下任一操作:

- 通过断开电源。
- 停止运动部件。
- 通过消息或信号告知用户可能发生比可接受的温度/辐射水平高的风险,并指示应考虑的措施。此类消息可能会显示为"不要直视光束""等到部件冷却下来""不要靠近设备的某些部件"等。

根据第 12 章的规定,在这种情况下,在设备上粘贴警告标签是安全设计的一部分。这些标签将起到安全联锁装置的作用。此类标签应粘贴在盖子、门和其他部件上,这些标签在拆除后会产生危险。产品安全标准要求在工业设备和消费品中设置联锁装置。

包含联锁装置的消费品示例如下:

- 移除食品加工机上的防护装置可阻止电机和刀片的运行,从而消除刀片旋转伤害的机会。
- 拆下强制风炉上的过滤器检修门可防止鼓风机电机的运转及与鼓风机叶片的接触。
- 在滚筒旋转过程中打开烘干机的门时,烘干机会停止运行。
- 拆下激光罩时,光源会自动关闭。
- 现代联锁机构可采用简单的开关或复杂的传感器和执行器的形式。各种安全标准针对工业设备上的联锁防护和联锁控制进行了规定。机械代表着设计和制造时要考虑联锁装置的很大一部分设备。

《英国机械安全操作规范》(PD 5304)对联锁和联锁装置的失效模式需求进行了规定。

而且,一些标准的作者甚至讨论和施加联锁监控器。电气、机械和机电系统,如指定的联锁未履行其预期功能,则这些系统将使设备无法产生能量。

美国国家安全委员会出版物《保护图解概念》中使用术语"联锁"一词

作为其建议的三个类别之一。《保护图解概念》提供了工业设备或装置上联锁功能的示例,其中一些联锁功能在规范或产品标准中甚至都未作规定。《保护图解概念》还提供了联锁防护装置的优缺点列表。

在设备中设计并包括联锁装置时,设计人员和制造商应在判断和应用工程原理时考虑以下因素:最佳保护、设备的人类工效学(包括可及性、可靠性)和不发生故障的能力。

OSHA 出版物《机器保护的概念和技术》(OSHA3067)列出了在固定防护装置后,防护装置四个选项中的第二个就是联锁装置。OSHA 标准特别要求,在操作时,"防护装置应符合任何适当的标准,因此,在没有适用的特定标准的情况下,联锁装置的设计和结构应防止操作员身体的任何部位在操作过程中处于危险区域。"

许多机器不须按照 OSHA 法规配备联锁装置,但其他自愿性标准或实践可能需要配备联锁。具有自愿性联锁系统或强制性联锁设备的决定在很大程度上依赖于精心设计的、高可靠性的配置,以及旨在投放市场的机械和电气设备备有充分文献证明的技术结构文件。

值得注意的是,有些出版物将联锁装置包括在一类装置中,这类装置也可能"……增加受保护系统的危险"。尽管有负面影响,安全联锁装置仍然是电气设备非常重要的安全措施。

11.7 运动部件

电气设备内的主要机械危险是危险的运动部件,这些可能造成伤害的运动部件,必须对其进行封闭或防护,以减少或消除有意或无意与接触设备的人员受伤风险。在操作员进入区域,应通过适当的结构,以减少接触危险运动部件的可能性,或者将运动部件放置在专用的单独外壳中,并将其安装在具有机械或电气安全联锁装置(该安全联锁装置用于消除进入该区域时的危险)的外壳中进行保护。

应特别考虑运动的风扇叶片。根据产品标准,应首先根据运动风扇叶片造成伤害的可能性进行评估。有必要确定运动风扇叶片造成受伤的概率。IEC 60950 系列中的 IT 设备标准提供了清晰、简单的运动风扇叶片造成受伤的可能性的计算方法。

如由于设备的功能而无法保护危险运动部件（即运动部件直接参与正常操作），且危险对于操作员是显而易见的，则应将以下内容贴在显眼位置，从受伤风险最大的位置容易看到和接近：

警告！

危险运动部件

手指和其他身体部位远离危险运动部件！

此外，用户指南、操作员手册及安装说明应提供有关危险及其预防方法的详细说明。

11.8　与电磁兼容性相关的结构

为了满足电磁兼容性标准的要求，须考虑的结构方面涉及金属外壳、接线、PCB 布局、接地和屏蔽及射频干扰抑制元器件的使用。与这些相关的以下方面在设计阶段中占有重要地位：

- 外壳中的密封圈和金属部件容差。
- 通风口的尺寸和形状。
- 关键元器件位置。
- 金属材料。
- 底盘金属部分的连接。
- I/O 连接器。
- 电缆和电源线束。
- 盖子、门、面板。
- 配电。
- PCB 设计。

有关上述问题的一些结构上的"经验法则"如下：

- 电缆应缩短至必要的长度，并以规定的方式布线，以最大程度地减小电感和回路面积。
- 在无法避免电缆交叉的地方，应使用 90°交叉以便最大程度地去耦。
- 切勿交叉滤波器的输入和输出连接。
- 如将不同电缆的电缆回路布置得彼此过于靠近，则会发生感应耦合。

- 在低谐波水平的前提下,谐波电流额定值不足,则会导致本地供配电变压器过热。
- 功率因数校正电容也会过热,这是因为它们在较高频率下的阻抗较低而导致故障,从而产生高次谐波电流。
- 会引起负载的频繁变化的配备计时器和恒温器的设备(如激光打印机、加热器和空调)也会引起电压变化和波动。
- 屏蔽外壳应进行简单接地,并由金属或其他导电材料制成。
- 为了在外壳中的密封接口处实现高吸收损耗,从而有效地密封和屏蔽接头,须使用低阻抗材料。
- 屏蔽外壳应使用导电涂料和导电垫片(出于 IP 防水等级原因使用橡胶)。
- 当屏蔽外壳中存在通风孔(注意,任何开口均充当天线)时,应考虑通风孔的大小与要衰减的干扰波长之间的关系。
- 导线管、金属膜、编织线、双编织线或两个单独的屏蔽层可用于电缆屏蔽。
- 电缆屏蔽层的最佳效果是在屏蔽层的两端进行 360°接地连接。
- 应减少易受影响路径与高发射路径之间的耦合,以及与外部辐射场的耦合。
- 每个电路应具有独立的接地连接,以避免产生不同的电位。如使用多个系统接地点,则建议在这些接地点之间使用低电阻连接。因此,普通连接比点对点连接更有效。与圆形实心电线相比,扁平编织电缆应更可取。
- 对于低频,在一侧进行接地就足够了,且应在发射器侧进行接地,而接收器侧则应悬空。
- 对于高频,应使用具有已知特性阻抗的电缆并将其两端接地。此外,沿信号路径的几个点接地可能很有用。
- 对于具有低频信号和高频信号的电路,使用三轴电缆将是最佳解决方案。
- 使用 PCB 滤波器时,必须提供与保护接地端子的低阻抗连接,以最大程度地减少来自电源入口连接的噪声辐射电压。

- 电磁干扰滤波器应安装在尽可能靠近须保护的区域,以防止干扰信号进入。滤波器和主电路之间的连接应尽可能短。
- 滤波器应安装在产品外壳的表面无油漆的地方。
- 用于衰减由相角控制设备产生的差模或对称干扰的扼流圈必须尽可能紧密地连接至半导体开关设备(晶闸管或三极管)。
- 在 SMPS 中,为了减小输出电压的波动,可添加一个电容与负载并联。
- PCB 应为四层板,其顶层和底层都有信号走线,中间两层应是接地层和电源层。
- PCB 上的所有元器件都应置于功能组(模拟、数字、接口电路和电源组)中。
- 所有接地连接都必须直接与接地层相连,以防止接地回路。
- PCB 上的接地线应呈星形排列,公共原点位于电源入口点。
- 所有导电走线应分开,以确保它们之间至少有 1 mm 的接地空间。
- 应避免槽孔和瓶颈,通过简单地以锯齿形布置导电走线就可避免槽孔。
- PCB 的长/宽比必须小于 5,以最小化接地层的电感。
- 必须使用小于 45° 的角度以防止信号反射。当使用 90° 或更大的角度时,高频信号会通过走线反射回去。
- 为减少寄生电感,最佳走线宽度为 0.495 mm 或 20 mils(1 mil=1 thou=0.001 英寸;不要与 mm 混淆!)。
- 具有高开关电流的走线也应与其他并行信号走线保持至少 3 mm 的距离。
- 设备去耦电容必须放置在非常靠近 VCC 和 GND 引脚的位置(最好小于 1 mm)。
- 大容量电容必须与具有较低有效串联电感的较小电容去耦。
- 每个电源引脚上都应使用高频、低电感陶瓷去耦电容。
- 低频(15 MHz 以下)应使用 0.1 uF 的去耦电容,而高频(15 MHz 以上)应使用 0.01 uF 的去耦电容。
- 发射(传导和辐射)标准要求至少要满足 3~4 dB(制造不确定性的余量)。

- 时钟信号应远离输入或输出(I/O)电路,以最大程度地减少耦合。
- 时钟信号的带宽应尽可能通过过滤元器件进行限制。
- 与时钟信号输出串联的电阻可用于减少峰值开关电流并限制过冲的趋势。
- 与时钟信号输出串联的电感可用于在高频下提供高衰减。自谐振电感将使特定频率下的衰减最大化。
- 使快速逻辑远离连接器(即在 PCB 的中心),以减少交叉耦合并最大程度降低接地噪声的影响。

11.9　受压部件

正常使用中的承压部件经常出现在电气设备(如机械、医疗和家用设备)中。考虑的系统类型包括气压系统、液压系统、蒸汽压力系统及其组合。这些系统可能包括也可能不包括压力容器。《牛津词典》将压力容器定义为"设计用于在高压下容器"。

当发生以下失效时,此类设备中包含的气动部件和液压部件应保持如下安全:

- 压力损失或真空损失。
- 由泄漏或元器件故障引起的流体喷射。

为了安全起见,须考虑产品标准中针对此类部件的以下要求[3]:

- 当压力大于 $50\,kPa(1\,Pa = 1\,N/m^2)$ 且能量极限(压力×体积)超过 $200\,kPa \cdot L$ 时,部件应承受液压测试压力。
- 用于有毒、易燃或其他危险物质的压力容器不允许出现泄漏。
- 在所有条件下部件可承受的最大压力不应超过制造商指定的部件最大允许工作压力。
- 应保护管道和软管免受有害的外部影响。
- 在将设备从电源断开后仍可承受压力的元器件应配备清晰标识的排气装置和警告标签,以提醒注意在进行任何安装或维护之前对这些元器件进行减压的必要性。
- 在每个压力输入连接器附近应设置一个标志,用于指定外部压力源的最大供应压力和流量。

- 在最大允许工作压力和爆破压力[部件承受永久(塑性)变形或泄漏的压力]之间应有适当的安全系数。压力部件的行业标准建议安全系数为 3×,4×,有时甚至是 5×(ISO、ASME、SAE)。
- 设备应装有超压保护装置,以防出现超压。

> 注:超压安全装置在正常使用中不应运行。

此外,此元器件应符合 ISO 4126 和以下要求:
- 尽可能靠近要保护的部分连接。
- 具有足够的放电能力。
- 便于检查、维护和修理。
- 在不使用工具的情况下无法进行调整。
- 发射口不朝向任何人。
- 避免超压安全装置和要保护的部件之间存在关闭阀。
- 除一次性使用的设备外,最小运行周期数应为 100 000。

11.10 服务性

在电气设备的设计、制造和使用过程中,须考虑产品的可用性。这是对产品维护(预防性维护)和维修(纠正性维护)在提供特定服务(预期用途)时的难易程度的表达。

预防性维护(PM)包括为替换、维修、升级或修补系统而采取的所有措施,以保持其运行或可用状态并防止系统故障。平均预防性维护时间(MPMT)是通常用于量化执行 PM 的方法。

纠正性维护(CM)包括为修复故障系统并使系统恢复为运行或可用状态而采取的所有措施。故障可能是意外的或预期的,但通常是意料之外的。平均修复时间(MTTR)是用于量化 CM 的方法。

电气设备会随着时间和使用频繁而老化,如电气设备仍在初始设计范围内,则终端用户必须对测试设备进行定期检查和测试。

不仅要维护设备的正确功能,而且要确保在设备使用期间不会在现场出现与安全相关的危险,预防比修复重大故障更容易。

正确的服务性程序将加快产品的服务速度并减少产品的停用时间。

为了建立这样一个程序,制造商需要客户进行反馈。客户反馈信息将决定为使设备功能保持在原始参数范围内而应执行的操作列表。缺乏客户对现场产品性能的反馈可能会对设备服务产生严重的负面影响。服务性的几个关键要素如下:

- 设备应配备备用电源,包括电池、UPS 和发电机,以便在商业电源中断期间保持系统正常运行。
- 须经常更换或定期维护的部件应易于取用。
- 对于安全关键元器件,制造商应在产品的初始批准中包括备用元器件,在现场发生故障的安全关键元器件可由经接受的元器件进行替换,但仅作为等效元器件是不够的。
- 应实现远程电子诊断功能,以验证和更新产品的功能。

从电气设备的可用性角度来看,在设计和制造阶段应考虑以下几个方面:

- 当 PCB 尺寸需要时,应采用机械支承,以防止板弯曲。
- 应根据公司惯例和可用的外壳对 PCB 尺寸进行标准化。
- PCB 应为矩形,且无任何角度和开口等。如设计不允许这样做,则应提供可在装配后取下的分离部分。
- 建议在 PCB 上定位相似的元器件,以使公共引脚或极性位于同一方向。
- 元器件应放置在适当的位置,以便可在不拆卸其他元器件和电线的情况下通过常规维修进行更换。
- 必须为插入设备(如模具、测试夹具、自动测试设备和工具)提供制造、测试和维修所需的足够间隙。
- 建议所有元器件和跳线仅在电路板的一侧设置。
- 若将多个电路板堆叠在正常安装位置,则应注意各个电路板的服务性、元器件间隙及可能受相邻电路影响的电路。
- 安装在电路板上的控件应有清晰标识的。为避免人类工效学危害,电路板上的识别信息应朝向正常的服务位置或根据终端用户在操作或使用设备时的可读位置方向读取。
- 所有黑色金属部件都应通过电镀、喷漆或类似方法进行腐蚀防护。

在产品使用过程中,证明了制造商制定的服务性计划的有效性。制造商须向终端用户提供相关信息和说明,以便在正常使用期间对产品状态进行估计。此类信息和说明应主要涉及定期的目击检查。

　　进行目击检查时,终端用户不必是专家,但须知道要寻找的内容,且必须具有足够的知识来避免对自己和他人造成危险。简单的培训可为终端用户(或职员)掌握一些基本知识,以使他们能够胜任地进行目击检查。

　　通常,安装说明和用户手册可包括终端用户或提供维护和维修的服务人员应定期进行检查的检查表。

　　建议使用以下检查表进行简单的定期验证(目击检查):

- 电气设备是否按照制造商的说明使用?
- 设备是否适合此工作?
- 正常使用条件是否有变化?
- 用户是否报告过任何与安全相关的问题?
- 接地和连接、电源线(盖子和弯曲的引脚)、外壳和电源插座的完整性是否得到维护?
- 互连电缆和连接器的状况如何?
- 是否在可导致触电或过热危险现象的可进入区域保持适当的识别标签和注意事项?
- 是否有过热迹象(如插头、引线或设备上的灼伤或污渍)、磨损、损坏或其他机械劣化(设备本身的外盖,包括松动的部件或螺钉)?
- 是否已验证开关和指示灯的正确功能?
- 是否发现电线被卡在家具下方或地板盒中?

上述清单不能代替制造商建议的定期维护活动。

参 考 文 献

[1] Slee, D., et al., "Introduction to Printed Circuit Board Failures," *IEEE Symposium on Product Compliance Engineering*, Toronto, CA, 2009.

[2] Swart J., et al., "Case Studies of Electrical Component Failures," *Failures 2006*, South Africa, 2006.

[3] IEC 60601-1, "Medical Electrical Equipment — Part 1: General Requirements for Safety and Essential Performance," Geneva, 2005 and 2012.

拓 展 阅 读

Bolintineanu, C., and S. Loznen, *Product Safety and Third Party Certification*, *The Electronic Packaging Handbook*, edited by G. R. Blackwell, Boca Raton, FL: CRC Press, 2000.

ECMA‐287, European Association for Standardizing Information and Communication Systems, "Safety of Electronic Equipment," Geneva, 2002.

Harris, K., and C. Bolintineanu, "Electrical Safety Design Practices Guide," *Tyco Safety Products Canada Ltd*, Rev 12, March 14,2016.

Hasan, R., et al., "Integrating Safety into the Design Process: Elements and Concepts Relative to the Working Situation," *Safety Science 41*, 2003, pp. 155 – 179.

IEC 60529＋A1＋A2, "Degrees of Protection Provided by Enclosures (IP Code)," Geneva, (1989 – 2013).

IEC 60950‐1＋AMD1＋AMD2, "Information Technology Equipment — Safety — Part 1: General Requirements," Geneva, 2005 – 2013.

IEC/TR 62296: 2003, "Considerations of Unaddressed Safety Aspects in the Second Edition of IEC 60601‐1 and Proposals for New Requirements," Geneva 2003.

Lamothe, M., "Safety Approvals: Selecting the Right Components for IT Equipment," Lamothe Approvals Inc, Georgetown, Canada, 2002.

Underwriters Laboratories Inc., "*PAG 60950‐1*," 2008, Northbrook, IL.

12

标志、指示灯和随附文件

12.1 标志/安全标签/外部标

标志/安全标签代表在电气设备上提供的或与电气设备相关的信息，以识别该电气设备与产品安全相关的所有特性。电气设备应标有识别该设备的标记，以确保该设备适用于预期用途。贴在设备上的标志标签的内容在适用的标准中规定。有时必须使用多个标准，以确保标志完全符合要求。标志中使用的符号应符合相应专用标准中存在的符号（如 ISO 7000、ISO 7010、ISO 3864、ISO 15223、IEC 60417 和 IEC/TR 60878）。用于标记的符号应在安装/用户手册中找到并说明。

通常，粘贴在设备上的或安装/用户说明手册中的标志标签包括以下主要信息，标签结构示例如图 12.1 所示。

- 制造商名称、商标或其他认可的标识符号（带联系方式，如地址或互联网址）。
- 设备的目录、部件编号、序列号、类型、设备规格、保护程度及能效等级。
- 电源类型（交流、直流或两者皆有），并有相应标记的出线端电压和电流。
- 额定值，包括适用的特性，如电压、电流消耗或功率消耗、频率、相数、额定负载和环境条件。

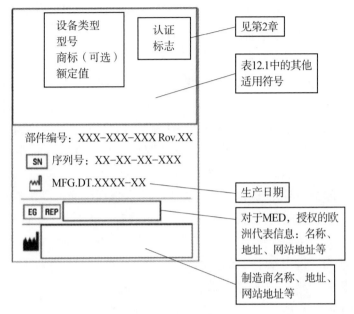

图 12.1　标签结构

> **注:** 关于电流消耗(功率消耗),重要的是要知道,设备的额定标记应考虑所连接断路器的最大载流量能力。建议连续负载的额定值不应超过支路载流量的 80%(如打算连接至 15 A 支路电路的插头式负载的额定电流不得超过 12 A)。

- 认证信息,如认证标记志/列表标记(如 SGS、CSA、UL、cULus、ETL、TUV、VDE、SEMKO 和 CCC)、检验标签和自我声明标记(如 CE 标记和 FCC)等。
- 为确保安全、正确地安装、操作和维护设备可能需要的其他标记,如过电流保护装置的短路中断能力、图表编号、输入电压调整、操作方式、冷却条件、随附文件的引用、处理建议和辐射类型。

(1) 医疗设备(MED)上标记应用部件的类型(B、BF、CF、除颤防护)、生理效应(符号和声明)、电位均衡端子(如有)、机械稳定性(在稳定性有限的设备情况下),以及欧盟授权代表的联系方式。

(2) 涉及激光辐射危害的音频/视频设备必须确保在其上粘贴符合

激光产品安全标准的适当标志。

（3）带可触及热表面的设备应作相应标记。

（4）与保险丝相关的标志应位于每个保险丝座上或附近，或者位于其他位置，只要该位置明显适用于贴上标志的保险丝座，且必须包含以下信息：保险丝额定电流、保险丝额定电压（其中可安装不同额定电压值的保险丝）、特殊熔断特性（符号表示用于熔断器认证的相关标准中给出的相对预放电时间/电流特性）。对于位于操作员区域内的熔断器，应采取进一步措施，以确保对随附文件进行明确的参考。

（5）除1类激光外，包括激光源的产品应根据激光产品的标准（IEC 60825 系列标准）贴上标签。这些标签应贴在每个连接处、每个面板或防护罩及防护罩的每个检修门上，当拆除或更换这些标签时，人体可接触到超过1类可达发射水平（AEL）的激光辐射。

- 警告标签，用于向用户提供补充信息，设计用于提供或补充设备的某些安全功能。警告标签主要用于在终端用户不清楚危险情况下无法使用保护措施的情况。警告标签是保护用户免受设备运行期间可能出现危险的冗余手段。注意，并非所有监管机构都接受将警告作为风险控制手段（表 12.1）。

表 12.1   标签上使用的符号样本[2]

符　　号	说　　明
	环境条件：湿度、大气压力、温度
	MED——B、BF、CF 型应用部件（与应用部件相邻）
	见使用手册/MED 手册
	操作说明

（续表）

符　号	说　明
	请勿重复使用
IPN₁N₂	IP 分类
	《欧盟关于报废电子电气设备指令》要求的符号
	静电放电灵敏度（与连接器相邻）
	非电离辐射
	Ⅱ类设备
	警告

　　允许在附加标签上贴上附加标记，但前提是附加标记不会引起任何误解。在安装和操作设备时，标记应经久耐用、易读、不可擦除，且对用户清晰可见。在考虑标记的耐久性时，应考虑正常使用的影响和设备的使用寿命（如应考虑诸如腐蚀剂和环境条件之类的因素）。标记文字可以是墨印、丝印或涂漆的。若使用贴纸，则贴纸应适合其暴露的温度和湿度及所使用的表面。产品安全标准通常要求进行耐久性标记测试。在进行耐久性标记测试之后，标记应清晰易读，且粘贴标签不应松动或在边缘处卷曲[1]。关于警告标签，符号颜色非常重要，应予以重视。

　　设备通过认证/列名后，评估设备的测试实验室将批准标志标签的完整内容，包括所有必需的注意事项和警告。标志不得粘贴在任何可更换的可移动部件上。每个特定产品的安全标准对设备上必须出现的与设备的具体指定相关的不同警告标签提出了特定要求。警告标记应粘贴在设备附近的地方,如设备上没有足够的空间,则可在操作员/用户手册(如危险电压、可更换电池、保险丝、运动部件和辐射危险)中加入警告标记。除在手持设备或空间有限的情况外,不应将标记粘贴在设备底部。

12.2 内部标志

服务人员甚至终端用户在不使用工具的情况下获得的访问权限范围内可触及的内部标记,应清晰、经久耐用且适当放置。通常,对于这类标志,不进行标志的耐久性测试。由于内部标志包含在外壳内,一般不涉及终端用户的安全问题。

通常,内部标志应包括以下信息:

- 设备内所有可通过工具触及的保险丝均应通过类型和额定值来标识,或者使用与标识处的随附文件相关的数字来标识。
- 当指定用于加热灯的加热器或灯座位于设备内时,应在加热器/灯座附近标出每个元器件的最大负载功率。
- 存在高压(危险电压)时,应使用危险电压 ⚡ 符号进行标记。
- 应提供蓄电池(如在设备内使用)的类型和正确插入的更换方式。
- 保护性接地端子和功能接地端子应使用适当的符号进行标记。此要求适用于使用器具输入插座的设备。永久连接的设备内提供的仅用于连接中性电源导体的端子应标有相应的符号(图12.2)。

图 12.2　中线连接端子的符号

● 除非没有安全措施,否则应在接线端子附近标记正确的连接方法。

> **注:** 对于永久连接的设备,在最高温度测试期间,如接线端子或设备内连接导体的任何点达到高温(如超过 75 ℃)时,则应在该连接区域内对设备进行标记,说明必须使用适合该温度的接线材料。应仔细考虑设备的工作温度范围的上限。

● 根据可触及性,带运动部件的设备可能会在易产生危险情况的区域附近粘贴警告标记,以便对服务人员进行保护。

12.3 控件和仪器的标记

控制设备、可视指示器和显示器(尤其是与安全功能相关的控制装置)应清晰标记其功能,并应使用适当的符号进行标识。所有控制设备和元器件的标识应与技术文件(安装/用户手册)中的标识相同。所有具有安全功能的控件和指示器(如存在危险电压、辐射等级高及警报)都应明确进行标识。

对于预期在安装过程中或在正常使用中进行调节的控件,应提供调节方向指示,以增加或减小被调节特性的值。用户应能够毫不费力地观察到如何进行调节。须考虑以下内容[3]:应使用"O"和"I"符号或产品标准中指定的其他可接受标志,通过在开和关位置进行适当的标记来清楚地标识电源开关(电源断开方式);这两个状态应在开关附件使用符号、指示灯或其他明确的装置进行指示。

> **注:** 对于每台设备,随附文件应详细说明电源断开方式,以及在设备具有多个电源或蓄电池的情况下如何完全切断电源。

对于所有在正常使用期间进行调节且具有开关或其他调节方式(模拟或数字)的设备,设备上可用开关的调节和不同位置应使用符合产品标准的图标和符号,如数字、字母或其他任何视觉方法表示。

对于在正常使用中,任何设置更改都可能产生危险,其控件和指示器应配备可靠的指示装置(如仪器)和其调节功能幅度改变方向的指示。所有随附文件中应提供解释性文字和附图。

12.4　指示灯颜色

人类对红色的感知是，红色表示警告或危险，因此，红色不仅在电气设备内使用，而且用于表示危险和需要采取紧急措施的警告。紧急关闭开关和急停按钮应为红色，以使其可见，同时应按人类工效学角度进行安装，便于紧急情况下快速接触触发响应。

电气设备安全标准推荐采用以下指示灯颜色[3]：

- 红色，表示危险或紧急动作的警告。
- 黄色，表示须谨慎或注意。
- 绿色，动作准备就绪。

这些颜色具有以上特定的通用含义。其他任何颜色也具有不同的含义。

不带指示灯的按钮应遵循相同的颜色代码，所有这些按钮均应在随附文件中进行详细说明。

12.5　用户手册和安装说明

对于每台供应设备，制造商应负责提供关于设备运输、存放、安装、操作和维护的必要信息。随附文件应视为供应设备的组成部分。

所需信息应以说明、示意图、图表和表格的形式提供。文件应采用终端用户可接受的语言或终端用户和供应商可接受的语言。当设备设计由服务人员进行安装时，通常可接受采用英语书写的文件。

由于设备的功能或性能存在一些潜在安全隐患，一些设备只能由经过适当培训并能够安装/操作这些设备的人员（维修人员）进行安装。用户手册中应提及有关安装先决条件的信息。设备制造商、供应商（代表）或推荐的外部组织可通过以下特定信息来提供所需的培训：

- 熟悉设备的安装和操作程序。
- 正确使用控制程序和联锁装置等功能的说明。
- 个人防护的基本要求，识别潜在危险。

- 事故报告程序和急救措施。

对于每台设备，根据设备的类型，适用标准可能会要求提供详细信息，如对于激光设备，说明书必须详细解释警告，且必须说明以下信息：避免可能暴露于有害激光辐射所需的预防措施、脉冲持续时间和每个激光产品的最大输出、激光孔位置、最大允许曝光量、通风条件、相关国家法规及安全等级。

对于医疗电气设备，说明书应(向操作员和患者)提供明确的指导和有关在使用设备时可能遇到危险的适当注意事项。

12.5.1　用户手册：操作说明

设备的复杂性决定了用户手册的特征。使用说明书(IFU)应包括设备设计和预期用途在其规范范围内进行操作所需的所有信息。使用说明书应详细说明由用户负责的安装和设备操作的正确程序。必须提供以下所有必要的详细信息[2-4]：

- 明确说明设备的预期用途。
- 有关在正常使用设备期间可能发生危险的相关安全指南。
- 可拆卸元器件和部件的识别及建议与设备一起使用的附件清单。
- 以年、月、日为表示的任何耗材过期日期。
- 交付给用户后的运输说明。
- 与电源的连接。
- 通风要求。
- 特殊服务(即空气和冷却液)要求，包括压力限值。
- 控件和显示器的功能的标识和说明。
- 所有输入和输出连接的描述。
- 与附件和其他设备互连的说明。
- 构成系统所有部件的正确连接及所有控件的位置和功能的图示说明。
- 间歇操作的极限规范(如适用)。
- 有关设备上标记的所有符号和警告的说明。
- 设备的逐步操作。
- 耗材的更换说明。

- 对于使用蓄电池的设备,有关特定的蓄电池类型的说明。
- 使用和维护可充电(二次)电池、保护装置及推荐的充电方式的说明。
- 有关清洁和推荐清洁剂的详细信息。
- 废物处理说明。
- 操作员在发生故障时应采取任何措施的说明。
- 关于若以非制造商指定的方式使用设备,则可能会损坏设备的声明。
- 要求仅由制造商或其代理商(如适用)进行检查或提供任何部件的规范。
- 对用户的预防性检查和维护(包括维护频率)的建议。
- 设备和附件的定期测试说明(如适用)。
- 允许用户检查警报的正确功能和设备操作安全的测试指南。
- 用户可毫无疑问地遵循的使用清晰算法及对设备进行编程的方法。
- 运输和存放说明。
- 应采取有关的用于防止在运输过程中,长期或短期存放条件下可能遭受危险的适当预防措施的说明。
- 如须帮助时,终端用户可参考的地址/联系方式。

> **注**:建议制造商在每本操作/用户手册中都包含经典声明"阅读并保存这些说明。遵守用户手册和设备所有的警告和说明。"该声明不仅表示责任,还表示对使用该设备用户的关心和尊重。

须特别注意作为用户手册一部分的技术规范。技术规范应包含以下内容[2-4]:

- 电气额定值(电压、频率、电流或功率)。
- 功能参数(特征)。
- 接口(如电缆和 WiFi 等互连)。
- 物理特性(重量、尺寸和颜色)。
- 附件。
- 工作环境(温度范围、湿度范围和海拔范围)。
- 储存环境(温度范围和湿度范围)。

- 产品应符合的标准（包括测试机构的报告号、报告日期和名称）。

12.5.2 安装说明

安装说明可能会向用户手册提供冗余的信息。安装说明应提供以下信息：

- 设备的正常运行条件（如正常位置和固定方式）。
- 安装方法、位置和安装要求（间距）。
- 应仅对安装在非危险场所（普通场所）的可能会产生过热或火花危险的设备上的清晰警告（强烈建议不要将任何不符合危险场所适用要求的电气设备安装在危险场所）。
- 电源要求和电源连接方法（电源调整、保护接地要求，以及永久连接设备的任何外部开关或断路器，以及外部过电流保护装置的要求及开关或断路器设置在设备附近的建议）。
- 物理环境信息（如工作温度、湿度、振动、噪声和位置类型）。

安装程序的使用说明应包括以下内容：

- 方框图、电路图和原理图。
- 编程指令。
- 操作顺序。
- 关键元器件列表。
- 有关可拆卸零件和附件的连接和断开，以及运行期间所消耗材料更换的具体说明。
- 如取下了机盖且影响遭受可能的危险（如运动部件、危险电压或过度辐射）的安全预防性说明。
- 更换保险丝和其他部件的说明。
- 警告声明和警告符号的说明（在设备上或设备内进行标记）。

注：方框图必须显示电气设备及其带符号（如波形和测试打印）的功能特性，而不必显示所有互连。必须以便于理解其功能，以及维护和故障位置的方式来显示电路。与控制装置和元器件功能相关的特性（从其符号显示中无法明显看出）必须包括在相邻的图中，由脚注或某些等效符号进行标识。

12.6 安全说明、注意事项和警告

安全说明应涵盖从设备储存、拆箱、安装和操作的步骤。产品标准涵盖每台设备的几乎所有必要的安全说明。应提供安装过程中应遵守的所有注意事项[5]。制造商应了解将安全说明视为"注意事项"。安全说明的目的应视为具有教育意义,而不是使用户感到害怕而不敢使用电气设备。

建议以书面形式提供对安全说明的所有修订。制造商必须保留所有安全说明修订的准确记录,以确保每个终端用户都能收到更新的版本。建议尽可能将所有文件汇集一册,如不可行,建议公示总文件数量以便对应查阅。同时,终端用户应留意,用户手册或说明书的数量是否仅有单本出现。每份文件都应标上与属于该设备的所有其他文件的相互参考编号。安全说明应以书面形式提供。当安装手册以 CD 或 DVD 形式提供时,应将最低安全说明印在随附的封皮上。

制造商应确保其说明书传递以下信息:

- 储存说明应说明有关设备存放和操作环境、储存温度范围及可接受的最大相对湿度(如可能或不可能接受冷凝)。
- 设备安装的安全说明应提供接线说明,并在必要时参考当地的法规和规定及国家电气法规。
- 务必给保护性接地端子连接提供明确的连接方法。
- 必须包括有关与网电源的连接和断开方式的信息,以及与设备、网电源连接相关的正确位置方面的所有注意事项。
- 对于包含在金属外壳中且具有推击装置的设备,应提供一种安全去除推击装置的方法及在推击装置去除后保留所须防护等级的建议。
- 使用电池的设备应有详细的电池规格的说明。

应描述具体可预见的危险,并根据产品标准和工程判断为每台设备提供适当的警告和注意事项。如不遵守警告,则在存在危险的紧急情况下应使用警告。

以下是一些示例:

- 对于包含锂电池的设备,安装/用户手册中应至少包括以下警告/

说明:"本产品使用锂电池。锂电池处理不当可能导致发热、爆炸或起火,从而导致人身伤害。"

- 本警告应遵循:"如电池安装不当,将有爆炸的危险;只能使用制造商推荐的相同或等效类型的产品进行更换。"
- "远离小孩:如误吞,请立即就医。"
- "请勿尝试对电池进行充电。"
- "必须按照您所在地区的废物回收和再循环法规处理废旧电池。"

Ⅰ类设备的警告声明包括以下内容:

- "警告:为避免触电风险,必须仅将此设备连接至具有保护性接地的网电源。"
- 在保险丝座旁设置警告,"警告:为了持续预防火灾风险,应仅使用指定类型和额定电流的保险丝进行更换"。
- 如操作员可使用工具靠近在正常使用中危险的带电部件,则应设置警告标志,提示在靠近之前必须将设备与危险的电压断开。

警告提示应以大写的警告词"注意""警告"或"危险"开头。"危险"应用于表示最严重风险的产品功能。"警告"和"注意"应按照可预见风险的严重程度从高到低的顺序使用。所有警告标志的字母高度必须至少为 1.5 mm,信号词的字母应至少为 2.75 mm,且字母和背景材料之间应保持鲜明的对比。如用材料模压或压印,则文本高度应至少为 2.0 mm,如颜色没有对比,则文字的深度或凸起高度应至少为 0.5 mm。

参 考 文 献

[1] Bolintineanu, C., and S. Loznen, "Product Safety and Third Party Certification," *The Electronic Packaging Handbook*, edited by G. R. Blackwell, Boca Raton, FL: CRC Press, 2000.

[2] IEC 60601-1, "Medical Electrical Equipment — Part 1: General Requirements for Safety and Essential Performance," Geneva, 2005 and 2012.

[3] IEC 60073, "Basic and Safety Principles for Man-Machine Interface, Marking and Identification — Coding Principles for Indicators and Actuators," Geneva, 2002.

[4] IEC 60950-1 + AMD1 + AMD2, "Information Technology Equipment — Safety — Part 1: General requirements," Geneva, 2005-2013.

[5] UL 969, "Standard for Marking and Labeling Systems," Underwriters Laboratories, Inc., 2001.

拓 展 阅 读

Harris, K., and C. Bolintineanu, "Electrical Safety Design Practices Guide," Tyco Safety Products Canada, Ltd., Rev 12, March 14,2016.

Kirwan, B., "Safety Informing Design," *Safety Science 45* ,2007, pp. 155 – 197.

IEC 60417 – 1, "Graphical Symbols for Use on Equipment," Geneva, 2002.

IEC 60878, "Graphical Symbols for Electrical Equipment in Medical Practice," Geneva, 2003.

ISO 7000: 2004, "Graphical Symbols for Use on Equipment," Geneva, 2004.
© 2017.

人因工程与产品安全

13.1　概述

本章的主要目的是为人因工程问题和人机界面设计建议提供通用参考。人因工程和工效学原理已在危险性很高的工业领域应用了很多年，以最大程度地减少人为错误带来的风险，并确保这些行业旨在促进安全实践并利用预测来减轻人为错误的技术。因此，为了客户忠诚度和市场营销目的，许多公司在设计时都采用了人因工程和工效学原理。

13.2　操作员和服务人员

操作员定义为操作工业、研究或家用产品的人员。

操作员可以为以下人员之一：

- 在其工作范围内使用产品的专业人员。
- 在家里使用产品的个人或外行人士。
- 使用产品来弥补或减轻疾病、伤害或残疾影响的人员。

操作员也可以是安装、组装、清洁和移动产品的人员。一般情况下，术语"操作员"与术语"用户"相同，且两个术语可互换。

操作员应遵循制造商在用户手册中提供的使用信息、安装说明及安全说明，以了解安全操作产品、产品使用地点或环境所需的特殊技能和知识。操作员必须了解产品和设施的人因工程特征、敏感性或可能造成危险的潜在行为。

对于操作员而言,能够确定产品的功能状态是非常重要的。在正常使用中,操作员须能够区分备用产品和处于完全功能状态的产品。有些产品的预热时间或蓄电池充电过程偏长,这使得产品在错误状态下无人看管时,可能会导致危险情况发生。

操作员被认定为有能力使用产品,但不一定有能力避免在维修过程中可能发生的风险。因此,应由经验丰富的维修人员进行维修活动。操作员可能没有维修人员那样受过良好的安全培训或有丰富经验,因此,须采取额外的安全预防措施,以防止操作员意外接触危险区域。基于上述情况,在确定产品中哪些部件视为非危险的可触及部件之前,切勿拆除无须使用工具即可卸下的部件,如灯、保险丝和保险丝座。

需要引起特别注意的是,有些保险丝座是不需要借助工具就能打开盖子并更换内部的保险丝。如在拆下保险丝时,保险丝未脱出,则操作员可能会倾向于用手指抓住保险丝的末端来尝试将其取下。在另一种情况下,操作员会尝试将新的保险丝插入保险丝座,而不是先将其插入保险丝盖中。这两种情况都是可合理预见的错误操作。在评估哪些是可触及部件时应考虑到这一点。

对于允许操作员进行有限维护的产品,操作员将充当维护人员。术语"服务人员"是指亲自或通过代表参与并负责安装、组装、调整、维护或维修产品的个人、商行、企业或公司。合格的服务人员必须具有从事此类工作的经验,具备一切必要的预防措施,并遵守国家或地方管辖当局的所有要求。制造商可在技术说明中指定对服务人员的最低资质要求。但服务人员通常是指工程师或工程技术人员,应具有一定的能力且能够理解技术说明。因此,在某些情况下,服务人员的安全部分取决于他们的知识和培训背景,以便在接触产品的危险部件时采取适当的预防措施。

服务人员面临的剩余风险与将产品用于预期用途的人员相同。他们必须知道如何将产品与网电源隔离,并能够确定产品何时通电。特别是,服务人员将进行以下活动:

- 从主控制箱或产品的接线端子安装电线。
- 根据当地法规或规定,将永久安装的Ⅰ类产品进行接地。
- 制造商在随附文件中指定的应使用工具进行的元器件更换(即锂电池、加热元件或加热灯专用灯座及不可拆卸的电源线)。
- 更换保护装置及制造商指定的可更换或可拆部件。
- 在制造商规定的时间进行预防性检查和维护。
- 对制造商指定为维修人员可维修的产品部件修复。

13.3　人因工程

操作员的各种能力具有内在的局限性,从而影响任务性能,比如,为什么使用现代技术会发生人为错误,因为需求超出了人的能力范围而导致的人为错误。例如,光线的环境条件可能会影响操作者的视觉敏锐度;人员减少导致工作量增加,从而导致疲劳和压力上升;复杂设备的占地面积限制了工作空间;机构的成本控制导致更换供应商提供了不同类型设备,这可能会引起混乱。

减少人为错误的一种合理方法是实施人因工程(HFE)原则[1]。

人为因素工程,简称人因工程,是一门涉及人员、工具、技术和工作环境的交互系统时要考虑人类的优势和局限性,以确保安全性、有效性和易用性的学科。最重要的标准是对人和人的行为变化的理解。

人因工程师尽可能地在实际条件下对新系统和设备进行评估,以识别新技术的潜在问题和意想不到的后果。然后,人因工程师将根据特定的任务检查特定的活动,并评估实际需求、技能需求、心理工作负荷、团队动力、工作环境条件(如充足的照明、有限的噪声或其他干扰因素)以最佳方式完成任务。从本质上讲,人因工程专注于系统在实际工作中发挥作用,控制和尝试使系统更加安全,并将复杂环境中的错误风险降至最低。

人因工程的一个公理是指必须尽可能将设备和过程标准化,以提高可靠性,改善信息流并最大程度地减少交叉训练的需求。表13.1总结了主要人因工程技术的关键特征[1-2]。

表 13.1　主要人因工程技术的关键特征

人因工程技术	特征	适用于
观察(有时称为"人种志")	观察工作和使用产品的人	了解人在实践中的实际行为
半结构化采访	采访人们关于工作、技术经验及对未来技术的要求	收集人们的看法和经验
焦点小组	小组采访,通常是在背景相似的人之间进行,涉及感兴趣的工作或产品	收集看法和经验,通常比采访更广但深度更小
环境调查	结合观察和采访以了解工作和产品使用	基于信息流获得有关设计的见解,如何在工作中使用当前工件
使用现有资源	使用现有资源(如事件报告和学术文献)作为数据来了解需求和实践	根据现有信息加深了解
问卷/调查	一组待回答的问题,最常见的是在选项之间进行选择,也可为自由输入形式	用于收集多数人的认识和态度
失效模式与影响分析	分析团队对包括人为错误在内的失效的可能原因和后果进行分析	关于产品失效和人为错误的可能原因和后果的推理
任务分析	系统地将任务(设备支持)分解为子任务,以分析各任务的顺序和性能标准	支持系统思考用户任务及如何通过产品完成这些任务
角色	对产品的一些典型用户的详细描述	帮助设计团队在开发产品时专注目标用户
情境	对产品的关键和典型使用场景的详细描述(从用户角度)	帮助设计团队考虑如何在实践中使用产品
边想边说	用户表达产品交互/产品使用方面的想法(作为用户测试的一部分)	了解人们如何看待和体验产品,以及如何使用产品支持其工作
启发式评估	一种基于经验法则的检查产品界面可用性和安全性的对照表方式	在开发的早期阶段检查明显的问题

（续表）

人因工程技术	特征	适用于
认知走查	专家审查方法,涉及调查用户与产品之间的交互步骤,对可能的用户错误进行推理	尽早审查,着眼于用户认知
用户测试	在模拟使用环境中与具有代表性的用户一起测试产品	确定人们容易使用的及会导致问题的产品功能

为了减少人为错误,必须确定一线员工未按政策或安全程序执行时采取的解决方法。由于存在缺陷或设计不当的系统导致的变通方法的频繁增加,从而增加工人完成任务所需的实际时间。因此,一线人员围绕系统工作,以便高效地完成工作。

减少人为错误的另一种方法是强制功能,这是一种设计方面的功能,可防止意外或不希望执行的行为,或者仅在其他特定行为发生时才允许其执行。在使用或开发产品时,必须以记录此类问题的任务来取代考虑问题的看法,以便将来避免此类问题。如没有文件,则发现问题可能视为无意义的投诉;清晰的文件可成为更改的指令,从而降低现代技术中人为错误的可能性,其最终目标是与用户的人文特征兼容的技术。

人们普遍认为,人因工程原则在审查安全问题和设计潜在解决方案上没有得到充分利用。特定设备或系统的意外后果清单不断延长,在某种程度上可看作是此类设备或系统在设计环节未有效考虑人因要素而导致的失效。

13.4　人类工效学危害

工效学这一术语可简单地定义为对工作的研究。这是一门使工作适应从事这项工作的人的科学,使工作适应人的需要可帮助减轻工效学压力并消除许多潜在的工效学障碍。

工效学(或在北美称为人因工程)是一门科学分支,旨在了解人类的能力和局限性,然后将其应用于改善人与产品、系统和环境的交互之中。人类工效学是设计或安排工作场所、产品和系统以使其适合使用它们的人的过程,考虑了预期用户群的特征,如年龄、大小、力量、认知能力和培训。

国际标准化组织(ISO)技术委员会 159 在以下四个领域中制定了涉及人类工效学的标准:通用工效学原理、人体测量学和生物力学、人机交互的人机工效学及物理环境的人类工效学。

人类工效学的目标[3]包括如下:

- 通过将人的能力和局限性纳入工作空间的设计中来创建安全、舒适和高效的工作空间,包括人的体型、力量、技能、速度、感知能力(视觉和听觉),甚至是态度。
- 改善工作空间和环境,以最大程度地减少受伤或伤害的风险。因此,随着科技的发展,也需要确保人们工作、休息和娱乐所需的产品符合人体需求。
- 为了达到最佳实践设计,人类工效学家使用以下数据和技术。

(1)人体测量学:身体大小、形状、数量和变化。

(2)生物力学:肌肉、杠杆、力量和强度。

(3)环境物理学:噪声、光、热、冷、辐射、振动和人体系统(听觉、视觉和感觉)。

(4)应用心理学:技能、学习、错误和差异。

(5)社会心理学:团体、交流、学习和行为。

人类工效学危害是指可能对人的肌肉骨骼系统造成伤害风险的工作环境。人类工效学危害包括由于工作方法不当、工作台、工具和设备的设计不当而引起的重复性和强制性运动、振动、极端温度及笨拙的姿势[4]。

人类工效学专注于工作环境、工作台、控件、显示器、安全设备、工具和照明设备的设计和功能适应员工的身体需求、能力和局限性。由于伸手、弯曲、笨拙的姿势及施加压力或力量,会导致人类工效学危害。若工作台的设计恰当,则即使不消除,也可减少大多数人类工效学危害。在某些情况下,工人、设备及其所处环境之间的相互作用实际上会增加灾难性错误的风险。

包含显示器的工作台应按人类工效学设计,以用于计算机和非计算机工作。工作台上的显示器应是可调节的,以便用户可轻松改变工作姿

势,且应配备以下元器件:

- 可调和可拆卸键盘。
- 显示屏上下倾斜。
- 亮度和对比度控制。
- 减少屏幕和源材料之间距离的活页夹。

当产品带扶手时,扶手应足够大以支撑大多数下臂,但又要足够小,以免干扰设备的定位。扶手应支撑操作员的下臂,并允许操作员的上臂保持靠近躯干;此外,扶手应由柔软的材料制成,并具有圆滑的边缘。

参 考 文 献

［1］ ANSI/AAMI HE 74, "Human Factors Design Process for Medical Devices," 2001.

［2］ MIL‐HDBK‐759C, "Human Engineering Design Guidelines," Washington, D. C. : U. S. Department of Defense (DOD), 1998.

［3］ ISO 18529, "Ergonomics — Ergonomics of Human-System Interaction-Human-Centred Lifecycle Process Descriptions," Geneva, 2000.

［4］ Ramsey, J., "Ergonomic Factors in Task Analysis for Consumer Product Safety," *Journal of Occupational Accidents 7*, 1985, pp. 113‐123.

拓 展 阅 读

Bogner, M. S., "Human Error in Health Care Technology," *Biomed. Instrum Technol.*, 2003.

Fadier, E., and J. Ciccotelli, "How To Integrate Safety in Design: Methods and Models," *Journal of Human Factors and Ergonomics in Manufacturing 9*, 1999, pp. 367‐380.

Greatorex, G. L., and B. C. Buck, "Human Factors and Systems Design," *GEC Review*, 1995, 10(3), pp. 176‐185.

Nielsen, J., *Usability Engineering*, San Diego, CA: Academic Press, Inc., 1993.

Reason, J., *Human Error*, Cambridge, England: Cambridge University Press, 1990.

Sagot, J.‐C., V. Gouin, and S. Gomes, "Ergonomics in Product Design: Safety Factor," *Safety Science 41*, 2003, pp. 137‐154.

Sanders, M. S. , and E. J. McCormick, *Human Factors in Engineering and Design* Seventh ed. , New York: McGraw-Hill, 1993.

Vicente, K. , *The Human Factor: Revolutionizing the Way People Live with Technology*, Toronto: Knopf Canada, 2003.

Wickens, C. D. , *Engineering Psychology and Human Performance*, New York: Harper Collins, 1992.

合规和安全性测试

14.1 概述

本章旨在使产品安全从业人员熟悉电气和电子设备合规而进行的测试项目,包括产品基本安全、电磁兼容性和软件测试。本章描述测试的类型、测试期间的工作安全性及测试中使用的设备类型,并简要探讨主要的基本安全、电磁兼容性和软件测试问题。

测试实验室通常会在产品正式投入生产和投放市场之前的产品开发阶段进行上述测试。测试实验室的建议对于制造商持续实现合规性并提高产品安全性而言是宝贵的。

以下检查表概述了产品提交测试时要考虑的问题:

- 准备合作的测试实验室是否有资质认可且按质量保证和管理系统运行,且希望该实验室能够按照 ISO/IEC 17025 标准对提供的产品进行特定测试?
- 是否知道并理解适用于专有产品的安全测试标准,如基本安全、电磁兼容和环境?
- 是否制定了常规的质量方针以确保将来的产品批次持续满足相关要求?
- 是否具有监测标准和法规要求变化的方法?

14.2 产品基本安全和电磁兼容性测试种类

在设计、开发及生产阶段进行测试最重要的原因是：确保产品安全和电磁兼容性测试对所有产品在到达终端用户之前都是安全的。产品须进行产品安全和电磁兼容性测试，从而根据标准要求评估元器件的正确选择和正确结构。由于具体测试包含了具体危害，从而符合某项具体测试实际上是提供一种剩余风险的可接受性的假设条件。

为了确保安全，在开发和发行的各个阶段对产品进行测试非常重要。测试必不可少的阶段包括如下：

- 初始设计：型式试验，是针对打算制造的新产品或改良产品的模型上进行的。
- 生产：对产品进行 100％ 的测试以确保生产的正确性。
- 持续测试：根据所提供的产品类型和已建立的质量保证制度，持续测试产品样品以确保库存存储产品符合要求。
- 设计、材料或生产更改后：由于制造商未能对进行设计、材料或生产变更的产品进行重新测试，而发生了重大产品安全法律案件。

确定在给定产品上执行的测试类型时必须考虑以下三个项目：

(1) 批准和认证所需的测试（包括型式试验和产线测试）。

(2) 制造商须进行确保产品和制造过程质量的可选测试。

(3) 每项可选测试的成本/效益分析。

通常，型式试验用以验证产品设计的基本安全性，产线测试（例行生产测试）用以确保批准的产品在生产后继续符合安全标准（详细信息见 15.5 节[1]）。由于型式试验旨在验证产品设计的安全性，因此，与装配线每个设备进行的常规生产测试相比，型式试验通常要严格得多。

除型式试验外，设备制造商还可确定定期检查的测试间隔和测试范围。在确定测试间隔时应考虑以下注意事项：

- 设备的风险水平。
- 使用频率。
- 操作环境。
- 设备发生故障的频率。

定期检验的测试间隔可设置为 6～36 个月。

如在测试过程中发生或可能发生故障后须进行维修或改进,则测试实验室和制造商可就使用将要进行所有相关测试的新样品达成协议,或者最好在进行所有必要的维修或改进后,再重复进行相关测试。

型式试验

所谓型式试验,即根据专用规范或特定产品安全标准对产品进行测试和评估(有关标准的详细信息见第 3 章)。表 14.1 总结了适用于不同类别产品的主要 IEC 产品安全标准。

表 14.1　适用于不同类别产品的主要 IEC 产品安全标准

产品类别	IEC 基本安全标准	电磁兼容性
信息通信技术	60950；62368	CISPR 22；CISPR 32；CISPR 24
激光	60825	不适用
蓄电池	60086；62133；62620	不适用
医用电气	60601；80601	60601 - 1 - 2
测量	61010	61326
控制	61010；60730	61326
实验室	61010	61326
家用设备	60335；62301	CISPR 14；61543
工业机械	60204	ISO 13766；ISO 14982；EN 13309
音频	60065；62368	CISPR 13；CISPR 20；CISPR 32
视频	60065；62368	CISPR 13；CISPR 20；CISPR 32
灯具控制	62347；60598；61347	CISPR 15；61547；62493
低功耗电源	61204	61204 - 3
工具(便携式)	60745；61029；62841	CISPR 14

（续表）

产品类别	IEC 基本安全标准	电磁兼容性
玩具（电动）	62155	CISPR 14
灯具	60598	CISPR 15；61547；62493
阴极射线管	61965	不适用
LED（灯）	62560	CISPR 15；61547；62493
不间断电源	62040	62040-2
电度表	62052；62053；62054	62052；62053
铁路	62278；62279；62425	62236
可编程控制器	61131	61326；EN 61131-2
电磁干扰抑制器	60938；60939	不适用
断路器	60934	不适用
熔断器	60127；60269；60282	不适用
变压器	61558；61869；60076	62041
低压开关设备和控制装置	60947	不适用
电涌保护	60099；61643	不适用
旋转电机	60034	不适用
插头、插座、车辆连接器和车辆入口	62196	不适用
电缆	60227；60245；62821	62153
电容	60252；60384；60143；61049；61071	不适用
继电器	61812	不适用

注：以上标准可以是单独标准，也可以是系列标准。

表 14.2 总结了适用于不同类别测量和测试的主要 IEC 电磁兼容性标准。

表 14.2 适用于不同类别测量和测试的主要 IEC 电磁兼容性标准

电磁兼容性类别	IEC 标准
发射(辐射和传导)	CISPR 11；CISPR 14-1；CISPR 15；CISPR 22；CISPR 32
谐波失真(设备输入电流≤16 A)	61000-3-2
电压波动和闪烁(设备输入电流≤16 A)	61000-3-3
电压波动和闪烁(设备输入电流≤75 A)	61000-3-11
谐波失真(设备输入电流≤75 A)	61000-3-12
静电放电抗扰度试验	61000-4-2
射频电磁场辐射抗扰度试验	61000-4-3
电快速瞬变脉冲群抗扰度试验	61000-4-4
浪涌抗扰度测试	61000-4-5
射频场感应的传导骚扰抗扰度试验	61000-4-6
电源系统及其相连设备的谐波和间谐波测量和仪表通用指南	61000-4-7
工频磁场抗扰度试验	61000-4-8
脉冲磁场抗扰度试验	61000-4-9
阻尼振荡磁场抗扰度试验	61000-4-10
直流电源输入端口电压暂降、短时中断和电压变化的抗扰度试验	61000-4-11
环形波抗扰度试验	61000-4-12
交流电源端口谐波、谐间波及电网信号的低频抗扰度试验	61000-4-13
每相输入电流不超过 16 A 的设备电压波动抗扰度试验	61000-4-14
频率在 0~150 kHz 范围内传导共模骚扰的抗扰度试验	61000-4-16
阻尼振荡波抗扰度试验	61000-4-18

14.3 产品基本安全和电磁兼容测试通常所需信息

在开始执行基本安全或电磁兼容测试之前,制造商编制以下信息并将其提供给测试机构是非常有用的。

基本文件

- 用户手册、销售手册、标识图(标识和标签样本)。
- 风险分析(如适用)(如医疗电气设备、机械和家用设备)。
- 可用性信息(如适用)。
- 软件验证和软件生命周期信息(如适用)。
- 被测单元(UUT)的说明。
- 对所测试设备功能和预期用途的简要说明,包括名称和型号。
- 型号之间的差异说明。
- 被测单元的状态(如原型、生产和上市后)。
- 模式数量。
- 尺寸(宽×深×高)和重量。

> **示例:**被测单元是一个通用 PC 电源的产品系列。根据型号,被测单元的 CPU、内存模块和 HDD 有所不同,见下表。测试将在两个典型型号上进行,被测单元处于原型状态。

型号名称	中央处理器	内存	硬盘驱动器	重量	尺寸(宽)×(深)×(高)
X1	1 GHz	2 GB	500 GB	10 kg	125×240×320(mm)
X2	2 GHz	4 GB	1 TB	11 kg	125×240×320(mm)

电源要求

- 被测单元和辅助设备的电源要求是什么(如线路电压、电流、频率和电源线数量)?
- 使用哪种类型的电源连接?

> **示例：** 被测单元的额定值：
>
> 型号 X1 100～240 VAC，2.5 A，50/60 Hz
>
> 型号 X2 100～240 VAC，4 A，50/60 Hz
>
> 电源线可拆卸

接地

- 列出任何特殊的接地要求。

操作方式；配置

- 在规定的工作周期内（如适用）如何在最大负载条件下操作设备？
- 最恶劣的运行模式是什么？
- 须测试多少个线路电压？
- 将测试多少个被测单元配置？
- 存在多少个 I/O 端口，如何使用它们？

失效模式

- 确定什么构成了性能失效，并描述如何识别和监视错误。

使用环境

- 被测单元将在哪里（在什么环境中）安装和使用？

> **示例：** "被测单元只能在室内使用"。

结构细节

- 被测单元的结构和机械装配附件，包括往返于被测单元的电缆（建议使用的类型和最大使用长度）及外围设备，见下表。

数量	电缆说明	长度/m	是否屏蔽？	是否存在铁氧体磁心？	观察
1	局域网	10	无	是	—
2	交流电源	1.5	是	是	—
3	键盘 USB	1.5	无	无	—
4	HDMI	1.0	是	无	可选

• 方框图（包括绝缘图），如图 14.1 所示。

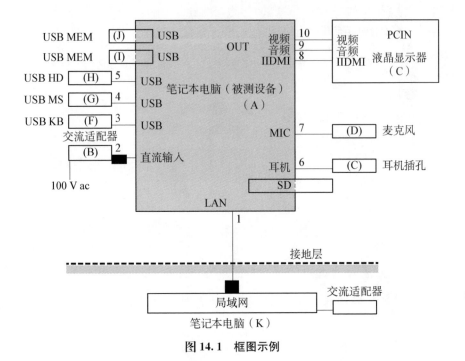

图 14.1　框图示例

电路图需一个完整的电气原理图和接线图，包括系统流程（接线）图，表示主要元器件和过流保护装置。

绝缘图（详细信息见 7.2 节）须显示设备和所有绝缘点，如图 14.2 所示。

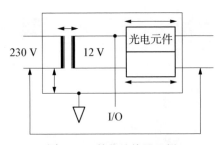

图 14.2　简化绝缘图示例

- 附件。
- PCB 布局,如图 14.3 所示,须显示 1∶1 颜色编码的 PCB 图或颜色编码的图和 PCB,并标出以下电压:

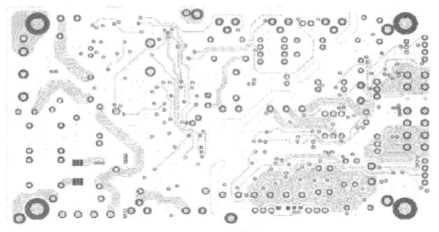

图 14.3　PCB 板示例

(1) SELV 电压(＜60 VDC 和＜25 VAC)。

(2) 危险电压(＞SELV 电压)。

(3) 高压(＞1 000 VAC 或 VDC 或 1 500 V 峰值)。

(4) 接地(信号)。

(5) 接地(保护接地)。

(6) 如适用,制造商需要向测试机构提供测试所需的任何辅助设备,包括打开产品所需的任何专用工具,以及备用保险丝或其他需要的可更换部件。

　　示例:"连接图应显示被测单元的模块化结构及与外部设备的连接。该图中还显示了供电路径。"

安全关键元器件和相关批准列表

- 所有安全关键元器件的列表(详细信息见第 8 章和第 10 章)需要包括安全相关(关键)元器件的名称、类型或型号、制造商名称、额定值、适用标准及批准该元器件的测试机构的名称,包括批准的相关客观证据（即证书编号）。对于所有这些元器件，测试机构和认证机构出具的相关批准和认证证书的副本非常重要（扫描数据表通常被认为不可靠）。表14.3列出了电气设备中通常使用的安全关键元器件列表。

表14.3　安全关键元器件示例

电源线和电线元器件
电源入口
电源插座
电源开关
熔断器和熔断器座（电源电路）
电源极或电源开关触点上的电容和电阻器
"带电部件"和"可触及部件"PTC之间的电容和电阻器
光电耦合器（如桥接增强或双重绝缘）
电源滤波器
熔断器、固态熔断器和温度保险丝等保护装置
接线材料（双重绝缘）
电源插头
接触器
蓄电池
直流-直流转换器
锂电池保护电路
隔离放大器
机械系统安全装置
紧急开关
隔离电源变压器
电源电路中的连接器
高压部件，如线路输出变压器、偏转线圈、显像管插座和高压电缆
电压设定装置

（续表）

激光器
外壳的材料和尺寸
印刷板材料（取决于功率）
显像管
屏障（额外可燃性要求）
联锁开关
电源继电器
电容（高压）
隔离膜和套管
推入式连接器
灯具、电源、电机
加压系统（包括安全阀脚踏开关）
应变消除（电线固定）、储存设备、(USB、CD-ROM、HDD、FDD)、键盘、鼠标
主板
调制解调器
蓝牙模块
传感装置和传感器

应特别注意任何可接受性的条件及元器件批准的适用限制（需要考虑到有些元器件之前不是按照元器件批准进行的测试，但须随该元器件所在的终端产品上进行测试），电源、变压器和电机等的可接受性条件应包括在内。

示例： 电源测试报告中包含的可接受性条件：

当安装在终端产品中时，必须考虑以下几点：

终端产品的电气强度测试应基于以下最大工作电压：初级电路：304 Vrms，429 Vpp。

以下次级输出电路是 SELV：所有输出。

以下次级输出电路处于危险能量水平：主输出 V1。

以下次级输出电路处于非危险能量水平：辅助。

电源端子和(或)连接器是：仅适用于工厂接线。

最大分支电路额定值：20 A。

污染程度：2。

正确连接至终端产品的主要保护性接地端子是：必需的。

对保护性接线端子的研究包括未进行。

须采用以下终端产品外壳：防火和电气。

最大连续电源输出(W)取决于：安装在37英寸长的风洞中，风口为4.25英寸(108mm)×1.75英寸(44.5mm)时，强制风冷为13CFM。

当被测单元中包含目标电源时，测试机构须考虑所有上述条件。

对于UL认可元器件，测试机构提供了可接受性条件(COA)服务，这可使制造商提出要求对于认可元器件测试的可接受条件。

软件

- 验证信息(包括软件版本、规格要求、开发要求及带测试结果的软件测试计划)。

如通过远程软件控制、监视或编程产品，则应提供预装了该软件的笔记本电脑或个人电脑。

辅助设备

- 列出操作或充当被测单元的负载所需的任何设备(如适用)。

变压器和扼流圈

- 显示出额定电压、电流、电阻、导线的颜色/数量、导线直径和集成熔断器的安装示意图。
- 所有部件编号的结构图(横截面)，如铁芯、铁芯绝缘层和垫片。
- 列出材料、制造商、类型/型号、阻燃等级和认证的部件列表。
- 测试样品：密封和非密封。

14.4 产品基本安全和电磁兼容测试实验室工作安全

14.4.1 安全使用测试仪器

测试仪器使用准则概述如下[2-3]：

- 在操作仪器之前,应阅读所有安全和操作说明。
- 应保留所有安全和操作说明,以备日后参考。
- 应遵守仪器上和操作说明中的所有警告。
- 应遵循所有操作和使用说明。
- 切勿在水和热源附近使用仪器。
- 仪器只能与制造商推荐的或由作为制造商测试系统一部分的推车或支架一起使用。
- 仅在制造商同意的情况下,才能将仪器安装在墙壁或天花板上。
- 仪器的位置应确保其位置不妨碍正常的通风。切勿将仪器安装在可能阻碍空气流通通道孔的机柜外壳中或其他情况下。
- 仅将仪器连接至操作说明中所述或仪器上标明的电源类型。
- 采取预防措施以确保不破坏仪器的接地方式。
- 放置电源线的位置应避免被放置在其上的物品被踩踏或挤压。注意插头、插座处的电线及它们进出仪器的位置。
- 仅按照制造商的建议清洁仪器。
- 长时间不使用时,应从插座上拔下仪器的电源线。
- 注意不要让仪器掉落,且不要使液体通过开口溅入容器内。
- 切勿操作掉落的仪器或外壳已损坏的仪器。
- 任何时候如有迹象表明设备的正常运行已经受损,应将设备拆下并隔离处置,以防止设备日后误操作;同时对仪器进行标记"已损坏"(如"不能使用")等。
- 对仪器进行适当的维修和重新校准或更换。
- 如果仪器出现以下问题,则正常的操作有可能受到影响:
  (1) 无法执行预期功能。
  (2) 有明显的损坏。
  (3) 在不利的条件下长期存放。
  (4) 遭受严重的运输压力。
- 仪器只能由合格的维修人员进行维修。
- 可在危险电压下通电的所有导线和电缆都应牢固绝缘并正确端接。
- 可在危险电压下通电的导体其所有连接都应具有牢固的电气和机

械性能,以防止导体意外暴露。

- 测试设备的连接导线、探针和连接器应予以充分保护,以防止应用于带电部件或从带电部件上取下时的意外接触。
- 如适用,在设备隔离时应用测试引线,然后对其通电。
- 采取必要的措施防止电源被无意、错误或由未经授权的人接通。
- 如适用,测试设备应符合 IEC 61010 的要求。
- 电磁兼容性测量设备应符合 CISPR 16 系列和 ANSI C63 系列标准的规定。
- 如需更高的电流水平,应使用配有控制开关的测试探针或使用联锁的外壳来防止接触危险部件。
- 测试设备的连接导线必须提供足够的保护。
- 高压探头的尖端应盖上可伸缩的绝缘套管。
- 可通过探针绝缘手柄中内置的开关来施加测试电压。
- 在测试结束之后,需要安全地释放设备中可能残留的储存能量,然后再允许与设备的进一步接触。
- 被测设备的每个单元都应提供自己的测试电源。测试电源应来自指定的插座或带有电源隔离器联锁盖子的端子。电源应具有适当的系统保护措施,以防止发生故障(如熔断器或断路器)时出现过载和过电流。
- 每个测试台应使用单独的隔离变压器。
- 隔离变压器的电源应从单个插座提供,并明确标记"仅用于带电被测设备"。插座的接地端子应连接至隔离变压器(非接地)的二级浮动接地,以便进行人工接地(公共)连接。插座的面板应由绝缘材料制成。
- 如使用隔离变压器作为测试电源配电系统的一部分向固定插座供电,则插座的类型应与标准插座或极化插座的类型不同,以确保它们仅用于预期用途。
- 通过具有浮动(未接地)接地(公共)的已接地的隔离变压器,将示波器、数字万用表和等效测试设备相连。以这种方式连接测试设备将消除对外壳内部故障的保护。
- 如不太了解电气设备在故障之前应如何工作,且不知道可能存在的电压等级,则不要尝试修理电气设备。

- 即使熟悉设备,也绝不要尝试单独修理任何电气设备。
- 即使在"紧急情况"下,也不要在过道或门口处拉电线。
- 切勿使用延长线代替用于增加或更改的接线。
- 严禁在存在致命电压的地方进行测试时独自工作。
- 如不确定某些事情是正确的或安全的,且不确定自己可以解决问题时应寻求帮助,不要尝试独自一人处理。

14.4.2　执行产品基本安全和电磁兼容测试时的安全工作

执行安全和电磁兼容性测试的准则概述如下[2-3]:

- 除非已确认高压已断开,否则切勿与被测物体建立任何连接。
- 在测试过程中,切勿触摸被测物体或其连接线。
- 将导线连接至被测物体时,应始终先连接接地线。
- 切勿直接接触高压探头的金属部分,仅触摸绝缘部分。
- 联锁的测试夹具只能用于所有危险测试。
- 在开始测试之前,验证所有被测物体的连接,确保被测物体或测试仪附近没有其他物体。
- 在进行所有测试之前,必须对 I 类被测物体的保护接地导体的完整性进行评估,以确保在将设备用于正常供电线路上使用时不发生接地故障。
- 保持区域整洁、整齐,避免测试引线交叉。
- 严格按照书面规定执行每项测试程序。
- 在开始测试之前,验证所有设置条件,并检查所有导线是否有磨损迹象。
- 进行直流测试时,应提供在测试过程中可能断开的任何连接或设备放电的装置,这是很有必要的,因为如连接松动,在测试过程中可能会产生意外的危险电荷。
- 如测试采用直流电,则在测试后将在规定时间对被测物体进行放电。
- 处理存在化学危险的样品时(如变压器和电容中的多氯联苯 PCB、半导体中的氧化铍和硒及游离溴),应使用防护手套和面罩。

- 切勿使用石棉或含有石棉的部件。
- 使用适当的防护装置,如呼吸器、面罩、护目镜、手套和防护服(如适用)。
- 确保在测试后,确保没有人立即触摸被测物体,直到被测物体的电源关闭为止。
- 使用前检查涂漆表面的导电性,如在涂有黑色漆的测试角中,可能有带电导线或热电偶与油漆接触。
- 切勿使用四氯化碳(有毒)去除油脂,使用危害较小的液体(如三氯乙烷)。
- 臭氧气味是一个警告,说明应采取预防措施。应避免长时间待在存在臭氧的房间中。产生臭氧的设备其测试应在大型的、通风良好的房间中进行。
- 切割玻璃纤维电缆时,应使用个人防护装备(呼吸器、面部防护罩、护目镜、手套和防护服)。因此,在进行切割、锯切、钻孔和机械加工之类的工作时,应穿戴个人防护装备。
- 在元器件或绝缘的模拟故障条件(短路、开路)期间进行测试时,必须穿戴个人防护装备,并采取适当的防护措施。
- 如在模拟故障条件下进行的测试可能导致元器件爆炸或破裂,应使用防护罩。
- 在进行设备内部故障测试时,应使用环形缠绕的隔离变压器,以减少额外的电源故障或其他问题。通常,变压器必须在某种程度上"超尺寸"。
- 切勿尝试给任何不可充电的电池充电。
- 切勿挤压、刺穿、打开、拆卸或以其他方式机械干扰或滥用电池。
- 切勿在+60℃以上的温度下存放电池或蓄电池。
- 除非在受控的测试条件下及在防爆环境中,否则切勿使电池短路。
- 任何未与电路连接,应保护电池或蓄电池端子。
- 除非对电池进行适当的绝缘,否则电池不应出现以下情况:
  (1) 放在有钥匙、硬币或其他金属物体的口袋中。
  (2) 放置在金属储藏室中,如抽屉或文件柜。
  (3) 与其他电池混合。

（4）暴露于任何其他可能导致短路的情况下。

- 未经电池或蓄电池制造商许可,切勿流焊。
- 除电池制造商认可的布置外,切勿将电池连接成电池组。
- 切勿通过焚烧处理电池。
- 未经电池或蓄电池制造商许可,切勿封装电池或蓄电池。
- 切勿用类似的、不同电压的锂电池替换普通的原电池或可充电电池。
- 切勿在热源旁安装锂电池。
- 如可以在没有蓄电池的情况下进行测试,应取出蓄电池。
- 当被测物体连接至电源时或刚刚断开网电源时,切勿取出蓄电池。
- 戴上面罩、护目镜或防护罩。
- 避免错误连接的可能性。
- 如在正常测试期间蓄电池仍留在被测物体中,则不要在面部未加防护的情况下使用蓄电池。
- 在进行异常条件测试时,如由于过度充电、快速充电、快速放电、反向充电或放电而存在蓄电池过热、放气、泄漏或爆炸的危险,应在无人的、配备适当防护设备的房间内进行测试。
- 如着火,应使用石墨基干粉灭火器或专为碱金属着火设计的适当灭火器或用细水喷淋进行灭火;避免吸入烟气;远离污染区域。

14.4.3　有关测试人员和测试区域的准则

有关测试人员和测试区域的准则概述以下[4-5]。

所有测试人员的准则如下:

- 了解即使在使用未接地的测试区域和隔离变压器的情况下,在测试过程中仍然会存在触电伤害的危险。
- 了解在特定工作场所中可能发生触电伤害危险的情况。
- 接受充分的急救培训,包括心肺复苏(CPR)技能等。
- 接受紧急情况下使用的安全程序方面的培训。
- 接受电路(电压、电流、电阻、交流与直流、欧姆定律和阻抗)基本理论的培训。

- 充分了解安全联锁装置的重要性。
- 充分了解在电气设备附近佩戴金属首饰的危险,并展示在紧急情况下如何快速中断电源。
- 召开定期会议,以审查和更新安全程序和规定。
- 接受有关使用实际测试执行进行的特定测试程序的培训。
- 充分了解每个测试对象,应如何执行及如何处理可能发生的每种正常和异常情况。
- 了解测试人员独立处理问题的能力及何时应向监督人员寻求帮助。

测试区域的准则如下:

- 在负责人的控制下。
- 处在由障碍物隔开的区域,以防止无关人员进入。
- 入口处设置适当的警告。
- 在测试期间,仅允许授权人员或在其直接监督下工作的人员进行测试。
- 有适当的指示如正在进行测试的警告灯,以及指示何时可安全进入该区域的其他警告灯(通常使用红色和绿色双色指示灯)。
- 具有急停按钮或同等有效的装置,以便在发生紧急情况时切断所有测试电源。
- 明确标出紧急控制措施(紧急控制措施不应拆除该区域普通照明设备的电源)。
- 在显眼位置明确设置带急救程序的显示紧急情况信息(尤其是电话号码)的标志。
- 有良好的安排,包括足够干净的工作空间等。
- 使用由绝缘材料制成的测试台,测试台的腿和框架带防护套,以防止在测试过程中与地面接触。
- 测试台伸手可及的范围内需拆除所有金属部件(如管道、散热器、结构钢制品、金属导线管、接地的电器和金属插座),或者用绝缘材料永久覆盖所有金属部件(如管道、散热器、结构钢制品、金属导管、接地的电器和金属插座),以防止接触它们。
- 使用烙铁和工作照明灯应连接至隔离变压器提供的超低电压。

- 在地板上设置绝缘橡胶垫,保持清洁干燥,并定期进行测试,且其尺寸要足够大,以便测试操作员可以在测试过程中站或坐在绝缘橡胶垫上(注意,椅脚可能会损坏绝缘橡胶垫)。
- 如适用,应使用具有适当电阻(1 MΩ 或更大)的静电放电腕带;禁止使用将穿戴者直接接地的腕带。
- 在由非导电材料制成的被测物体周围设置防护罩或外壳,并配备在断开时中断所有高压的安全联锁装置。
- 布置安全联锁装置,以便测试操作员在任何情况下都不会暴露于高压下。
- 布置电源线连接,以便除应急照明外,所有电源都通过位于测试区域外缘的一个带明显标志的手动应急开关进行中断。
- 保持设备的整洁齐全,以便操作员可轻松安全地使用设备。

14.4.4　测试实验室安全工作环境文件的内容

测试实验室安全工作环境文件的内容应至少包括以下内容[5]:

- 指定授权进行测试的人员和未授权进入测试区域的人员,以及进入和使用测试区域的正确方法。
- 隔离设备及如何确保隔离的规则。
- 在卸下被测设备的盖子时,必须对被测设备采取正确的附加保护措施(如柔性绝缘)。
- 指定用来给被测设备供电的电源形式的名称,特别是在使用错误方法的情况下会危及人身安全。
- 测试人员对使用前测试设备的检查及报告缺陷的预期。
- 在指定的测试区域正确使用构成安全系统一部分的警告装置。
- 有关紧急情况下应采取的措施说明。

14.5　产品基本安全和电磁兼容测试设备

测试设备通常应符合 IEC 61010 系列标准或其他适用标准的要求,且不应使进行测试的人员或其他个人遭受不可接受的风险。测试中使用测量功能的精度应在测试结果表中指定。表 14.4 列出了测试设备测量范围的一般精度[6]。

表 14.4　测试设备的一般精度

测　　量	精　　度
电压不超过 1000 V(直流不超过 1 kHz)	±1.5%
电压为 1000 V 及以上(直流不超过 20 kHz)	±3%
电流不超过 5 A(直流不超过 60 Hz)	±1.5%
电流为 5 A 及以上(直流不超过 5 kHz)	±2.5%
功率高于 1 W 且不超过 3 kW	±3%
功率因数	±0.05%
频率	±0.2%
电阻	±5%
温度低于 100 ℃(不包括热电偶)	±2 ℃
温度为 100~500 ℃(不包括热电偶)	±3%
时间(1 s 及以上)	±1%
线性尺寸不超过 1 mm	±0.05 mm
线性尺寸为 1~25 mm	±0.1 mm
线性尺寸为 25 mm 及以上	±0.5%
质量为 100 g~5 kg	±2%
质量为 5 kg 及以上	±5%
力	±6%
扭力	10%
角度	±1°
相对湿度	±6%相对湿度
大气压	±0.01 MPa
气体和流体压力(用于静态测量)	±5%

在测试中,如通过 IEC 61010‑1 的另一种方法确保防电击保护,则可中断测量设备中的保护接地。

在测量设备中,应确保测量电路(包括测量设备)与网电源(包括其保护性接地导体)的电气隔离。被测物体的任何接地都可能导致错误的测量数据。因此,测量设备的安装应确保与地面的电流隔离,或者应通过自动警告或清晰可见的标志来让人注意被测物体隔离定位的必要性。

建议制造商使用专用测试设备(如绝缘耐压测试仪及接地和连续性测试仪)。测试设备应能够提供执行一系列测试所需的所有电压和电流(如用于介电测试的电压和电流,用于接地和连续性测试的电流和阻抗)。

测试设备应易于适应不同的测试要求。大多数现代测试仪的这种灵活性是通过可编程性且可按需调用早期储存的测试设置的能力来实现。测试设备的设计应确保线路电压和连接负载的正常变化不会导致在被测物体处测得的输出电压和电流高于或低于测试所需的水平。这样可提高测试的可重复性,并大大减少测量中的不一致性。

测试设备应具有设计良好的前部面板,并易于读取测量、设置和合格/故障指示器的数字显示。听觉警报也是必要的。在操作员确认后保持警报状态的能力对于后期故障分析很有用;面板项目均应清晰标记,使初次看到测试设备的人都对每个功能一目了然。

“开始测试”按钮(如适用)应较大,标记清晰并受到保护,以防止意外激活测试。停止测试按钮(如适用)也应易于识别(最好是鲜红色)并放置在紧急情况下可快速找到的位置。同样,用于设置、储存或回顾测试值、警报限值和测试顺序的按钮应清楚标记,并易于测试人员操作。

现代测试设备配备了某种类型的标准数据通信接口,用于连接至远程数据处理器、计算机或控制设备。典型接口是 IEEE‑488 通用接口总线和 RS 232 串行通信线路。

14.5.1 测试设备的选择

测试设备的选择应使测试操作员不会遭受意外危险电压和电流的伤害,这些设备包括用于介电强度测试、线路电压泄漏测试或保护性接地连接和连续性测试的电压和电流。建议制造商使用包含安全联锁装置的测试设备,只要打开被测物体上的安全开关,安全联锁装置就会通过自动关闭输出来提供保护。用于输出和接地线夹的电缆应是柔性的、绝缘良好的,且能够在很长一段时间内反复插入前面板,并从前面板上卸下,而不会磨损或失效。

14.5.2 校准

用于测试的测量设备应根据制造商提供的信息以固定时间间隔[7]进行测试和校准。校准应由具有质量管理体系 ISO 17025 资质的校准实验室进行。用于校准测试设备的参考标准(如电压、电流和阻抗)应经过认证并可追溯至国家或国际标准,如此可确保校准精度的持续完整性,并可符合 IEC/ISO 17025 的要求。

14.5.2.1 校准的可追溯性

如果按照 ISO/IEC 17025 中测试和校准实验室能力的一般要求[8]进行校准,则校准应视为可追溯。此外,应做到以下内容[8]:

- 仪器可由国家计量机构进行校准。
- 未经认可的外部校准实验室仅应在无法获得认可校准实验室或无法实际使用校准实验室的情况下使用。
- 仪器可由 ISO/IEC 17025 认可的校准实验室进行校准。
- 可由内部或外部校准实验室对仪器进行校准,并由测试实验室每年对该内部或外部校准实验室进行评估,以确保符合 ISO/IEC 17025 的要求。评估应由合格的 ISO/IEC 17025 评估人员或计量学家进行。

在没有认可的校准实验室的情况下,仪器制造商可对特殊仪器进行校准,前提是所使用的校准标准可溯源到国家或国际测量单位,可追溯链已确定,且测量不确定度的评定包含在校准证书中。

14.5.2.2 测试设备的校准时间间隔

所有须校准的测试设备在投入使用之前均应进行初始校准。此后,最大校准时间间隔宜建议以下时间间隔[7]:

- 电气、电子和机械测试设备的最大校准时间间隔建议 1 年。
- 由固体材料制成预期不出现老化特征的机械测试设备的最大校准时间间隔建议 3 年。
- 仪器制造商的建议的最大校准时间间隔。

失效对用户是显而易见的(实验室程序要求用户在使用前对设备进行检查)失效安全测试设备可指定为仅初始校准(ICO)状态。可置于仅初始校准状态的设备示例包括:重量为 4.5 kg 或更高(已校准至 ±1% 容差)的钢尺、卷尺、单片直径大于或等于 3 mm 的带钝头的钢探针、带刻度的量筒、温度计、钢质撞击球及没有运动部件且结构完整无变形的钢或塑料探针。

普通砝码无需校准,如在每次使用前都用校准过的天秤进行验证,验证必须记录在案。

对于精密设备,使用频繁且工作在严苛条件下的复杂测试设备宜缩短校准时间间隔(如 6 个月、3 个月、每周或每次使用前)。可将不常使用的测试设备的状态指定为"使用前校准",而不是定期校准。

如记录了原因,则可根据以下情况延长校准时间间隔:

- 如分流器、电流互感器、电压互感器之类无源电气测试设备的校准时间间隔可延长至 3 年,在初始校准期间,即使没有严苛的使用条件也可取得良好的结果。
- 如实验室程序文件考虑到了砝码的实际使用情况,且规定了具体物理检查和期间核查的方法,则砝码的校准时间间隔可延长至 5 年。
- 如有足够的校准数据,可以统计方式确定趋势,或者根据使用测试设备的经验来确保较长时间的良好测量结果。

建议每个测试机构执行质量控制方法,以便在两次校准之间对测试设备进行评估。

14.5.3 特定测试设备的推荐功能

14.5.3.1 绝缘耐压测试设备

绝缘耐压(电介质强度)测试设备应具备以下功能[9]:

- 当接地电路断开时,检测绝缘耐压测试中最小电流的能力可防止出现误报。如没有此功能,则测试仪可能会漏掉接地故障,从而导致将不安全的产品发货给客户。
- 为避免损坏被测物体中的元器件,应在测试范围内平稳地增加测试仪的高压输出,而不要突然改变阶跃。质量测试仪应配备此功能,而不会在交流波形中引入尖峰或失真。测试仪应为每个测试步骤提供易于编程的斜坡时间和保持时间。

- 当被测物体未通过测试时,测试仪应自动保存测试结果并立即中断测试,以免损坏被测物体。
- 在生产环境中,能够自动从仪表读数中减去(自动偏移)由于测试导线和测试夹具引起漏电流的功能是非常方便。
- 电弧检测是一种预见性工具,可用于在故障发生之前进行故障检测。测试仪通过检测电流波形中是否存在高频瞬变来提供此功能。如这种变化超过了规定水平并持续超过 $10\,\mu s$,则测试仪应立即发出警报并中断测试,然后可离线检查被测物体,以查找并纠正故障原因(而不是在发生故障后将其报废)。
- 绝缘耐压测试通常需要以下附件:
  (1) 各种长度电缆的高压探针,包括探针枪(触发式)。
  (2) 带电源线的产品适配器固定装置(用于接受两芯或三芯电源线)。
  (3) 脚踏开关开始/停止测试。
- 在被测物体电路和地面之间施加 $1250\,V$ 的电压时的最大电流为 $10\,mA$,指定采用 $120\,k\Omega$ 电阻来检查绝缘耐压测试仪的运行情况。根据欧姆定律,$1250\,V$ 的电压除以 $10\,mA$ 的电流可得到 $125\,k\Omega$ 的电阻。

为了验证给定的绝缘耐压测试仪是否符合此泄漏阻抗标准,用户将输出电压设置为所需值,然后在输出端子之间连接一个 $120\,k\Omega$ 电阻器。被接受的前提是绝缘耐压测试仪应在 $0.5\,s$ 内指出故障。如绝缘耐压测试仪未在 $0.5\,s$ 内指出故障,则不可接受。$120\,k\Omega$ 值是测试仪指示故障的最小值。

14.5.3.2 接地连接测试设备

开尔文(Kelvin)四端子连接通过防止测量导线电阻引起的误差来确保最大的精度,此功能通常用于确保接地连接测试的准确性。接地连续测试通常需要的测试仪附件包括用于接地连续测试的接地连续导线元器件和电源输入适配器电缆。

14.5.3.3 漏电流测试设备

直接测量的测量设备应将电流测量为真有效值,并确保在测量过程中可通过基于 IEC 61010-1 的适当措施对电击进行有效防护。

14.5.4　预防性维护

所有测量和测试设备应由合格的技术人员进行适当维护。维护包括以下一系列活动：

- 测量和测试设备及附件的预防性维护。
- 主要特性的校准。

预防性维护检查表

测量和测试设备的制造商通常会提供一份预防性维护检查表,通常包括以下内容：

- 检查和清洁安全相关元器件。
- 检查并更换或补充耗材。
- 验证测量和测试设备的正确操作。
- 验证测量和测试设备是电气安全的。
- 检查互连电缆和电源电缆是否有明显的磨损迹象。
- 检查保护装置的可用性和完整性。
- 检查附件是否有损坏迹象。
- 检查紧急关闭开关的操作(如适用)。

14.5.5　产品安全测试设备和材料

表 14.5 列出了最常见的产品基本安全性测试,以及进行测试所需的相关测试/测量设备和材料。在第 14.7 节中将进行其中一些测试更详细地说明。

表 14.5　产品基本安全测试和测试设备

测量/测试	设备/材料
环境温度、湿度、大气压力	具有记录功能的温度计、湿度计和气压计
湿度预处理	气候环境箱：相对湿度(93±3)%、(20～40±2)℃,湿度和温度均受控制并记录在案

（续表）

测量/测试	设备/材料
电源输入	电压表、电流表、功率表和频率表；一相和三相自耦变压器
可触及部件	测力计（30 N）、标准测试指、直型试验手指、测试钩、测试销（ϕ4 mm/ϕ3 mm/15 mm 长）、测试杆（ϕ4 mm/ϕ12 mm/100 mm 长），适用于测量电压、电流、电容仪器的、带引线的示波器
标志的可读性	照度计
标志的耐久性	蒸馏水、乙醇（96％纯度）、异丙醇、石油溶剂（脂肪族溶剂己烷或试剂级己烷）、计时器/秒表、布
极限电压和能量	示波器记录器/装置（并联的输入阻抗为 100 MΩ、输入电容为 25 pF 或更小的测量仪器）、RCL 数字电桥
阻抗和载流能力（接地电阻）	电源（最小 40 A，50 Hz 或 60 Hz，最大 12 V）
测试外部产生的工作电压	测试发生器（120 V 或 230 V±2 VAC，50 Hz 或 60 Hz，1200 Ω±2％）
电源电路分类	功率计、可变电阻负载、秒表
限流电路、极限值	电阻器 2000 Ω±10％，电容测量装置
电信网络电压电路与其他电路的连接	无感电阻 5000 Ω±2％
漏电流	特定标准中指定的测量设备、电源隔离变压器、自耦变压器、电压表、毫伏表、铝箔、特定标准中指定的各种开关电路
介电强度	高压测试仪、用于高压测试的隔离变压器、秒表/计时器
球压测试	符合 IEC 60695-10-2 的测试设备：球压测试仪、千分尺/卡尺、测力计、万用表、至少 125 ℃的烤箱
爬电距离和电气间隙	带导线的示波器、卡尺、千分尺、间距计、测力计（2 N 和 30 N）、标准测试指、显微镜
热循环和热老化	全面通风的烤箱（±2 ℃）、冷却设备（0 ℃）
电线固定	测力计（至少 100 N）、扭力计（至少 0.35 N·m）
电线保护装置	砝码、角度计、半径规

（续表）

测量/测试	设备/材料
稳定性	5°和 10°倾斜平面或倾斜计或三角计算、测力计（至少 220 N）、20 cm×20 cm 测试表面、砝码、测试阈值（高 10 mm、宽 80 mm）、7 cm 表带、秒表/计时器
压力容器	液压测试仪
支持系统	砝码或称重传感器、0.1 m² 测试表面、秒表/计时器、人体测试质量（符合标准 IEC 60601-1）
设备安装在墙壁或天花板上	多个砝码、计时器、扭矩计
X 射线（电离）	辐射监视器、电离室类型（有效面积为 1000 mm²）
微波辐射	辐射仪
高压灯	深色黏性垫、放大镜（分辨率为 0.1 mm）
温度过高	温度指示器/记录器、热电偶、四线电阻装置、黑色测试角、自耦变压器、粗棉布（漂白棉布 40 g/m²）
溢出	15°倾斜平面或倾斜计或三角计算、秒表/计时器、高压测试仪
溢流	烧瓶或量筒、秒表/计时器
危险情况和故障情况	秒表/计时器、电压表、电流表、温度指示器/记录器、热电偶、四线电阻装置、粗棉布（漂白棉布 40 g/m²）
覆盖通风孔	一块密度为 200 g/m² 的卡板
机械强度	测力计（最小 250 N）、直径 30 mm 的圆形平面、50 mm 厚的硬木板（硬木>600 kg/m³）、40 mm 台阶、硬木门框（40 mm²）、循环空气烤箱、天平
冲击试验	ϕ50 mm/(500±25)g 钢球
跌落试验	硬木 13 mm 在(18±2)mm 胶合板上，两层，直尺最大为(1000±10)mm
推车、架子和类似的载具	在圆形平面±30 mm 的情况下，推力不超过 440 N，秒表

（续表）

测量/测试	设备/材料
控制装置的驱动部件、手柄	测力计（至少100N）、扭力计（至少6N·m）、秒表/计时器
电线连接手持式和脚踏式控制设备	测力计（最小350N）、直径30mm的测试工具、秒表/计时器
变压器	变压器绕组测试仪、温度指示器/记录器、热电偶、自耦变压器、负载、5x电压/5x频率源、秒表/计时器
绝缘绕组线，无须交错绝缘	根据IEC 60851-5制备样品；根据60601-1制备电介质；根据IEC 60851-3进行柔韧性和附着力测试；特定直径的心轴；根据IEC 60851-6：1996进行热冲击测试；直径为2mm的不锈钢、镍或镀镍铁
绝缘材料组分类（漏电起痕指数）	符合IEC 60112的测试设备
CRT的机械强度和防止内爆的保护	符合IEC 61965的测试设备、天平、金刚石触针、冷却液、计时器
可听声能	符合ISO 3746、ISO 9614-1或IEC 61672-1的A加权声级计
手传振动	符合ISO 5349-1的测试设备
激光器	符合IEC 60825-1的测试设备
人体暴露于紫外线（UV）辐射	符合IEC 60825-14的测试设备
防火外壳的结构要求	符合IEC 60695-11-10的测试设备
水或颗粒物的进入	符合IEC 60529的测试设备
温度和过载控制装置	符合IEC 60730-1的测试设备
锂原电池	符合IEC 60086-4的测试设备
二次锂电池	符合IEC 62133的测试设备
发光二极管	符合IEC 62471的测试设备
防止静电荷	符合ISO 2882的测试设备

（续表）

测量/测试	设备/材料
（半导体上的）局部放电测试	符合 IEC 60747 - 5 - 5 的测试设备
交流电源线	符合 IEC 60227 的测试设备
应力消除模具	符合 IEC 60695 - 10 - 3 的测试设备：至少 125 ℃的烤箱
除颤保护	标准 IEC 60601 - 1 中规定的 5 kV 测试电路和示波器接口电路，示波器
能量衰减	标准 IEC 60601 - 1 中规定的测试电路，带引线的示波器
紫外线对材料的影响	符合 ISO 178、179、180、527、8256 和 4892 系列标准的测试设备
高压元器件中使用的材料	符合 IEC 60695 - 11 - 5 的针焰测试
绝缘绕组线	符合 IEC 60851 - 3、- 5 和- 6 的测试设备
元器件阻燃性	符合 IEC 60695 - 11 - 5 的针焰测试
芯轴测试	符合 IEC 61558 的测试设备
直接安装导电金属部件的热塑性部件	按照 ISO 306 的维卡软化点测试 B 50 和按照 IEC 60695 - 10 - 2 球压测试设备、至少 125 ℃的烤箱
油管及附件兼容性测试	符合 ISO 527 系列标准的抗拉强度测试装置
正弦振动试验	符合 IEC 60068 - 2 - 6 的振动测试
防止来自外部火花源的内部点火—火花试验	符合 IEC 60896 - 21 的设备

14.5.6 电磁兼容测试设备

表 14.6 列出了最常见的电磁兼容测试，以及进行测试所需的相关测试/测量设备/材料。第 14.8 节提供了进行其中一些测试更详细地说明。

表 14.6　电磁兼容测试和测试设备

测量/测试	设备/材料
简易电气元器件的发射（CISPR 14-1）	电磁干扰接收器、人工电源网络（AMN）也称为线路阻抗稳定网络（LISN）、脉冲限制器、电压探针、点击计、吸收钳
照明设备的发射（CISPR 15）	测试接收器、人工电源网络、脉冲限制器、信号发生器、虚拟灯、对称/非对称变压器、三环天线
工业、科学和医疗设备的发射（CISPR 11）：在 150 khz～30 Mhz 频率范围内测量电源上的传导干扰 测量 30 MHz 和 1 GHz 之间及 1 GHz 和 18 GHz 之间的辐射干扰 无法使用人工电源网络时测量电源上的传导干扰	符合 CISPR 16 标准的接收器或频谱分析仪[带准峰值（QP）适配器和预选器]、人工电源网络、脉冲限制器、人工手、电流探针、半电波暗室和吸收器或开阔试验场（OATS）（适用于 $f<1\,GHz$）、电波暗室（适用于 $f>1\,GHz$）、双锥天线和对数周期天线或双对数周期天线、双脊喇叭天线、射频放大器、射频同轴电缆、高通滤波器、衰减器、三环天线、环形天线、LPDA 天线或标准增益喇叭或双脊喇叭天线、带阻滤波器、电压探针
信息技术设备（ITE）的发射（CISPR 22）	测试接收器或频谱分析仪（带准峰值适配器和预选器）、人工电源网络、脉冲限制器、电流探针、半电波暗室或吸收器或开阔试验场（适用于 $f<1\,GHz$）、双锥天线和对数周期天线或双对数周期天线、双脊喇叭天线、射频放大器、电波暗室（适用于 $f>1\,GHz$）
多媒体设备的发射（CISPR 32）：来自交流电源端口的传导发射、非对称模式在带金属屏蔽层或张力构件的有线网络端口和光纤端口上传导的发射、测量高达 1 GHz 及 1 GHz 以上的辐射干扰	接收器或频谱分析仪＋预选器＋准峰值适配器（符合 CISPR 16-1-1 标准）、人工电源网络、非对称人工网络[非对称人工网络（AAN）]、射频同轴电缆、高通滤波器、衰减器、电容式电压探针、电流探针、150-50 适配器[替代非对称人工网络、宽带线性极化天线（如双锥形天线、对数周期天线、混合天线、标准喇叭天线或双脊形导向天线）]、开阔试验场或全电波暗室（FAR）、射频放大器
谐波失真（IEC 61000-3-2）	电源、谐波计
电压波动和闪烁（IEC 61000-3-3）	电源、闪变仪、阻抗网络、电压波动仪
额定电流小于或等于 75 A 且有条件连接的公共低压供电系统设备中电压变化、电压波动和闪烁的发射限值（IEC 61000-3-11）	电源、闪变仪、参考阻抗网络

（续表）

测量/测试	设备/材料
输入电流＞16 A且每相小于或等于75 A的连接至公共低压系统的设备产生的谐波电流的发射限值（IEC 61000-3-12）	电源、谐波计
静电放电（ESD）抗扰度试验（IEC 6100-4-2）	静电放电仿真器、水平耦合平面、垂直耦合平面、放电电极（用于空气放电和直接放电）、放电返回电缆、泄流电阻器、绝缘支架
抗射频和电磁场辐射干扰的抗扰度试验（IEC 61000-4-3）	信号发生器、射频功率放大器、函数发生器、双锥形天线和对数周期天线或双对数周期天线、喇叭天线、毫伏表（或带功率传感器的功率计）、各向同性场探针、定向耦合器、功率放大器、电波暗室或半电波暗室（SAC）、射频同轴电缆、控制器（如PC和控制器软件）
电快速瞬变脉冲群抗扰度试验（IEC 61000-4-4）	短脉冲串发生器、耦合/去耦网络（CDN）、电容钳、用于直接插入的33 nF电容探针、参考地平面、互连电缆（用于钳到发生器）
浪涌抗扰度试验（IEC 61000-4-5）	浪涌发生器、耦合/去耦网络、参考地平面
由射频场感应所引起的传导干扰抗扰度试验（IEC 61000-4-6）	信号发生器、射频功率放大器、连续波发生器、衰减器、EM钳、铁氧体去耦管、耦合/去耦网络（CDN）、毫伏表、射频探针、耦合器、射频同轴电缆、带功率传感器的功率计、正弦发生器、电流钳、100～50 Ω适配器和直接插入装置、人工手、50 Ω端接、电磁干扰滤波器
工频磁场抗扰度试验（IEC 61000-4-8）	测试发生器、方形或矩形线圈和其他感应线圈（如亥姆霍兹线圈）、磁场探针、磁场测试仪、去耦网络、后置滤波器
脉冲磁场抗扰度试验（IEC 61000-4-9）	测试发生器、方形线圈
对电源输入线上的电压骤降、短时中断和电压变化进行抗扰度测试（IEC 61000-4-11）	测试发生器、三相选择器
横向电磁（TEM）波导中的发射和抗扰度试验（IEC 61000-4-20）	接收器或频谱分析仪＋预选器＋准峰值适配器（符合CISPR 16-1-1标准）、射频同轴电缆、横向电磁（用于替代半电波暗室、开阔试验场或全电波暗室）

（续表）

测量/测试	设备/材料
住宅、商业和轻工业环境的发射测试(IEC 61000-6-3)：测量网电源上的传导干扰、测量电信/网络端口和直流端口上的传导共模干扰、测量不连续干扰（端子电压）、测量高达 1 GHz 及以上的辐射干扰	接收器或频谱分析仪＋预选器＋准峰值适配器（符合 CISPR 16-1-1标准）、人工电源网络、射频同轴电缆、非对称人工网络、高通滤波器、衰减器、电流探针、电压探针、150～50 Ω 适配器、共模吸收装置（用于替代非对称人工网络）、点击表、接收器（150 kHz）、接收器（500 kHz）、接收器（1.4 MHz）、接收器（30 MHz）、示波器、双锥形天线和对数周期天线或双对数周期天线、开阔试验场、全电波暗室(FAR)、共模吸收装置(CMAD)、射频放大器、宽带线性极化天线（如标准喇叭或双脊导向天线）
工业环境的发射测试(IEC 61000-6-4)：测量电源上的传导干扰、测量电信/网络端口上的传导共模干扰、测量不连续干扰（端子电压）、测量高达 1GHz 及以上的辐射干扰	接收器或频谱分析仪＋预选器＋准峰值适配器（符合 CISPR 16-1-1标准）、人工电源网络、射频同轴电缆、非对称人工网络、高通滤波器、衰减器、电流探针、电压探针、150～50 Ω 适配器、共模吸收装置（用于替代非对称人工网络）、点击表、接收器（150 kHz）、接收器（500 kHz）、接收器（1.4 MHz）、接收器（30 MHz）、示波器、双锥形天线和对数周期天线或双对数周期天线、开阔试验场、FAR 全电波暗室、共模吸收装置、射频放大器、宽带线性极化天线（如标准喇叭或双脊导向天线）

　　电磁兼容试验场[10]应允许将被测物体的干扰与环境噪声区分开。可通过以下方法确定电磁兼容试验场在这方面的适用性：在被测物体不起作用的情况下测量环境噪声水平，并确保噪声水平至少比规定限值低 6 dB。

　　如环境噪声和源干扰的总和均不超过规定限值，则环境噪声电平不必比规定限值低 6 dB。如环境噪声和源干扰的总和超过规定限值，则如证明在任何超出该限值的测量频率下满足以下两个条件之一，则被测物体应被判定为不满足指定的限值：

● 环境噪声电平至少比环境噪声和源干扰的总和低 6 dB。

● 环境噪声电平至少比规定限值低 4.8 dB。

　　开阔试验场应位于开放的平面区域上，并满足正规化试验场衰减值为 CISPR 16-1-4 中标准化试验场衰减值的±4 dB。开阔试验场应无任何反射物体，如建筑物、架空电缆、墙壁、树木、地下电缆和管道（图 14.4，其中 R 代表测量距离）。

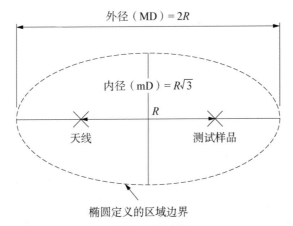

图 14.4 开阔试验场周围范围内的地面上方应没有任何反射物体[10]

电磁波半电波暗室是一个屏蔽的房间,除地板外,周围都是电磁波吸收板。电磁波半电波暗室应满足开阔试验场的衰减要求。此外,在转盘上的被测物体占据的区域内,在 30 MHz~1 GHz 范围内的所有频率下,电磁波半电波暗室也不应出现电磁波传播特性的快速变化。

为了在产品的电源输入上进行传导发射电压测量的特定目的,CISPR 16‑1 定义了一个称为"人工电源网络"的传感器。美国的线路阻抗稳定网络被更广泛地使用,也指人工电源网络。人工电源网络/线路阻抗稳定网络具有以下三个主要用途:

- 定义被测物体主端口看到的射频阻抗。
- 将来自被测物体电源端子的干扰信号耦合至测量仪器,并防止将电源电压直接施加到测量仪器上。
- 为了减少输入电源电路中可能出现的环境噪声。

人工电源网络在电源频率下应具有尽可能小的串联电压降。在任何情况下、被测单元的电压都不必低于额定电压的 95%。网络应能够连续显示最大电流。必须使用 50Ω、$50 \mu H$ 类型的人工电源网络/线路阻抗稳定网络。

使用线路阻抗稳定网络时,应考虑以下特征:

- 0.15~30 MHz 频率范围内的共模终端阻抗。
- 线路阻抗稳定网络应与连接被测单元和辅助设备(AE)的所有必

要的适配器一起进行校准。

- 线路阻抗稳定网络应衰减。
- 应对来自辅助设备(AE)的共模电流或电压干扰进行隔离(去耦)。
- 应有纵向转换损耗(LCL)。
- 应有一个分压系数。

为了获得准确且可重复的电磁兼容测试结果,重要的是使用经过适当监督的测量仪器。测量仪器必须满足 CISPR 16-1 中规定的重要条件。这些仪器(如测量接收器、频谱分析仪、天线、人工电源网络、阻抗稳定网络、电流探针和电缆)必须定期进行校准,如有必要,并频繁进行检查。用于校准的认证标准有必要直接或间接追溯至该国家标准。建议对包含有源元器件的天线和测量仪器进行大约每年一次的校准。出于可追溯性的原因,并根据国际标准化,每项测试结果应随附与所用测试设备相关的信息(表 14.7)。

表 14.7　使用测试设备列表

测试设备名称	制造商	型号	精度	上一次校准
xxxxx				
yyyyy				
zzzzz				

14.6　一般测试条件

进行测试时,应遵循以下一般条件[1]:

- 在将被测物体设置为正常使用条件后,制造商将在随附文件中指定的最不利的工作条件下进行测试。
- 进行测试之前,应将被测物体与网电源断开。如不能将被测设备与电源断开,则应采取特殊的预防措施以防止造成伤害。
- 在电磁兼容抗扰度试验之前,须安装一种在每次暴露之前、期间和之后对被测物体的基本性能进行监视的设备[即闭路电视(CCTV)]。

- 电缆和电线(如电源线、测量导线和数据电缆)的放置位置应尽量减少其对测量的影响。
- 被测物体应避免可能影响测试有效性的其他影响。
- 考虑到技术说明中描述的环境温度、湿度和压力,应在最坏情况下进行测试,具体取决于测试及这些参数对测试结果的影响。如测试不受这些参数的影响,则可在指定范围内的任何位置进行测试。
- 在测试过程中,将具有可调整或控制操作值的设备调整为最不适合相关测试的值,但要遵循使用说明。
- 如测试结果受电源电压与其额定电压的偏差影响,则应考虑这种偏差的影响。
- 如不能保持环境温度,则应修改测试条件并相应调整结果。
- 风险分析的结果应用于确定测试哪些是同时故障的组合。
- 合格人员应执行这些测试。资质包括有关学科、知识、经验以及对相关技术和法规的熟悉程度的培训。人员应能够评估安全性,且应能够识别由于不合格设备而可能造成的后果和危害。
- 可能会影响被测物体的安全性或测量结果的设备附件应包括在各项试验中并形成文件。
- 如测试结果受冷却液的入口压力和流量或化学成分的影响,则应在技术说明中规定的这些特性的限值范围内进行测试。
- 如分析表明被测试的条件已通过其他测试充分评估,则无须进行测试。
- 仅在设备使用说明中要求时才打开盖子和外壳。
- 仅用于交流的设备应使用交流电在额定频率(如有标记)下进行测试(对于 0~100 Hz 之间的额定频率为 ±1 Hz,对于高于 100 Hz 的额定频率则为±1%)。标有额定频率范围的设备应在该额定频率范围内的最低频率下进行测试。
- 设计用于一个以上额定电压或同时用于交流和直流的设备,应在与最不利的电压和电源性能相关的条件[如相数(单相电源除外)和电流类型]下进行测试。为了确定哪种电源配置最不利,可能有必要多次进行某些测试。

- 仅用于直流的设备应使用直流电进行测试。在进行测试时,应考虑极性对设备运行的影响。
- 如使用说明指定设备旨在从独立电源获得电源,则应将设备连接至该电源。
- 进行的所有测试均应全面进行记录。该文件应至少包含以下数据:
  (1) 测试机构(如公司和部门)的鉴定。
  (2) 进行测试和评估人员的姓名。
  (3) 被测物体和被测附件的标识(如类型、序列号和库存编号)。
  (4) 测量(测量值、测量方法、测量设备和环境条件)。
  (5) 进行评估的个人的评估日期和签名。

产品基本安全和电磁兼容测试中使用的网电源

用于测试的网电源应具有以下特性[11-12]:

- 适用的电磁兼容标准中规定的电压骤降、短暂中断和电压变化。
- 系统的任何导体之间或这些导体与地面之间的电压均不得超过标称电压的110%或低于标称电压的90%。
- 电压波形实质上是正弦波,且构成实质上是对称电源系统的多相电源。
- 频率不超过1kHz。
- 按照 IEC 60364-4-41(GB/T 16895.21)中描述的保护措施。
- 峰间波纹不超过平均电压10%的(通过动圈式仪表或等效方法测得的)直流电压。如峰间波纹超过平均电压的10%,则必须采用峰值电压。

14.7 产品基本安全测试

产品基本安全测试是在被测物体良好的状态下进行。其中包含执行产品安全标准[1]要求的测试框架。这些测试是作为一系列测试程序提出的。这些测试分为以下三类:

- 通过检查被测物体进行的测试。

- 在未通电的情况下对被测物体进行的测试。
- 在通电的情况下对被测物体进行的测试。

每项测试程序将描述以下内容：

- 测试类别。
- 适用标准。
- 测试范围。
- 测试设备。
- 测试期间的工作安全预防措施。
- 测试样品的制备。
- 测试条件。
- 特别建议。
- 测试执行。
- 测试程序。
- 测试结果。
- 观察。

14.7.1 通过检查产品进行的测试

14.7.1.1 目击检查（表 14.8）

表 14.8 目击检查表

测试类别：通过检查产品执行	基本安全标准
a) 测试范围： 为确保设备提交测试： (1) 包括制造商指定并包含在用户手册中的部件 (2) 没有遭受任何外部损坏和污染 (3) 具有与被测物体的额定值兼容的元器件 (4) 具有符合用户手册中所包含产品规格的标志	b) 测试所需的测试/测量设备： 卡尺 光学放大设备
c) 测试期间的工作安全预防措施：不适用	d) 测试样品制备： 一个代表性的测试样品 用于电源线绝缘 5～7 mm，以便使用卡尺测量电线直径

(续表)

测试类别：通过检查产品执行	基本安全标准
e) 测试条件： 测试期间切勿给被测物体通电 提供足够照明	f) 特别建议： 计算横截面积（单位：mm²） 为 πr^2

g) 测试执行：
被测物体应处于正常使用条件（电源已断开：电源开关处于"关"位置；电池已卸下）

h) 测试程序：
以下是应进行的典型目击检查：
(1) 外壳：查找损坏、裂缝等
(2) 污染：查找运动部件、连接器插销等是否阻塞
(3) 电缆(电源和互连)：查找是否有切口、连接错误等
(4) 电源线：检查电源线导体的横截面积是否符合产品额定值上的标准要求值
(5) 保险丝等级：检查正确的值和标记
(6) 标记和标签：检查安全标记的完整性(如可读且完整)
(7) 机械部件的完整性
(8) 所需文件,如使用说明—检查是否存在并反映设备的当前版本
(9) 接地—检查接地连接的完整性
(10) 检查被测物体的电路图,以识别须包含在清单元器件中的任何关键元器件。使用元器件清单确定这些元器件的类型和制造商。验证每个关键元器件的批准、数据表和(或)图纸,并评估这些元器件是否在指定的额定范围内工作。如无法通过电路分析确定运行条件,则根据其他测试(如加热测试)确定这些额定值。验证所有塑料(即 PCB 板、连接器、风扇、绝缘体、线轴、继电器外壳、塑料保险丝座、套管、绝缘电缆和塑料外壳)的可燃性等级。只有尺寸足够大的塑料才能影响火势的蔓延。如附近有少量塑料,则应考虑累积效应

i) 测试结果：
环境测试条件：
温度：xx℃
相对湿度：yy%
大气压力：zzz mmHg
被测产品：
型号_____制造商_____
起草一份包括已检查的、已签发的设备和设备接受状态(通过/未通过测试)的检查表

j) 观察：不适用

14.7.2 产品未通电时执行的测试

14.7.2.1 接地连接和连续性(表 14.9)

表 14.9 接地连接和连续性测试及适用标准

测试类别：在产品未通电时执行	基本安全标准
a) 测试范围： 证明接地导体和在 I 类设备的故障情况下可能会带电的任何金属导电部件之间的低电阻连接的完整性	b) 测试所需设备： (1) 频率为 50 Hz、60 Hz 或直流且空载电压不超过 6～12 V 的可调交流电源，能够产生 25～40 A 或相关电路最高额定电流的 1.5 倍[以较大者为准(±10%)] (2) 适用电压表和电流表 (3) 各种连接器和电缆 (4) 分流器或可用接地连接测试仪代替上述设备
c) 测试期间的工作安全预防措施： 大电流测试可能会导致导电部件过度局部发热并可能引起灼伤	d) 测试样品制备： 应使用完整的被测物体
e) 测试条件：在此测试期间，切勿给被测物体通电	f) 特别建议：无特别建议

g) 测试执行：

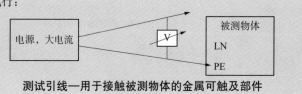

测试引线—用于接触被测物体的金属可触及部件

h) 测试程序：

(1) 从频率为 50 Hz、60 Hz 或直流且空载电压不超过 6～12 V 的测试源中使用 25～40 A 的电源或相关电路最高额定电流的 1.5 倍[以较大者为准 (±10%)]的测试电流，测试时间为 5～10 s：

电器插座的保护性接地端子或保护性接地触点，或者电源插头和每个保护性接地部件的接地插脚，每个保护性接地部件或可拆卸电源线(3 m)长的电源插头，以及进行保护性接地的设备的任何部分

(2) 测量接地端子和要接地的部分之间的电压降，并计算这两个点之间的电阻

(3) 应考虑测试仪器引线的阻抗

i) 测试结果：

环境测试条件：

温度：xx℃

相对湿度：yy%

大气压力：zzz mmHg

被测产品：

型号＿＿＿＿＿ 制造商

（续表）

测试类别：在产品未通电时执行		基本安全标准		
PE 连接阻抗				
测试位置	测试电流	持续时间	实测电压	电阻
	I /A	/s	U /V	$R=U/I$ /Ω

j) 观察：

(1) 尽管许多 I 类设备提供了一个等电位点，但该设备须进行多个接地连接测试，以验证外壳上其他金属可触及部件的连接

(2) 较高的测试电流（10A 或更高）可能会损坏被测物体的已连接至保护地但具有屏蔽等功能的某些部件。因此，应考虑测试电流

(3) 小于 8A 的低测试电流可能始终无法克服与收缩、压力或膜层电阻因素引起的接触电阻相关的问题，因此，可能会显示相对较高的读数和指示不必要的失效

14.7.2.2 介电强度(表 14.10)

表 14.10 介电强度测试及基本安全标准

测试类别：在产品未通电时执行	基本安全标准
a) 测试范围： 证明固体绝缘的完整性	b) 测试所需设备： 介电强度的交流和（或）直流测试仪（HiPot）(如适当)。注：为了确保及时对测试电压进行标准化控制，建议采用使用程控测试电压的测试仪。在某些情况下，手动调整测试电压可能很有用。测试设备应显示通过绝缘的电流测量值。或者在需要的地方，可使用串联的电流表来测量电流，只要电流表能够对测试的高压提供足够的保护。增加串联阻抗可保护电流表不受高压影响。对于较早的介电强度测试设备，可使用任何测量斜坡时间的装置（秒表、钟表或时钟）
c) 测试期间的工作安全预防措施： 高压开始后，不得接触产品、测试设备、测试引线及任何辅助设备和元器件。在测试位置设置足够的标	d) 测试样品制备： (1) 产品的配置必须允许根据绝缘图测试所有固体绝缘 (2) 遵守允许电气测试节点的任一电路侧短路并卸下指定元器件的标准要求

（续表）

测试类别：在产品未通电时执行	基本安全标准
识和警告。应特别考虑有人可能接触高压的可能性 　测试站的设计应避免意外接触高压部件 　在高压激活过程中，测试操作员不应将测试探针握在手中 　采取预防措施以防止导电液体靠近测试站 　采取步骤（包括培训）以确保测试操作员在测试过程中不会分散注意力（如与他人交谈或打电话） 　测试操作员已得到适当的培训、授权，且在物理/心理上能够执行测试	（3）在一个以上的固体绝缘上进行测试时，应考虑不同阻抗对所涉及的固体绝缘的影响，以及测试电路中特定固体绝缘的过电压应力。在这种测试情况下，可能须使用适用的介电强度测试电压对每个固体绝缘进行单独测试 （4）用箔片紧密盖住由非导电材料制成的外壳或其部件。放置箔片，使其不桥接被测固体绝缘，但可测试所有适用区域 （5）连接至被测物体的电缆和导线表面应视为被测物体外壳的一部分 （6）根据元器件的相关分析，电源线的表面可免除缠绕箔片和电气测试节点

e) 测试条件：
　连接测试电路（开关和继电器触点闭合），但不得将被测单元通电。如必要（为防止蓄电池供电的被测单元通电），使用固体绝缘材料堵住蓄电池的一极
　在进行湿度预处理及在高温测试达到稳态运行之后，立即进行测试

f) 特别建议：
无特殊要求

g) 测试执行：

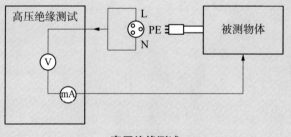

高压绝缘测试

h) 测试程序：
（1）在进行测试之前，与制造商就设备设计、绝缘图和适当的测试策略进行讨论。确定要施加在每个固体绝缘和电路装置上的介电强度电压和波形，包括要拆除的任何元器件和要短路的任何电路
（2）在两次保护方法固体绝缘之前，先对单个保护性固体绝缘进行测试

（续表）

测试类别：在产品未通电时执行	基本安全标准

（3）通过施加不超过测试电压一半的电压，然后在 10 s 的时间内使电压斜升，保持 1 min 并在 10 s 的时间内斜降至小于测试电压的一半，按顺序执行每项介电强度测试

（4）击穿（电流以不受控制的方式迅速增加）构成失效。电晕放电或单个瞬时闪络不视为绝缘击穿

（5）观察介电强度测试电压的变化与通过固体绝缘体的电流变化之间的线性关系，可提供有关固体绝缘体的有用信息

i) 测试结果：

环境测试条件：

温度：xx℃

相对湿度：yy%

大气压力：zzz mmHg

被测产品：

型号_____制造商_____

电介质

被测绝缘（绝缘图上标出的区域）	绝缘类型（功能、基本、双重和加强）	工作电压(V)	测试电压(V)	备注

j) 观察：不适用

14.7.3 产品通电时进行的测试

14.7.3.1 最大输入电流（表 14.11）

表 14.11 最大输入电流测试及基本安全标准

测试类别：在产品通电时进行	基本安全标准
a）测试范围： 确定在最大负载运行条件下产品的最大输入电流 最大输入电流不应超过产品规定中指定的额定	b）测试所需设备： （1）可调稳压交流电源 1～270 V, 50/60 Hz, 15 A 或其他类似的电压和频率，具体取决于产品的输入额定值

（续表）

测试类别：在产品通电时进行	基本安全标准
电流限值	（2）合适的真有效值的校准电压表和电流表 （3）功率分析仪（宽带数字复合波形 VAW 表） （4）适当的负载电阻器和（或）可选附件 （5）各种互连电缆
c）测试期间的工作安全预防措施： 在此测试期间，使用正常的实验室工作安全程序 确定用于被测物体的电源输入电路的正确类型十分重要	d）测试样品制备： 能在正常使用中产生最大负载的产品和所有可选附件的一种代表性样品
e）测试条件： 测试配置应模拟可能会影响测试结果的最坏正常使用条件（最大负载）	f）特别建议： 无特别建议

g）测试执行：

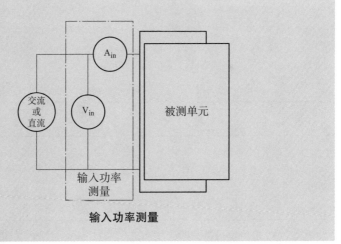

输入功率测量

h）测试程序：

（1）将正常负载连接至被测物体，并在最严格的正常使用条件下运行被测物体，直到输入达到稳定值为止

（2）在正常负载和正常占空比，以及最小额定电压的 90% 和最大额定电压的 110% 之间的最小电压下有利操作被测物体

（续表）

测试类别：在产品通电时进行	基本安全标准

（3）在最低和最高额定电压(以范围形式提供时)下，测量并记录输入电流、功率
（W 或 VA）。可扩展时，在每个标称标记的设置下进行测量

单数时，在标称标记电压下进行测量

使用有效值读数仪测量稳态电流或平均电流

额定输入功率[如以 W 或 VA 为单位表示(取决于功率因数；如 PF＞0.9 则以 W
为单位)]可用伏安表测量，也可用稳态电流（按照上述方法进行测量）和电源电压
的乘积来确定

---

i) 测试结果：

环境测试条件：

温度：xx℃

相对湿度：yy％

大气压力：zzz mmHg

被测产品：

型号_____制造商_____

输入最大电流（功耗）

运行条件	电压/V	频率/Hz	电流/A	功率（VA 或 W）	备注
最大负载					

j) 观察：不适用

14.7.3.2 正常加热（表 14.12）

表 14.12 正常加热测试及基本安全标准

测试类别：在产品通电时进行	基本安全标准
a) 测试范围： 确定正常运行条件下设备部件的温度。温度不得超过材料规范或适用标准中指定的温度限值。确定元器件和材料是否达到可能	b) 测试所需设备： （1）温度记录仪（数据记录仪） （2）与温度记录仪兼容的 30 号 AWG（推荐）焊接热电偶（如 K 型和 T 型） （3）电压表

（续表）

测试类别：在产品通电时进行	基本安全标准
会发生失效（该失效会导致火灾或燃烧危险）的足够高温度	(4) 漆黑色测试角，其线性尺寸至少为被测单元线性尺寸的 115％ (5) 可调节的交流稳压电源或其他类似的电压和频率，具体取决于产品的输入额定值 (6) 负载电阻器和（或）可选附件 (7) 欧姆表 (8) 用于固定热电偶的材料（胶） (9) 观看或以任何其他方式测量时间 (10) 任何核实频率的方式
c) 测试期间的工作安全预防措施： 在此测试期间，使用正常的实验室工作安全程序 可使用适当的灭火器；连接热电偶并进行测试时，由于危险电压放置部件时要小心	d) 测试样品制备： 在正常使用中可产生最大负载的被测物体和所有可选附件的一种代表性样品
e) 测试条件： (1) 可测量温度的地方包括多芯电线的分离点和绝缘线进入灯座的位置 (2) 将手持式被测物体静止悬挂在正常位置 (3) 除非通过开关联锁装置阻止，否则在最大额定电压的 110％ 的电源电压下操作其所有加热元件通电的被测物体 (4) 在正常负载和正常占空比，以及最小额定电压的 90％ 和最大额定电压的 110％ 之间的最小有利电压下操作被测物体 (5) 当分别测试模块时，测试配置应模拟影响测试结果的最坏正常使用条件 (6) 对于热电偶放置，应考虑电压和频率对温度记录仪的影响	f) 特别建议： (1) 黑色测试角就是三块 20 mm 厚胶合板形成的直角，并涂成纯黑色。胶合板的整个表面覆盖直径为 7 mm，相距为 100 mm 孔形成的网格。将带热电偶的变黑的铜盘或黄铜盘连接至孔上。将变黑的铜盘或黄铜盘放置在足够的孔中，以覆盖被测产品的表面区域。测试角的线性尺寸必须至少为被测单元线性尺寸的 115％。将热电偶连接至被测单元外壳最热区域的壁表面。如须使用铜盘或黄铜盘，则将热电偶连接至位于最热的位置，直径为 15 mm ± 5 mm，厚度为 1 mm ± 0.5 mm 的铜盘或黄铜盘。根据技术说明的要求，内置要安装在外壳内或壁上的被测单元，使用的是技术说明中要求的厚度为 10 mm 的黑色胶合板柜壁和厚度为 20 mm 的黑色胶合板建筑物墙壁 (2) 当使用热电偶确定绕组温度时，将温度限值降低 10 ℃。在这种情况下，通过选择和放置的对被测部件的温度影响

(续表)

测试类别：在产品通电时进行	基本安全标准
	可忽略不计的设备进行测试。确定可能导致失效的绝缘表面位置的绝缘温度（而不是绕组温度） （3）短路 （4）保护方法桥接 （5）绝缘桥接 （6）将间距（爬电距离或电气间隙）减小至绝缘类型指定的间距以下

g) 测试执行：

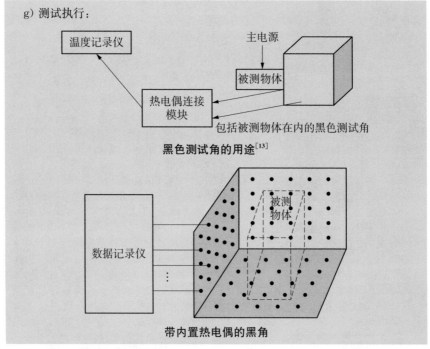

黑色测试角的用途[13]

带内置热电偶的黑角

h) 测试程序：

（1）在位于选定点上的被测单元位置，将热电偶插入黑色测试角中的被测物体

（2）在最大负载模式下，以被测物体的额定电压的 110% 进行操作，直到达到热稳定[连续两次（至少在 10 min 内）温度读数的最大差值为 0.5℃]

（3）记录每个测量点达到的最高温度

（4）对于绕组，首选的温度测量方法是电阻变化（COR）法。铜绕组的温升由下式进行计算：

$$\Delta T = R2 - R1/R1(234.5 + T1) - (T2 - T1)$$

（续表）

测试类别：在产品通电时进行	基本安全标准

式中 ΔT 表示温升（单位：℃）；
　　 R1 表示测试开始时的电阻；
　　 R2 表示测试结束时的电阻；
　　 T1 表示测试开始时的室温（单位：℃）；
　　 T2 表示测试结束时的室温（单位：℃）。

在测试开始时，绕组处于室温下

断开后尽快进行电阻测量，然后定期进行电阻测量，以便绘制电阻随时间变化的曲线，从而确定断开瞬间的电阻值

（5）通过进行测量、计算温升并将温升与最大允许环境温度相加来确定最高温度

i）测试结果：
环境测试条件：
温度：xx℃
相对湿度：yy%
大气压力：zzzmmHg
被测产品：
型号_____制造商_____

热电偶法温度测量结果

常温

电源电压：	测试条件：
环境温度：℃	测试持续时间：
测量位置	实测温度（℃）　备注

电阻变化法温度测量结果

电阻变化（COR）法温度测量

绕组名称	T1 ℃	R1 W	T2 ℃	R2 W	ΔT ℃	T＝T2＋ΔT ℃	备注

j）观察：不适用

14.7.4　漏电流(表 14.13)

表 14.13　漏电流测试及适用标准

测试类别：对通电产品执行	基本安全标准
a) 测试范围： 评估操作时产品的用户可触及部件，流向地面的漏电流	b) 测试所需的测试/测量设备： (1) 电压表 (2) 具有真有效值功能的数字存储示波器 (3) 带隔离变压器的交流电源的可变电源 (4) 测量设备(如 j 观察中所示)
c) 测试期间的工作安全预防措施： 实验室正常工作安全程序	d) 测试样品制备： 将被测单元(包括附件)(如有)放置在介电常数约为 1 的绝缘表面(如发泡聚苯乙烯)上 电源电路和测量设备的位置应尽可能远离未屏蔽的电源线。避免将被测单元放在较大的接地金属表面上或附近 如未使用隔离变压器进行测量(如对于非常高的输入功率)，应将测量设备的参考地连接至网电源的保护地上
e) 测试条件： (1) 对于单相产品，电源的极性是可逆的，且在两种极性下均进行测试 (2) 使用该电源线对附带电源线的产品进行测试 (3) 在通过长度为 3 m 或制造商指定的长度和类型的可拆卸电源线连接至电源电路的同时，对带电器插座的产品进行测试 (4) 通过尽可能短的连接，在连接至电源电路时对永久安装的产品进行测试 (5) 如可能会出现频率超过 1 kHz 的大电流或电流分量，应使用其他适当装置(如 1 kΩ 无感电阻器和适当的测量仪器) 进行测量 (6) 测量仪器(电压表)的输入电阻应至少为 1 MΩ，输入电容应不超过 150 pF。测量仪器(电压表)应显示有效值直流电压、交流电压或	f) 特别建议： 无特殊要求

（续表）

测试类别：对通电产品执行	基本安全标准
具有从 0.1 Hz～1 MHz 频率的分量的复合波形，其指示误差不超过指示值的±5% (7) 测量仪器（电压表可指示通过测量设备的电流，包括自动评估频率高于 1 kHz 的元器件 (8) 被测物体应处于正常使用条件下 (9) 指定用于连接网电源的产品已连接至适当的电源	

g）测试执行[12]：

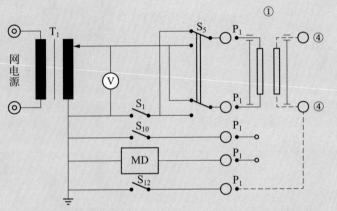

具有或没有应用部分的 I 类医疗设备对地漏电流的测量电路

使用以下方法测量 S_5、S_{10} 和 S_{12} 的所有可能位置组合：S1 闭合（正常状态）和 S1 断开（单一故障状态）

h）测试程序：

漏电流的测量在以下条件的任意组合中进行：

在湿度预处理后的工作温度下

在正常和单一故障状态下（一次中断一根电源导体）

产品处于待机状态下通电且完全运行，电源部分中的任何开关处于任何位置

最高的额定电源频率。等于最高额定电源电压的 110%的电源

测量参考点可切换至电源线的火线、零线或地线

通过接地连接器测量从外壳至其中一根电线或从外壳上的一个点到另一点的电流

如产品具有一根以上的保护接地导体（如一根导体连接至主外壳，一根导体连接至单独的电源设备），则要测量的电流是流入设备保护接地系统的电流总和

测量在非永久性安装产品中可通过功能性接地导体的漏电流

（续表）

测试类别：对通电产品执行	基本安全标准

i) 测试结果：
环境测试条件：
温度：xx℃
相对湿度：yy%
大气压力：zzmmHg
被测产品：
型号_____制造商_____

漏电流测量值

漏电流

漏电流类型和测试条件 （包括单一故障）	电源电压/V	电源频率 /Hz	实测最大值 /μA	备注

j) 观察：

在模拟人体阻抗的同时，使用测量设备（MD）进行漏电流测量。此测量设备的结构与产品安全标准上规定的结构有所不同。应遵循 IEC 60601-1（医疗电气设备）和 IEC 60950-1（信息技术设备）的两个示例。IEC 60950-1 中规定的相同测量设备也适用于 IEC 61010-1 标准中规定的测量、控制和实验室设备

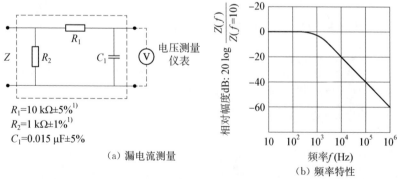

$R_1=10\,\text{k}\Omega\pm5\%^{1)}$
$R_2=1\,\text{k}\Omega\pm1\%^{1)}$
$C_1=0.015\,\mu\text{F}\pm5\%$

（a）漏电流测量

（b）频率特性

医疗电气设备测量设备（IEC 60601-1）的漏电流测量及其频率特性[12]

（续表）

测试类别：对通电产品执行	基本安全标准

电阻器应为无电感类型
电压测量仪器的最小电阻应为 1 MΩ，最大电容应为 150 pF
$Z(f)$ 是频率为 f 的电流其网络传输阻抗，如 Vout/In

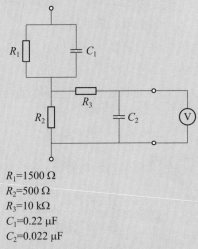

R_1=1500 Ω
R_2=500 Ω
R_3=10 kΩ
C_1=0.22 μF
C_2=0.022 μF

IEC 60950 - 1 和 IEC 61010 - 1 标准中使用的测量设备[14]

V-电压表或示波器（有效值或峰值读数）
输入电阻＞1 MΩ
输入电容＜200 pF
频率范围：15 Hz～1 MHz
此测量设备用于交流电（频率不超过 1 MHz）或直流电

14.8　电磁兼容测试

电磁兼容，即设备在电磁环境中能够令人满意地运行而不会对电磁环境中的任何事物造成不可容忍的、电磁干扰的能力，与安全的其他方面有所不同，因为在所有设备的正常使用环境中，电磁现象以不同的严重程度存在，根据定义，设备必须在其预期的环境中"令人满意地"运行，以建立电磁兼容性。这意味着常规的单一故障安全方法在此不适用。

可将电磁干扰（可能降低设备性能的任何电磁现象）与环境温度、湿度和大气压力进行比较。

如被测物体包括交流电源和电池组,则应使用其交流电源进行测量。如蓄电池是二次电池(可充电),且被测物体可在充电时工作,则也应使用其交流电源进行测量。

被测物体应在额定工作电压范围和典型负载条件下工作。通常,产品标准规定了须进行电磁兼容测试的工作电压。如被测物体使用软件,则测试报告应指定测试期间使用的软件版本。

以下是一些包含执行电磁兼容发射和抗扰度标准所需的测试框架的示例。这些示例是作为一系列测试程序呈现的,结构与 14.7 节中的结构相同。所有电磁兼容测试均在被测物体通电的情况下进行。

14.8.1 发射测试

14.8.1.1 辐射发射(表 14.14)

表 14.14 辐射发射的测试及适用标准

测试类别:对通电产品执行	适用标准 CISPR 11;CISPR 22;CISPR 16 - 1;CISPR 32;CISPR 16 - 2;ANSI C63.4
a) 测试范围: 评估被测物体的外壳端口和接口电缆的辐射发射性能	b) 测试所需设备: (1) 电磁干扰接收器＋预选器＋准峰值适配器(符合 CISPR 16 - 1 - 1 标准) (2) 转盘 (3) 天线杆和桌子控制 (4) 射频同轴电缆 (5) 高通滤波器 (6) 衰减器 (7) 宽带线性极化天线(双锥天线、对数周期天线、混合天线、标准喇叭天线、天线杆、双脊形导向天线) (8) 开阔试验场 (9) 全电波暗室
c) 测试期间的工作安全预防措施: 在此测试期间,使用正常的实验室工作安全程序	d) 测试样品的制备: 能在正常使用中达到最大可能发射的被测物体和所有可选附件的一种代表性样品

（续表）

测试类别：对通电产品执行	适用标准 CISPR 11；CISPR 22；CISPR 16 - 1；CISPR 32；CISPR 16 - 2；ANSI C63.4

e) 测试条件：

(1) 预期在桌面或桌上操作的设备测试将在 0.8 m 的不导电桌上进行

(2) 落地式设备将在地面上进行测试

(3) 根据 ANSI C63.4，仅当环境条件在 8~38 ℃ 和相对湿度 10%~90% 的范围内时，才进行测试

(4) 超出 1 m 的多余电缆长度将在中心捆扎成 30~40 cm 的捆束

(5) 连接在被测物体端口和辅助设备端口（在开阔试验场之外）之间的每根电缆都将放置在吸收钳中（对于 CISPR 22）

(6) 附加信息：

在 30~1 000 MHz 的频率范围内，最多应显示 6 个点的辐射场强度

应在 120 kHz 带宽（−6 dB）中将测量仪器设置为准峰值检测模式

f) 特别建议：

应试图通过改变测试样品的配置来尽量使干扰与典型应用相一致。应研究改变电缆位置的影响，以找到达到最大干扰的配置。配置应在测试报告中准确注明。为了减少测量时间，可使用峰值检测器接收器代替准峰值检测器接收器或平均值检波器接收器。

须指定测量不确定度；转换：

发射电平(dBμV/m) = 20 对数发射电平(μV/m)

当限值以 dB(μV/m) 为单位测量时，超过 1 μV/m 的值视为 0 dB

g) 测试执行[15]：

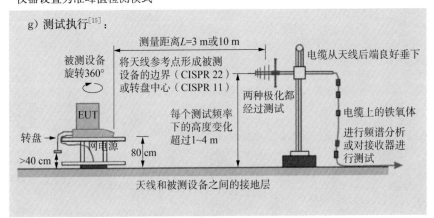

h) 测试程序：

(1) 使用峰值检测模式和宽带天线，在一个全电波暗室内（其中被测物体与接收天线之间的距离为 3 m）内进行表征被测物体的初步测量

(2) 测试与限值的比较将在开阔试验场（OATS）中进行，并将被测物体放置在遥控转盘上

(3) 规格限值和适用的校正系将被加载到电磁干扰接收器中

（续表）

测试类别：对通电产品执行	适用标准 CISPR 11；CISPR 22；CISPR 16 - 1；CISPR 32；CISPR 16 - 2；ANSI C63.4

(4) 通过将天线高度调整在 1～4 m 范围内、将转盘方位角调整在 0～360°范围内及天线极化,可使读数最大化

(5) 评估被测物体发射将基于以下方法：

① 打开和关闭被测物体

② 使用小于 10 MHz 的频率跨度

③ 在转盘旋转期间观察信号电平。背景噪声不应受被测单元旋转的影响

④ 将测试距离减少至 3 m

⑤ 如适用,将使用每十倍频程 20 dB 的反比例因子将测试结果标准化为指定的限制距离。最小测试距离为 3 m

(6) 发射电平＝读数＋Ant. 系数＋电缆损耗

(7) 初步测量的输出将是最高发射、频率和天线极化的列表

(8) 利用初步测量中获得的信息,将以表格和频谱图的形式记录 30～1000 MHz 频率范围内的发射电平

i) 测试结果：

环境测试条件：

温度：xx℃

相对湿度：yy%

大气压力：zzz mmHg

被测产品：

型号_____制造商_____

辐射发射测试结果

编号	频率 (MHz)	读数 (dBuV)	c. f. [dB(1/m)]	结果 [dB(uV/m)]	限值 [dB(uV/m)]	余量 (dB)	高度 (cm)	角 (°)
			水平极化(QP)					
1	364.50	41.3	−6.5	34.8	47.0	12.2	100	124
2	728.74	37.7	0.2	37.9	47.0	9.1	135	179
			垂直极化(QP)					
1	62.21	45.8	−16.7	29.1	40.0	10.9	100	280
2	65.66	43.7	−17.5	26.2	40.0	13.8	100	230
3	69.12	39.1	−17.9	31.2	40.0	8.8	100	254
4	121.99	38.9	−10.5	28.4	40.0	11.6	100	232
5	780.00	34.8	0.8	35.6	47.0	11.4	100	133

（续表）

测试类别：对通电产品执行	适用标准 CISPR 11；CISPR 22；CISPR 16 - 1；CISPR 32；CISPR 16 - 2；ANSI C63.4

水平（PK）/
[dB(μV/m)]

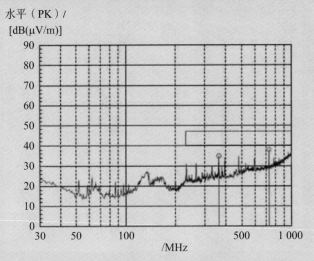

（a）辐射发射水平测试频谱图

垂直（PK）/
[dB(μV/m)]

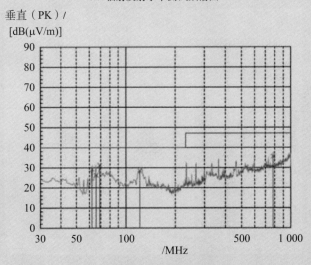

（b）辐射发射垂直测试频谱图

辐射发射测试频谱图

j）观察：不适用

14.8.1.2 传导发射(表 14.15)

表 14.15 传导发射的测试及适用标准

测试类别：对通电产品执行	适用标准 CISPR 11；CISPR 22；CISPR 16-1；CISPR 32；CISPR 16-2；ANSI C63.4
a) 测试范围： 在 150 kHz~30 MHz 的频率范围内评估被测物体在电源电路上的传导发射性能	b) 测试所需设备： 电磁干扰接收器 用于被测物体和附加外围设备(AE)的 AMN[人工电源网络(之前称为"线路阻抗稳定网络(LISN)"]：50 Ω，50 μH 端接 50 Ω 接地层[2.4 m(高)；2.4 m(宽)] 电流探针 同轴电缆 3 m 隔离变压器 滤波器 2 线，30 A
c) 测试期间的工作安全预防措施： 在此测试期间，使用正常的实验室工作安全程序	d) 测试样品制备： 在正常使用中能够达到最大负载的被测物体和所有可选附件的一种代表性样品
e) 测试条件： (1) 为了最大程度地减少背景噪声干扰，应在屏蔽室内进行传导发射测试 (2) 被测物体将安装在不导电(木制)的桌子上，该桌子高出参考接地层 0.8 m 且离参考接地层 0.4 m	f) 特别建议： (1) 须指定测量不确定度 (2) 如准峰值(Q. P.)测量值也满足所需的平均限值，则无须使用平均值检波器(AV)进行测量 当限值以 dB(μV)为单位测量时，将 1 μV 视为 0 dB

g) 测试执行：

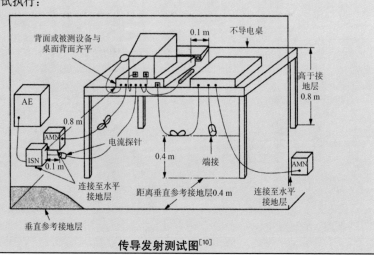

传导发射测试图[10]

（续表）

测试类别：对通电产品执行	适用标准 CISPR 11；CISPR 22；CISPR 16-1；CISPR 32；CISPR 16-2；ANSI C63.4

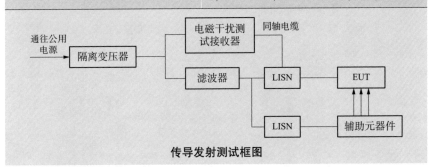

传导发射测试框图

h) 测试程序：

(1) 发射电平＝读数＋校正系数

(2) 校正系数＝电缆损耗＋线路阻抗稳定网络的插入损耗

(3) 余量＝发射电平－限值

(4) 应研究 0.15～30 MHz 范围内的频谱。使用的线路阻抗稳定网络应为 50/50 μH 型。所有读数均为准峰值和平均值，测试接收器的分辨率带宽为 10 kHz。被测单元系统应按照制造商规定的所有典型方法进行操作。应测量被测单元电源的两条电线，并移动与被测单元和辅助元器件（AE 外围设备）相连的电缆，以找到每个频率的最大发射电平

(5) 所有接口端口均应通过专用电缆连接至相应的外围设备，并应进行记录（尤其是电缆信息：长度是否屏蔽或未屏蔽）

(6) 在 150 kHz～30 MHz 频率范围内的发射电平将以表格和频谱图的形式进行记录

i) 测试结果：

环境测试条件：

温度：xx℃

相对湿度：yy%

大气压力：zzz mmHg

被测产品：

型号_____制造商_____

传导发射测试结果

测量的电线：火线

频率(MHz)	校正系数(dB)	读数(dBμV)		发射电平(dBμV)		限值(dBμV)		余量(dB)	
		Q.P.	AV.	Q.P.	AV.	Q.P.	AV.	Q.P.	AV.
0.171	0.30	57.58	41.66	57.88	41.96	64.89	54.89	−7.01	−12.93
0.174	0.30	58.92	45.01	59.22	45.31	64.75	54.75	−5.53	−9.44

（续表）

测试类别：对通电产品执行									适用标准 CISPR 11；CISPR 22；CISPR 16 - 1；CISPR 32；CISPR 16 - 2；ANSI C63.4

频率 (MHz)	校正系数(dB)	读数(dBμV)		发射电平 (dBμV)		限值(dBμV)		余量(dB)	
		Q. P.	AV.	Q. P.	AV.	Q. P.	AV.	Q. P.	AV.
0.773	0.20	23.38	15.18	23.8	15.38	56.00	46.00	−32.42	−30.62
1.230	0.14	26.40	23.77	26.54	23.91	56.00	46.00	−29.46	−22.09
2.032	0.16	23.70	21.06	23.66	21.22	56.00	46.00	−32.14	−24.78
21.868	0.39	29.70	24.70	30.09	25.09	60.00	50.00	−29.91	−24.91

测量的电线：零钱

频率 (MHz)	校正系数(dB)	读数(dBμV)		发射电平 (dBμV)		限值(dBμV)		余量(dB)	
		Q. P.	AV.	Q. P.	AV.	Q. P.	AV.	Q. P.	AV.
0.171	0.30	56.42	37.83	56.72	38.13	64.89	54.89	−8.17	−16.76
0.174	0.30	57.26	41.07	57.56	41.37	64.75	54.75	−7.19	−13.38
0.524	0.24	38.52	22.58	38.76	22.82	56.00	46.00	−17.24	−23.18
1.230	0.14	26.68	23.76	26.82	23.90	56.00	46.00	−29.18	22.10
2.032	0.16	24.26	21.56	24.42	21.72	56.00	46.00	−31.58	−24.28
21.868	0.29	29.84	24.80	30.13	25.09	60.00	50.00	−29.87	−24.91

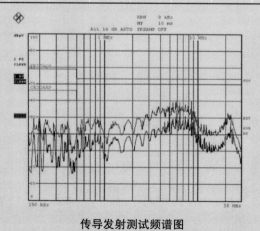

传导发射测试频谱图

j) 观察：不适用

14.8.1.3 交流电源线波动和闪烁(表 14.16)

表 14.16   交流电源线波动和闪烁测试及适用标准

测试类别:对通电产品执行	适用标准 IEC 61000-3-3
a) 测试范围: 评估被测物体是否在分支电路中产生波动的负载导致电压均方根值波动,并受到观察者认为闪烁的光输出变化的影响	b) 测试所需设备: (1) 电源 (2) 闪烁仪 (3) 阻抗网络 (4) 电压波动仪
c) 测试期间的工作安全预防措施: 在此测试期间,使用正常的实验室工作安全程序	d) 测试样品制备: 在正常使用中能够达到最大负载的被测物体和所有可选附件的一种代表性样品
e) 测试条件: 被测物体将放置在高出接地层0.8m的木桌上	f) 特别建议: 须指定测量不确定度

g) 测试执行:

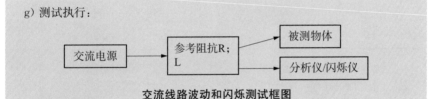

交流线路波动和闪烁测试框图

h) 测试程序:

可接受限值:

短时闪烁(P_{st}):1.0

长时闪烁(P_{lt}):0.65

相对稳态电压变化(D_C):$\leqslant 3\%$

相对电压变化特性:

$[D(t)] > 3\%$;$[T_{D(t)}]$:$\leqslant 200\,ms$

最大相对电压变化(D_{max}):$\leqslant 4\%$

对于由设备手动切换导致的电压变化,或者发生频率低于每小时一次的频率变化,P_{st} 和 P_{lt} 不适用

由被测设备引起的交流电源上有效电压波动的测量是闪烁测量的基础。评估闪烁严重程度(P_{st})的方法有多种,包括通过称为"闪烁仪"的设备直接测量、使用数学分析或标准中提供的 P_{st} 图等方法。通过称为"闪烁仪"的设备直接测量的方法是进行真正的合规性测试的参考方法。闪烁仪必须符合 IEC 61000-4-15 参考标准中给出的规格

电压波动的测量也是确定电气设备是否对交流电源造成过度电压干扰的关键部分。闪烁测量可准确评估连续电压变化的影响,而电压波动测量则可更好地指示突然较大电压变化的影响。相对电压变化的测量总精度必须高于$\pm 8\%$

（续表）

| 测试类别：对通电产品执行 | | | 适用标准 IEC 61000 - 3 - 3 |

i) 测试结果：
环境测试条件：
温度：xx℃
相对湿度：yy%
大气压力：zzz mmHg
被测产品：
型号＿＿＿＿＿制造商＿＿＿＿＿

交流电源线波动和闪烁测试结果

测试参数	测量值	限值	测试结果
P_{st}	0.07	1.0	通过测试
P_{lt}	0.07	0.65	通过测试
$T_{D(t)}$ (ms)	0	200	通过测试
D_{max} (%)	0%	4%	通过测试
D_C	0%	3%	通过测试

P_{st} 表示短时闪烁指示灯
P_{lt} 表示长时闪烁指示灯
$T_{D(t)}$ 表示 $D(t)$ 超过 3% 的最长时间
D_{max} 表示最大相对电压变化
D_C 表示相对稳态电压变化

j) 观察：
P_{st} ＝1 表示传统的闪烁应激性阈值，因此是限值
P_{lt} ＝0.65 表示传统的闪烁应激性阈值，因此是限值
D_C 表示两个相邻稳态电压之间相对于标称电压的差值
$D(t)$ 表示均方根电压相对于标称电压的变化，该变化是时间的变化及电压在稳态条件下持续至少 1s 的时间间隔
D_{max} 表示电压变化特性的最大和最小均方根值相对于标称电压的差值

14.8.2　抗扰度试验

在抗扰度试验期间或作为抗扰度试验的结果，制造商应提供产品的功能描述和性能（合格/不合格）标准的定义。合格/不合格标准应基于以下条件：

在测试期间和之后，设备应继续按预期运行。不允许性能下降或功

能丧失而造成无法接受的伤害风险。

当功能是可自我恢复的或可通过控件的操作来恢复时，允许暂时降级或丧失功能。

14.8.2.1 静电放电抗扰度（表 14.17）

表 14.17 静电放电抗扰度测试及适用标准

测试类别：在产品通电时进行	适用标准 IEC 61000-4-2；MIL-STD-1686C
a) 测试范围： 评估被测物体的外壳、可触及端口及类似区域处的静电放电抗扰度性能	b) 测试所需设备： (1) 静电放电模拟器 (2) 示波器 (3) 水平耦合平面(HCP) 1.6 m×0.8 m (4) 垂直耦合平面(VCP) 0.5 m×0.5 m (5) 放电电极(用于空气放电和直接放电) (6) 放电回流电缆 (7) 泄流电阻器 (8) 绝缘支撑件
c) 测试期间的工作安全预防措施： 尤其要注意静电放电高压的存在，见 14.6.2.2 节	d) 测试样品的制备： 在正常使用时可达到最大负载的被测单元和所有可选附件的一种代表性样品
e) 测试条件： (1) 放电阻抗（R-C 网络）：330 pF、150 pF (2) 放电类型：空气、接触(直接和间接) (3) 测试等级： 空气放电：±2 kV，±4 kV，±8 kV，±15 kV 接触放电：±2 kV，±4 kV，±6 kV，±8 kV HCP 放电：±2 kV，±4 kV，±6 kV，±8 kV VCP 放电：±2 kV，±4 kV，±6 kV，±8 kV (4) 放电方式：单次放电 (5) 放电持续时间：至少 1 s (6) 放电极性：正极和负极 (7) 放电次数：在接触放电的每个试验点处至少进行 50 次放电，并至少总共对被测单元进行 200 次放电。在所选的每个空气放电试验区域至少进行 10 次放电	f) 特别建议： 在正常运行下，设备正常运行过程中人员可接触到的那些点和表面都会存在放电 在安装和维护条件下，设备安装人员或维护操作人员可触及的那些点和表面都会存在放电 被测物体应按照正常运行的抗扰度标准、安装和维护进行测试 报告的结果应列出为正常运行选择的所有试验点 须指定测量不确定度

（续表）

测试类别：在产品通电时进行	适用标准 IEC 61000 - 4 - 2； MIL - STD - 1686C

（8）合格/不合格标准：测试期间的正常性能及可自动恢复的暂时降级或功能丧失或性能下降

如为桌面设备，则将被测物体安装在高于参考接地层 0.8 m 的木桌上，该木桌放置在 0.5 mm 厚的绝缘支撑上

如为落地式设备，则被测物体和电缆将安装在高于参考接地层高 0.1 m 的绝缘支撑上

VCP 必须与被测物体平行，距离为 0.1 m

在对导电表面进行测试时，通常不允许混合接触和空气放电

HCP 和 VCP 必须通过两端各带 470 kΩ 电阻的电缆连接至 GRP

g）测试执行：

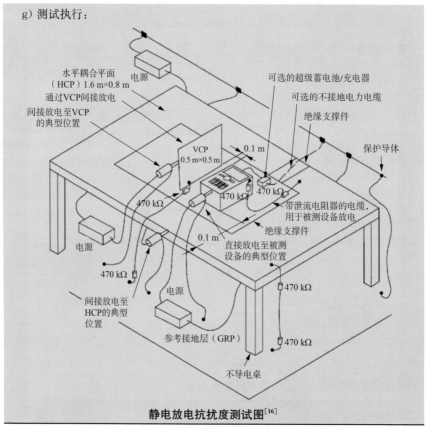

静电放电抗扰度测试图[16]

（续表）

测试类别：在产品通电时进行	适用标准 IEC 61000-4-2；MIL-STD-1686C

h) 测试程序

(1) 空气放电：

在每个适当的试验点附近将施加±2 kV、±4 kV、±8 kV 和±15 kV 的电位（或产品标准中规定的其他电位）（将空气放电施加至绝缘表面）。在放电位置将施加 20 次（负 10 次，正 10 次）电位

(2) 接触放电：

将在每个适当的试验点处施加±2 kV、±4 kV、±6 kV 和±8 kV 的电位（或产品标准中规定的其他电位）（将接触放电施加至导电表面和耦合平面）。在放电位置将施加 20 次（负 10 次，正 10 次）电位

(3) 间接放电（垂直和水平耦合平面）：

应使用直接接触式静电放电测试头进行

将±2 kV、±4 kV、±6 kV 和±8 kV（或产品标准中规定的其他电位）施加至耦合平面垂直边缘的中心，被测物体外壳与每个适当的试验点距离为 0.1 m

对于每种极性，将电位施加至耦合平面的每个位置十次。被测物体的所有四个表面都将被完全照亮

将在被测物体的每一侧的距离被测单元外壳 0.1 m 处的水平耦合平面施加与垂直耦合平面相同特性的静电放电

选择的试验点应包括设备正常运行期间可能接触的所有表面。试验点应包括（但不限于）腕带插孔、腕带插孔附近人员在连接腕带时可能会无意接触的任何区域、可触及元器件（如磁带和磁盘驱动器）、封闭被测物体的门和面板的外表面、门边缘和内表面（距铰链轴至少 5 cm），以及通常裸露的设备框架和架子

只能在正常使用过程中将放电直接施加至被测单元上人员可接触的那些点和表面。包括维护人员可进入的区域。对于接触放电，在操作放电开关之前，放电电极尖端必须接触被测物体

对于空气放电，电极的圆形尖端必须尽快接近被测物体，而不会引起机械损坏。每次放电后，必须将静电放电发生器从被测物体上卸下，以便重新触发。必须重复此程序，直到完成所有放电

i) 测试结果：

放电位置：见下文

环境测试条件：

温度：xx℃

相对湿度：yy%

大气压力：zzz mmHg

被测产品：

型号_____ 制造商_____

（续表）

测试类别：在产品通电时进行	适用标准 IEC 61000 - 4 - 2；MIL - STD - 1686C

静电放电抗扰度测量结果

Contact Discharge Location	Positive Polarity (kV)				Negative Polarity (kV)			
	Level 1 2	Level 2 4	Level 3 6	Level 4 ·	Level 1 2	Level 2 4	Level 3 6	Level 4 ·
Vertical Coupling Plane				Indirect Mode				
Front	1	1	1	·	1	1	1	·
Left	1	1	1	·	1	1	1	·
Rear	1	1	1	·	1	1	1	·
Right	1	1	1	·	1	1	1	·
Horizontal Coupling Plane								
Front	·	·	·	·	·	·	·	·
				Direct Mode				
Front Panel	1	1	·	1	1	1	·	1
Left	1	1	·	1	1	1	·	1
Right	1	1	·	1	1	1	·	1
Top	1	1	·	1	1	1	·	1

Air Discharge Location	Positive Polarity (kV)				Negative Polarity (kV)			
	Level 1 2	Level 2 4	Level 3 8	Level 4 15	Level 1 2	Level 2 4	Level 3 8	Level 4 15
Switch, Red	2	2	·	·	2	2	·	·
Switch, Power	2	2	·	·	2	2	·	·
DC Cable Connector	2	2	·	·	2	2	·	·

注释：
(1) 观察到放电，未观察到来自被测物体的响应
(2) 未观察到放电，未观察到来自被测物体的响应

j) 观察：不适用

14.8.2.2　辐射射频电抗扰度(表 14.18)

表 14.18　辐射射频电抗扰度测试及适用标准

测试类别：对通电产品执行	适用标准 IEC 61000 - 4 - 3
a) 测试范围： 为了评估被测物体对辐射射频、电磁场干扰的抗扰度，从而模拟所发射电磁波的干扰	b) 测试所需设备： (1) 信号发生器 (2) 射频功率放大器 (3) 信号发生器 (4) 双锥天线和对数周期天线或双对数周期天线和喇叭天线 (5) 毫伏表(或带功率传感器的功率计) (6) 各向同性的电磁场探针 (7) 双向定向耦合器 (8) 功率放大器 (9) 场传感器 (10) 电波暗室或半电波暗室(SAC) (11) 吸收器 (12) 射频同轴电缆 (13) CCD (14) CCD 监控器
c) 测试期间的工作安全预防措施： 在此测试期间，使用正常的实验室工作安全程序	d) 测试样品制备： 在正常使用中能够达到最大负载的被测物体和所有可选附件的一种代表性样品

（续表）

测试类别：对通电产品执行	适用标准 IEC 61000 - 4 - 3
e) 测试条件：	f) 特别建议：

e) 测试条件：
(1) 电源电压和频率：230 V/50 Hz，单相
(2) 扫描频率：80 MHz～1 GHz
(3) 测试等级：3 V/m 或 10 V/m，频率阶跃为 1%
(4) 测试了被测物体的四个侧面：前、后、左、右
(5) 调制：每个频率 80% AM，1 kHz（在同一位置的）停留时间为 3 s
(6) 天线极化：水平和垂直
(7) 合格/不合格标准：测试期间的正常性能及可自我恢复的暂时降级或功能及性能损失
① 如为桌面设备，则将被测物体安装在高于参考接地层 0.8 m 的木桌上，该木桌放置在 0.5 mm 厚的绝缘支撑上
② 如为落地式设备，则被测物体和电缆将安装在高于参考接地层高 0.1 m 的绝缘支撑上
③ 该测试通常在电波暗室内进行。特殊的吸收性材料（长度为 2 m）可补偿驻波和反射

f) 特别建议：
(1) 为了获得更可靠的测试结果，建议在 3 m 的距离处设置 1.5 m×1.5 m 的均匀场
(2) 须指定测量不确定度

g) 测试执行：

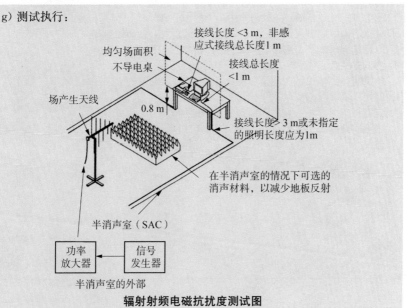

辐射射频电磁抗扰度测试图

（续表）

测试类别：对通电产品执行	适用标准 IEC 61000 - 4 - 3

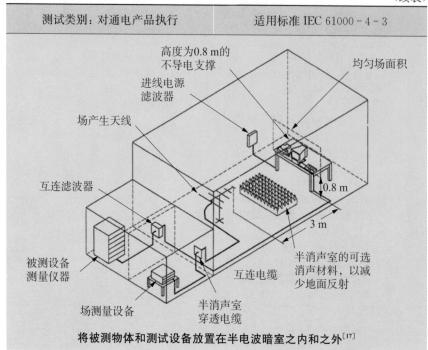

将被测物体和测试设备放置在半电波暗室之内和之外[17]

h）测试程序：

被测单元受到 3 V/m 的磁场，并由 1 kHz 正弦信号进行 80% 的幅度调制

使用 80～1000 MHz 频率范围内的双锥对数（Biconilog）天线和在 1000～2500 MHz 频率范围内的喇叭天线，在垂直和水平极化方向上施加辐射场

使用具有小于基本频率 1% 的值的离散增量扫描频率

测试在屏蔽室（半电波暗室）内进行

建议使用磁场探针和频谱分析仪在半电波暗室内进行 80～1000 MHz 频率范围内的初步辐射发射测试

应选择辐射水平最大的表面作为最敏感的表面

当观察到被测单元性能下降时，应将辐射场强度水平降低至阈值水平，并记录其值

---

i）测试结果：

环境测试条件：

温度：xx℃

相对湿度：yy%

大气压力：zzz mmHg

被测产品：

型号_____制造商_____

(续表)

测试类别：对通电产品执行			适用标准 IEC 61000-4-3	
辐射射频电抗扰度测试结果				
频率(MHz)	天线极性	规格(V/m)	合格/不合格	抗扰度阈值(V/m)
80~1000	横向标准	3.0	通过测试	
80~1000	垂直标准	3.0	通过测试	
1000~2500	横向标准	3.0	通过测试	
1000~2500	垂直标准	3.0	通过测试	

j) 观察：不适用

14.8.2.3 电快速瞬变脉冲群(EFT)抗扰度(表 14.19)

表 14.19 电快速瞬变脉冲群(EFT)抗扰度测试及适用标准

测试类别：对通电产品执行	适用标准 IEC 61000-4-4
a) 测试范围： 评估被测物体对电快速瞬变脉冲群(EFT)干扰的抗扰度性能	b) 测试所需设备： (1) 短脉冲串发生器 (2) 耦合/去耦网络 (3) 电容钳 (4) 用于直接插入的 33 nF 电容探针 (5) 参考接地层 (6) 互连电缆(用于电容钳和短脉冲串发生器之间的连接)
c) 测试期间的工作安全预防措施： 在此测试期间，使用正常的实验室工作安全程序	d) 测试样品制备： 在正常使用中能够达到最大负载的被测物体和所有可选附件的一种代表性样品
e) 测试条件： (1) 电源电压和频率：230 V/50 Hz，单相 (2) 脉冲上升时间和持续时间：5 ns/50 ns (3) 脉冲重复：5 kHz(或产品标准中规定的其他频率)	f) 特别建议： 须指定测量不确定度

测试类别：对通电产品执行	适用标准 IEC 61000 - 4 - 4

（4）极性：正极性和负极性
极化

（5）脉冲串长度和持续时间：15 ms/300 ms

（6）测试持续时间：每个线路 1 min 以上

（7）测试间隔时间：10 s

（8）严重等级：
电源线±1 kV（或产品标准规定的其他值）

信号/控制线±0.5 kV（或产品标准规定的其他值）

（9）合格/不合格标准：可自动恢复的暂时降级或功能及性能损失

① 如为桌面设备，则将被测单元安装在高于参考接地层 0.8 m 的木桌上，该木桌放置在 0.5 mm 厚的绝缘支撑上

② 脉冲串或电快速瞬变脉冲群应通过使用耦合-去耦网络或在被测物体的电缆上使用电容耦合钳进行耦合。交流/直流电源电路的耦合-去耦网络允许将测试电压非对称地施加至被测物体的电源输入端子上。电容耦合钳使快速瞬变耦合到被测电路，而无须与电路端子、电缆屏蔽层或被测物体的任何部分进行电气连接。电容耦合钳应放置在最小面积为 1 m² 的接地层上，且参考接地层应在电容耦合钳两侧各延伸至少 0.1 m。短脉冲串发生器应连接至最靠近被测物体的电容耦合钳的末端

③ 如为落地式设备，则被测物体和电缆将安装在高于参考接地层 0.1 m 的绝缘支撑上

④ 带有电容耦合钳（如使用）的耦合板的被测物体与整个导电结构（电容耦合钳下方和被测单元下方的接地层除外）之间的最小距离应大于 0.5 m

（续表）

测试类别：对通电产品执行	适用标准 IEC 61000 - 4 - 4

g) 测试执行：

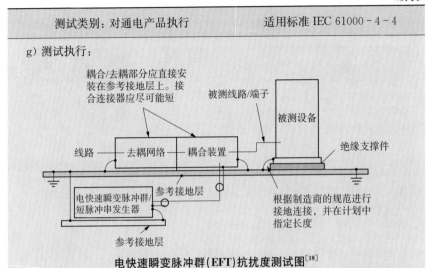

电快速瞬变脉冲群(EFT)抗扰度测试图[18]

h) 测试程序：

将电快速瞬变脉冲群测试信号施加至被测单元电源输入的相线、零线和地线，距被测单元1m。测试信号电压符合产品标准中的规定，并以负极性和正极性在每条线上施加1min

将相同的测试信号施加至连接被测物体的信号线、控制线和直流线（如适用）。电压水平符合产品标准中的规定

适用的信号线和控制线的长度应大于3m

i) 测试结果：

环境测试条件：

温度：xx℃

相对湿度：yy%

大气压力：zzzmmHg

被测产品：

型号_____制造商_____

电快速瞬变脉冲群(EFT)测量结果

[x]正极性　　　　　　[x]负极性

试验点	合格/不合格	异常现象	规格(kV)	阈值(kV)
相	通过测试	无异常	2.0	
零线	通过测试	无异常	2.0	
接地	通过测试	无异常	2.0	

j) 观察：不适用

14.8.2.4　浪涌抗扰度(表 14.20)

表 14.20　浪涌抗扰度测试及适用标准

测试类别：对通电产品执行	适用标准 IEC 61000 - 4 - 5
a) 测试范围： 评估被测物体对(由开关和雷电瞬变产生的过电压引起的)浪涌的抗扰度性能	b) 测试所需设备： (1) 浪涌发生器 (2) 耦合/去耦网络 (3) 参考接地层
c) 测试期间的工作安全预防措施： 除使用正常的实验室工作安全程序外,在此测试期间还应考虑以下事项： 必须包含浪涌电压和电流,以确保它们不会出现在会损坏测试区域中其他仪器的位置。用于电涌测试的测试脉冲具有足够的能量,可导致元器件在故障条件下破碎,并在不受保护的环境中对人员造成危险	d) 测试样品制备： 在正常使用中能够达到最大负载的被测单元和所有可选附件的一种代表性样品
e) 测试条件： (1) 测试等级： 共模：$\pm 0.5\,kV$,$\pm 1\,kV$,$\pm 2\,kV$(或产品标准规定的其他值)；差模：$\pm 0.25\,kV$,$\pm 0.5\,kV$,$\pm 1\,kV$(或产品标准规定的其他值) (2) 脉冲数：5 (3) 相：$0°$、$90°$、$180°$、$270°$ (4) 极性：正负极性 (5) 重复次数：最多 60 s (6) 波形图 $1.2/50\,\mu s$(开路电压) $8/20\,\mu s$(短路电流) (7) 合格/不合格标准：可自动恢复的暂时降级或功能或性能损失 ① 被测物体将放置在高出参考接地层 0.8 m 的木桌上 ② 脉冲通过被测物体的电源线上的去耦网络进行耦合	f) 特别建议： 为了将浪涌耦合到交流或直流电源,须通过 $9\,\mu F$(线对地)或 $18\,\mu F$(线对线)的电容进行电容耦合。这些耦合电容通常作为浪涌模拟器中的耦合器/去耦器的一部分包含在内。耦合器/去耦器既提供与被测单元电源的耦合,也提供与去耦器的耦合,以防止在测试区域中与其他设备相连的交流电源上出现电涌 须指定测量不确定度

（续表）

测试类别：对通电产品执行	适用标准 IEC 61000 - 4 - 5

g）测试执行[19]：

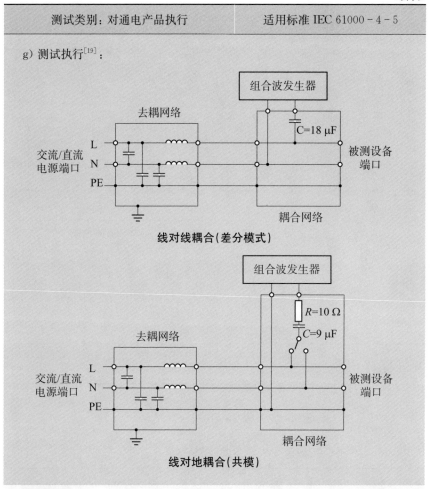

线对线耦合（差分模式）

线对地耦合（共模）

h）测试程序：

在交流电压波（正负极）的零交叉点和峰值处，同步于电压相位施加测试电压。将浪涌施加至线对线和线对地

当测试线对地时，在每条线和地线之间依次施加测试电压

电涌将通过电容耦合网络施加至被测单元的电源端子

被测物体和耦合/去耦网络之间的电源线的长度应为 2 m（或更短）

必须在电源的选定点上至少测试五次正极放电和五次负极放电。脉冲必须至少每分钟重复一次，建议将测试电平从 0.5～1 kV 增加至 2 kV。所选点应为正弦波的 0°、90°、180°和 270°

（续表）

测试类别：对通电产品执行	适用标准 IEC 61000 - 4 - 5

i) 测试结果：
环境测试条件：
温度：xx℃
相对湿度：yy%
大气压力：zzz mmHg
被测产品：
型号_____制造商_____

浪涌抗扰度测试结果

试验点	极性	0°/360°	90°	180°	270°	指定等级	备注
相对地	＋	P		P		P	0.5 kV、1 kV、2 kV	
	－	P		P		P	0.5 kV、1 kV、2 kV	
中性点对地	＋	P		P		P	0.5 kV、1 kV、2 kV	
	－	P		P		P	0.5 kV、1 kV、2 kV	
相对中性点	＋	P		P		P	0.5 kV、1 kV	
	－	P		P		P	0.5 kV、1 kV	

j) 观察：不适用

14.8.2.5 磁场抗扰度（表 14.21）

表 14.21 磁场抗扰度测试及适用标准

测试类别：对通电产品执行	适用标准 IEC 61000 - 4 - 8
a) 测试范围： 评估被测单元对磁场干扰的抗扰度性能	b) 测试所需设备： (1) 测试生成器 (2) 方形线圈、矩形线圈和其他感应 　　线圈（如亥姆霍兹线圈） (3) 磁场探针 (4) 磁场测试仪 (5) 去耦网络 (6) 后置滤波器

(续表)

测试类别：对通电产品执行	适用标准 IEC 61000 - 4 - 8
c) 测试期间的工作安全预防措施： 　在此测试期间,使用正常的实验室工作安全程序 　如测试磁场可能会干扰测试装置附近的测试仪器和其他敏感设备,则必须采取预防措施 　警告：装有心脏起搏器和类似的植入式或穿戴式医疗器械的人不应暴露于此测试产生的磁场中	d) 测试样品制备： 　在正常使用中能够达到最大负载的被测物体和所有可选附件的一种代表性样品

e) 测试条件：
(1) 测试轴：X 轴、Y 轴和 Z 轴
(2) 测试持续时间：5 min/每轴
(3) 场强：3～30 A/m(或产品标准中规定的其他值)
(4) 频率：50/60 Hz
(5) 合格/不合格标准：测试期间的正常性能及可自动恢复的暂时降级或功能或性能损失
① 被测物体将放置在高出参考接地层 0.8 m 的木桌上
② 接地层应为厚度为 0.25 mm 的非磁性金属薄板(铜或铝),也可使用其他金属薄板,但在这种情况下,它们的最小厚度应为 0.65 mm
接地层的最小尺寸为 1 m×1 m
(6) 被测物体应放置在接地层上,并插入厚度为 0.1 m 的绝缘支撑物(如干木)
① 测试发生器应放置在距感应线圈不到 3 m 的距离处
② 测试发生器的一个端子应尽可能远地连接至接地层
③ 被测单元和辅助测试设备应放置在接地层上并与接地层相连
④ 设备外壳应通过被测单元的接地端子直接连接至接地层上的安全接地处
⑤ 应使用设备制造商提供或推荐的电缆。在没有任何建议的情况下,应采用非屏蔽电缆,其类型应适合所涉及的信号

f) 特别建议：
转换：
　1 A/m = 12.56 mG = 1.26 μT
3 A/m = 37.68 mG,
10 A/m = 125.6 mG,
须指定测量不确定度

（续表）

测试类别：对通电产品执行	适用标准 IEC 61000 - 4 - 8

⑥ 所有电缆应有 1 m 的长度暴露在磁场中

⑦ 后置滤波器（如有）应在距离被测单元的电缆长度的 1 m 处插入电路中，并连接至接地层

⑧ 感应线圈应将放置在其中央的被测单元封闭

⑨ 可选择不同的感应线圈以便在不同的正交方向上进行测试

⑩ 垂直位置（磁场的水平极化）中使用的感应线圈可（在一根垂直导体的底部）直接连接至接地层，接地层代表感应线圈的下侧，作为感应线圈的一部分。在这种情况下，从被测单元至接地层的最小距离为 0.1 m 就足够了

g）测试执行：

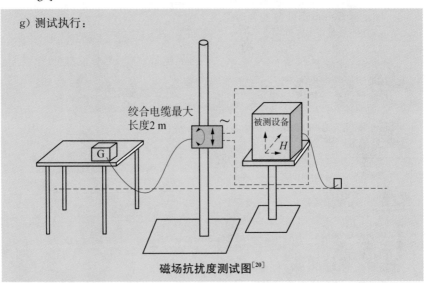

绞合电缆最大长度 2 m

被测设备

磁场抗扰度测试图[20]

h）测试程序：

通过使用标准尺寸为 1 m×1 m 的感应线圈，被测物体会暴露在产品标准规定的连续磁场中。然后将感应线圈旋转 90°，以便将被测物体暴露于具有不同方向的测试场。对三个正交平面进行测试。每个频率的停留时间不少于被测单元响应所需的时间

（续表）

测试类别：对通电产品执行	适用标准 IEC 61000 - 4 - 8

i) 测试结果：
环境测试条件：
温度：xx℃
相对湿度：yy％
大气压力：zzzmmHg
被测产品：
型号_____制造商_____

磁场抗扰度测试结果

平面	合格/不合格	磁场强度（A/m）
垂直标准	通过测试	3.0
90°垂直	通过测试	3.0
横向标准	通过测试	3.0

背景噪声测试结果

平面	背景噪声强度（A/m）	限值（A/m）（规范中规定为－20dB）	合格/不合格
垂直标准	0.03	0.3	通过测试
90°垂直	0.02	0.3	通过测试
横向标准	0.03	0.3	通过测试

j) 观察：不适用

14.9 软件测试

当今的许多电气和电子产品都装有满足功能要求的专用软件。在大量应用中，软件通过允许采取预防和保护措施的功能，在产品基本安全性中起着重要作用。因此，当软件是电气和电子产品的一部分时，可视为关键元器件。

14.9.1 为何要对软件进行测试

软件工程最具挑战性的目标是找到以合理的成本开发高质量和抗错误的软件技术和方法。这样的软件为用户提供了极高的便利性、质量性和实用性。

为了获得高质量的软件,必须定义并考虑适当的质量特征。这些特征将驱动重要的体系结构和设计决策。软件质量管理应有助于确保达到所需的质量水平。为了生产准确可靠的软件,进行有效的测试至关重要。软件测试有助于对软件的质量进行评估。在发现的缺陷数量、测试运行及测试所涵盖的系统方面执行测试,有助于提高产品质量[21]。对软件的验证提供了有关软件开发的一个阶段的输出是否符合其上一阶段的要求(通过检查并提供满足特定要求的客观证据)。此外,软件验证过程将确定使用软件开发的产品是否符合其要求规格(预期用途或应用)。因此,验证与错误的阶段控制有关,验证的目的是实现无错误的终端产品。

在测试软件时,每个违反程序规范的条件都称为事件。事件可能是失效,而发现失效是测试的主要目的。但对于大多数真实产品,即使在令人满意地执行测试阶段之后,也无法保证该软件没有错误。这是因为大多数软件产品的输入数据非常大。针对输入数据可能采用的每个值进行详尽的软件测试是不切实际的。即使存在测试过程的实际限制,也不应低估测试的重要性。严格的测试包括在用户界面中查找用户可能在数据输入或输出时出错的地方,并查看针对故意和恶意攻击的潜在弱点。可针对软件的功能属性及非功能软件的要求和特性进行测试。

14.9.2 哪些标准适用于软件测试

软件测试标准描述了什么是测试、应如何组织这些测试,以及为了使用软件的不同目的必须满足哪些测试目标。

确定了许多与软件开发和软件工程相关的 ISO 标准和 IEEE 标准。在不直接关注软件测试的情况下,应用这些标准将对软件测试产生影响。

可使用为每个特征定义的一组属性来测量软件的质量特征。质量特征有助于评估软件的质量,但不能为制造高质量的软件提供指导。ISO/IEC 9126 和 ISO/IEC 25010 标准中对质量特性进行了规定,见表 14.22。

表 14.22　软件产品质量特性符合 ISO/IEC 25010 标准[22]

功能性适合性	性能效率	安全	相容性	可靠性	可携带性	可用性	维护
适当性、完整性和正确性	时间性能、资源利用和能力	机密性、完整性、不可否认性、责任性和真实性	共存性、互操作性	可用性、故障容差、可恢复性和成熟性	适应性、可安装性和可替换性	可及性、易学性、可操作性、用户错误保护和用户界面美观	可分析性、可变性、复用性和可测试性

　　ISO 9001 标准中对质量管理体系要求进行了规定。这些要求的主要目标是满足客户需求,这是软件产品质量的衡量标准。新版 ISO/IEC/IEEE 29119 系列软件测试标准中规定了软件测试步骤和要求。此标准系列旨在为软件测试确定一套国际认可的标准,任何组织在执行任何形式的软件测试时都可使用这些标准。ISO/IEC/IEEE 29119 - 1 通过介绍构成这些标准的概念和词汇及提供实际应用示例,促进了其他 ISO/IEC/IEEE 29119 标准的使用。

　　表 14.23 总结了用于软件测试的标准。这些标准涉及产品、过程和技术领域的适用性。产品标准将软件称为产品,并指定相关要求,例如,与质量保证和文件相关的要求。过程标准侧重于生命周期方面。行业专用标准规定了必须满足的要求,以确保特定部门产品的失效安全或容错运行。

表 14.23　用于软件测试的标准

标准类别	标准名称
产品标准	ISO 6592:《基于计算机的应用系统的文档编制指南》 ISO 9126:《软件产品质量评估》 ISO 14598:《软件产品评估》 ISO 15026:《系统和软件完整性等级》 ISO 15910:《软件用户文档过程》 ISO 18019:《应用软件用户文档的设计和编制指南》 ISO/IEC 25010:《系统和软件工程—系统和软件质量要求与评估(SQuaRE)—系统和软件质量模型》 ISO 25051:《商用现货(COTS)软件产品的质量要求和测试细则》

（续表）

标准类别	标准名称
	ISO 90003：《ANSI/ISO/ASQC 9001 在计算机软件开发、供应、安装和维护中的应用指南》 IEEE 730‒2002：《IEEE 软件质量保证计划标准》 IEEE 829：《软件测试文档标准》 IEEE 1008：《软件单元测试标准》 IEEE 1012：《软件和系统的鉴定和认证 IEEE 标准》 BS 7925‒2：《软件元器件测试》 NASA‒STD‒8719.13：《软件安全标准》
过程标准	ISO/IEC 12119：《软件包：质量要求和测试》 ISO/IEC 12207：《信息技术：软件生命周期过程》 ISO 14102：《CASE 工具评估和选择指南》 ISO/IEC 15289：《生命周期信息产品的内容》 ISO 15504：《软件过程评估》 ISO 15939：《软件测量过程》 ISO/IEC/IEEE 29119：《软件和系统工程：软件测试》 ISO/IEC 33063：《信息技术 过程评估：软件测试的过程评估模型》
行业标准	汽车：MISRA 航空：DO‒178B《机载系统和设备认证中的软件注意事项》 国防：Def Stan 00‒55 铁路：DIN/EN50128《铁路应用：通信、信令和处理系统》 医疗保健：IEC 62304《医疗器械软件：软件生命周期过程》 IEC61508‒3：《电气/电子/可编程电子安全相关系统的功能安全》

影响软件测试的其他标准是 IT 框架，例如，信息技术基础架构库（ITIL）或信息及相关技术控制目标（CobiT）。与测试最相关的过程模型是测试管理方法（TMap）和测试过程改进（TPI）。

14.9.3　什么是软件测试

创建程序的过程包括以下几个阶段：

（1）定义问题。

（2）设计程序。

（3）创建程序。

（4）分析程序的性能。

（5）产品的最终筹备。

　　根据这种分类,软件测试意味着检查指定输入的程序是否给出正确和预期的结果。

　　对测试的普遍看法是,测试仅由运行测试(如执行软件)组成。运行测试是测试的一部分,但不是所有测试活动。测试活动在测试执行之前和之后都存在;其他测试活动包括计划和控制、选择测试条件、设计测试用例、检查结果、评估完成标准、报告测试过程和被测系统及完成或关闭(如在完成测试阶段之后)。测试还包括文件(包括源代码)审查和静态分析[23]。

　　动态测试和静态测试都可用作实现相似目标和提供信息的手段,来改善被测系统及开发和测试过程。

　　可以有如下不同的测试目标:

- 发现缺陷。
- 获得对质量水平的信心并提供信息。
- 预防缺陷。

　　在生命周期的早期测试的设计思考过程(通过测试设计验证测试依据)可帮助防止将缺陷引入代码中。文件(如要求)审查也有助于防止代码中出现缺陷。

　　调试和测试是不同的。测试可显示由缺陷引起的失效。调试是一种开发活动,用于识别缺陷的原因、修复代码并检查缺陷是否已正确修复。测试人员随后进行的确认测试可确保修复确实能够解决失效。每种活动的责任是不同的:由测试人员进行测试,由开发人员进行调试。测试中最明显的部分是执行测试。但为了有效和高效,测试计划还应考虑计划测试、设计测试用例、准备执行和评估状态所需的时间。

14.9.4　软件测试如何进行

可通过三种方式对软件进行测试[21]:

- 黑盒测试。
- 白盒测试。
- 灰盒测试。

白盒测试在检测和解决问题方面非常有效,因为漏洞(软件错误也称为"故障")通常可在引起问题之前就被发现。简而言之,白盒测试定义为具有内部结构和程序内部编码知识的测试软件。白盒测试也称为"白盒分析""透明盒测试"或"透明盒分析"。白盒测试是一种软件调试策略（查找和修复计算机程序代码中的漏洞或硬件设备的工程设计的过程），测试人员应具有有关程序元器件如何交互的扎实的专业知识。白盒测试可用于 Web 服务应用程序，但在大型系统和网络中进行调试几乎不实用。白盒测试可视为安全测试（一种确定信息系统按预期保护数据并维护功能的过程）方法，可用于验证代码实施是否遵循预期设计、验证实现的安全功能及发现可利用的漏洞。

黑盒测试是基于输出要求、程序内部结构或程序编码的测试软件。黑盒是指任何工作的设备，用户无法理解或无法访问它。例如，在电信技术中，黑盒是连接至电话线上的电阻，使电话公司的设备无法检测到何时接听了电话；在数据挖掘中，黑盒是一种无法说明其工作原理的算法；在电影制作中，黑盒是专用的硬件设备、专门用于特定功能的设备；但在金融界，黑盒是一个计算机化的交易系统，无法轻松制定其规则。

灰盒测试为已对其底层代码或逻辑有所了解的测试软件。灰盒测试基于内部数据结构和算法来设计测试用例，这些测试多用于黑盒测试，而少用于白盒测试。在两个不同的开发人员编写的代码的两个模块之间进行集成测试（其中仅露出接口进行测试）时，灰盒测试十分重要。而且，灰盒测试可包括逆向工程以确定边界值。灰盒测试是非侵入性和公正的，因为无需测试人员访问源代码。

14.9.4.1　测试阶段[21]

测试是分阶段进行的，称为"实践者阶段"。对于所使用的阶段，没有确定的方案，但有可遵循的或成为整个企业标准的典型布局。阶段的划分大致类似于经典的 V 模型，包括如下：

（1）元器件测试（也称为"模块测试"或"单元测试"）：开发人员逐步和反复对他们编写的模块进行测试。

（2）中心元器件测试：与第一阶段相比，这些可选测试通常不在开发人员的工作台上进行。在与终端软件产品的目标相似的系统上对元器件进行测试。

（3）集成测试（也称为"产品测试"）：集成测试通常不在开发人员的工作台上进行，而是在测试系统上进行。集成多个开发人员开发的元器件,并检查它们之间的相互作用。

(4) 性能测试:可在系统测试期间或之后不久进行第一项可选性能测试。性能测试旨在初步了解系统的性能并发现可能的性能问题。

(5) 系统测试:系统测试是大规模的集成测试,其技术关注程度较低。仅使用黑盒测试。通常,系统测试是由不了解源代码的专门测试人员进行的。

(6) 系统性能测试:一旦集成了所有主要元器件,就可完成功能驱动的另一个可选测量。第一项可选性能测试可揭示算法上的局限性和普遍的误解,而系统性能则是在实际条件下对程序进行衡量。

(7) 验收测试:在验收测试期间,将对几乎完成的程序进行重新检查,以确保其符合规范。如开发遵循敏捷范例,则验收测试将视为关键测试。

(8) 试点测试:几乎完成的产品已安装在许多产品上。首先经过测试,最终可被有效地使用。Beta 测试将试点测试的概念带给了更多的测试人员。

(9) 生产用途:软件投入正常运行。

(10) 维护:可选择性地对系统进行维护。如开发是一个导致新发行程序的定期过程,则系统维护尤其重要。

14.9.4.2 测试工具

用于测试管理和控制的工具(技术重点窄,用于计划测试、衡量测试工作和结果及其他功能),下面列出了几种测试工具[21][也称为“计算机辅助软件测试(CAST)”]:

- 测试用例生成器。
- 分析工具(自动进行静态测试或启用静态测试技术,如没有工具支持,这些技术将不可行)。
- 单元测试工具,如 JUnit 或 CppUnit。
- GUI 测试工具。
- 测试 Web 应用程序的工具(如 HtmlUnit 或 Selenium)和突变测试工具。
- 计算机辅助软件工程(CASE)。
- 测试执行工具(功能性)。

- 测试工具/单元测试框架工具。
- 测试比较器。
- 覆盖率测量工具。
- 安全工具。
- 动态分析工具。
- 性能测试/负载测试/应力测试工具。
- 监控工具。

参 考 文 献

［1］ IEC TR 62354, "General Testing Procedures for Medical Electrical Equipment," Geneva, 2014.

［2］ Associated Research, Inc., "Safe Workstation Best Practice," Lake Forest, IL, 2016.

［3］ QuadTech, Inc., "Electrical Safety Testing Reference Guide," East Maynard, Massachusetts, 2002.

［4］ Baretich, M. F., "Electrical Safety Manual," *AAMI ESM4*, Association for the Advancement of Medical Instrumentation, Arlington, VA, 2015.

［5］ Brauer, R. L., *Safety and Health for Engineers*, New York: Van Nostrand Reinhold, 1990.

［6］ IECEE OD 5014, "Instrument Accuracy Limits," Geneva, 2016.

［7］ IECEE OD 5011, "Requirements for Traceability of Calibrations and Calibration Intervals," Geneva, 2015.

［8］ ISO/IEC 17025, "General Requirements for the Competence of Testing and Calibration Laboratories," Geneva, 2005.

［9］ Associated Research, Inc., "Hipot-Product Catalog," Lake Forest, IL, 2015.

［10］ CISPR 22, "Information Technology Equipment — Radio Disturbance Characteristics — Limits and Methods of Measurement," Geneva, 2008.

［11］ IECEE OD 5010, "Procedure for Measuring Laboratory Power Source Characteristics," Geneva, 2015.

［12］ IEC 60601-1, "Medical Electrical Equipment — Part 1: General Requirements for Safety and Essential Performance," Geneva, 2005 and 2012.

［13］ Begeš, G., I. Pušnik, and J. Bojkovski, "Testing of Heating in a Black Test Corner," *IMTC/2000: Proceedings of the 17th IEEE Instrumentation and Measurement Technology Conference*, Baltimore, Maryland, May 1-4, 2000.

［14］ IEC 61010-1, "Safety Requirements for Electrical Equipment for Measurement,

Control, and Laboratory Use — Part 1: General Requirements," Geneva, 2010.

[15] Schaffner-Chase EMC Ltd., *RF Emission Testing: A Handy Guide*, Luterbach, Switzerland, 2000.

[16] IEC 61000 – 4 – 2, "Electromagnetic Compatibility (EMC) — Part 4 – 2: Testing and Measurement Techniques — Electrostatic Discharge Immunity Test," Geneva, 2008.

[17] IEC 61000 – 4 – 3 +A1+A2, "Electromagnetic Compatibility (EMC) — Part 4 – 3: Testing and Measurement Techniques — Radiated, Radio-Frequency, Electromagnetic Field Immunity Test," Geneva, 2006 – 2010.

[18] IEC 61000 – 4 – 4, "Electromagnetic Compatibility (EMC) Part 4 – 4: Testing and Measurement Techniques — Electrical Fast Transient/Burst Immunity Test," Geneva, 2012.

[19] IEC 61000 – 4 – 5, "Electromagnetic Compatibility (EMC) — Part 4 – 5: Testing and Measurement Techniques — Surge Immunity Test," Geneva, 2014.

[20] IEC 61000 – 4 – 8, "Electromagnetic Compatibility (EMC) — Part 4 – 8: Testing and Measurement Techniques — Power Frequency Magnetic Field Immunity Test," Geneva, 2009.

[21] Majchrzak, T. A., "Improving Software Testing," *Springer Briefs in Information Systems*, 2012.

[22] ISO/IEC 25010, "Systems and software Engineering — Systems and Software Quality Requirements and Evaluation (SQuaRE) — System and Software Quality Models," Geneva, 2011.

[23] Pezze, M., and M. Young, *Software Testing and Analysis: Process, Principles and Techniques*, New York, NY: John Wiley and Sons, 2007.

拓 展 阅 读

Agilent Technologies, "Cookbook for EMC Precompliance measurements" Application Note 1290 – 1.

Alberico, D., et al., *Software System Safety Handbook*, JSSSP and EIA, 1999

ANSI, "ANSI Essential Requirements," New York, 2017.

Armstrong, K., and T. Williams, "EMC Testing Part 1 — Radiated Emissions," *EMC+Compliance Journal*, Feb. 2001, pp. 27 – 39.

Armstrong, K., Williams, T., "EMC Testing Part 2 — Conducted Emissions," *EMC+Compliance Journal*, April 2001, pp. 22 – 32.

ASTM D149, "Standard Test Method for Dielectric Breakdown Voltage and Dielectric Strength of Solid Electrical Insulating Materials at Commercial Power Frequencies,"

2013.

Bates, C. , "Experiences with Test Automation," in *Software Test Automation: Effective Use of Test Execution Tools.* ed. By Fewster, M. , and D. Graham, New York: ACM Press, 1999.

Black, R. , *Pragmatic Software Testing*, Indianapolis: John Wiley and Sons, 2007.

Black, R. , "*Managing the Testing Process*," Indianapolis: John Wiley and Sons, 2009.

CISPR 11, "Industrial, Scientific and Medical Equipment — Radio-Frequency Disturbance Characteristics — Limits and Methods of Measurement," Geneva, 2015.

CISPR 16 - 1 - 1, "Specification for Radio Disturbance And Immunity Measuring Apparatus and Methods," Geneva, 2015.

CISPR 16 - 4 - 2, "Specification for Radio Disturbance and Immunity Measuring Apparatus and Methods — Part 4 - 2: Uncertainties, Statistics, and Limit Modeling — Uncertainty in EMC Measurements," Geneva, 2011.

CISPR 32, "Electromagnetic Compatibility of Multimedia Equipment — Emission Requirements," Geneva, 2015.

Ewing, P. D. , and K. Korsah, "Technical Basis for Evaluating Electromagnetic and Radio-Frequency Interference in Safety-Related I&C Systems," NUREG/CR - 5941, Lockheed Martin Energy Research Corp. , Oak Ridge Nat. Lab. , April 1994.

Gensel, R. , "Immunity Testing for the CE Mark," Associated Research, 2006.

Hammer, W. , *Product Safety Management and Engineering*, Des Plaines, IL: American Society of Safety Engineers, 1993.

Hammer, W. , and D. Price, *Occupational Safety Management and Engineering*, Englewood Cliffs, NJ: Prentice Hall, 2001

IEC 60060 - 1, "High-Voltage Test Techniques. Part 1: General Definitions And Test Requirements," Geneva, 2010.

IEC 60065, "Audio, Video and Similar Electronic Apparatus — Safety Requirements," Geneva, 2014.

IEC 60601 - 1 - 2, "Medical Electrical Equipment, Collateral Standard: Electromagnetic Compatibility — Requirements and Tests," Geneva, 2014.

IEC 60950 - 1 + AMD1 + AMD2, "Information Technology Equipment — Safety — Part 1: General Requirements," Geneva, 2005 - 2013.

IEC 61000 - 3 - 2, "Electromagnetic Compatibility (EMC) — Part 3 - 2: Limits — Limits for Harmonic Current Emissions (Equipment Input Current ≤ 16 A per Phase)," Geneva, 2014.

IEC 61000 - 3 - 3, "Electromagnetic Compatibility (EMC) — Part 3 - 3: Limits — Limitation of Voltage Changes, Voltage Fluctuations and Flicker in Public Low-

Voltage Supply Systems, for Equipment with Rated Current ≤16 A per Phase and Not Subject to Conditional Connection," Geneva, 2013.

IEC 61000 - 4 - 1, "Electromagnetic Compatibility (EMC) — Part 4 - 1: Testing and Measurement Techniques — Overview of IEC 61000 - 4 Series," Geneva, 2014.

IEC 61000 - 6 - 1, "Electromagnetic Compatibility (EMC) — Part 6 - 1: Generic Standards — Section 1: Immunity Standard For Residential, Commercial and Light-Industrial Environments," Geneva, 2016.

IEC 61000 - 6 - 2, "Electromagnetic Compatibility (EMC) — Part 6 - 2: Generic Standards — Immunity Standard for Industrial Environments," Geneva, 2016.

IEC 62304, "Medical Device Software — Software Life Cycle Processes," Geneva, 2006.

IEC 62368 - 1, "Audio/Video, Information and Communication Technology Equipment — Part 1: Safety Requirements," Geneva, 2014.

IECEE OD 2048, "Utilization of Customers' Testing Facilities," Geneva, 2016.

IECEE OD 5012, "Laboratory Procedure for Preparation, Attachment, Extension and Use of Thermocouples," Geneva, 2015.

IECEE, OD 5013, "Leakage (Touch) Current Measurement Instruments," Geneva, 2015.

IEEE C62.41, "IEEE Recommended Practice on Surge Voltages in Low-Voltage AC Power Circuits," Institute of Electrical and Electronics Engineers, 2002.

IEEE 1044, "Standard Classification for Software Anomalies," IEEE, New York, 2010.

ISO 5725 - 1, "Accuracy (Trueness and Precision) of Measurement Methods and Results — Part 1: General Principles and Definitions," Geneva, (1994+1998).

ISO 9004, "Managing for the Sustained Success of an Organization — A Quality Management Approach," Geneva, 2009.

ISO/IEC 12119, "Information Technology — Software Packages — Quality Requirements and Testing," Geneva, 1994.

ISO/IEC 14598, "Information Technology — Software Product Evaluation," Parts 1 - 6, Geneva, Switzerland, 1999 - 2001.

ISO/IEC 29119 - 1, "Software and Systems Engineering — Software Testing — Testing Concepts and Definitions," Geneva, 2013.

ISO/IEC 29119 - 2, "Software and Systems Engineering — Software Testing — Test Processes," Geneva, 2013.

ISO/IEC 29119 - 3, "Software and Systems Engineering — Software Testing — Test Documentation," Geneva, 2013.

ISO/IEC 29119 - 4, "Software and Systems Engineering — Software Testing — Test Techniques," Geneva, 2015.

ISO/IEC 29119 – 5, "Software and Systems Engineering — Software Testing — Keyword Driven Testing," Geneva, 2016.

LAB 34, "The Expression of Uncertainty in EMC Testing," UKAS — United Kingdom Accreditation Service, Feltham, Middlese, 2002.

Mansdorf, S. Z., *Complete Manual of Industrial Safety*, Englewood Cliffs, NJ: Prentice Hall, 1993.

MIL – STD – 461F, "Interface Standard Requirements for the Control of Electromagnetic Interference Characteristics of Subsystems and Equipment," U. S. Department of Defense, 2007.

MIL – STD – 462D, "Measurement of Electromagnetic Interference Characteristics," U. S. Department of Defense, 1999.

NIS 81, "The Treatment of Uncertainty in EMC Measurements," National Physical Laboratory, United Kingdom.

Pol, M. , R. Teunissen, and E. vanVeenendaal, *Software Testing: A Guide to the TMapApproach*, Boston, MA: Addison-Wesley, 2001.

Rashid, M. H. , ed. , *Power Electronics Handbook (Second Edition)*, San Diego, CA: Academic Press, 2007.

Rubin, J. , and D. Chisnell, *Handbook of Usability Testing: How to Plan, Design, and Conduct Effective Tests*, Hoboken, NJ: John Wiley and Sons, 2008.

Slaughter Company, Inc. , "Basic Facts About Electrical Safety Testing," Lake Forest, IL, 2005.

Watkins, J. , *Testing IT: An Off-the-Shelf Software Testing Process*, New York: Cambridge University Press, 2001.

Wysopal, C. , et al. , *The Art of Software Security Testing: Identifying Software Security Flaws*, Boston, MA: Addison-Wesley, 2006.

Whitaker, J. C. , ed. , *The Electronics Handbook*, Boca Raton, FL: CRC Press, IEEE Press, 1996.

Williams, T. , *EMC for Product Designers*, Oxford, UK: Elsevier, 2006.

Williams, T. , and K. Armstrong, *EMC for Systems and Installations*, Oxford, UK: Newnes, 2000.

制造安全电气产品

15.1 制造商责任

制造商是指任何设计、制造、装配或加工成品，并以其自己的名称（或商标）将成品投放市场的自然人或法人。对于其投放市场的产品的所有电气安全方面，制造商应对其客户和员工及社会负责。这些安全方面实际上是衡量企业是否愿意继续经营并在市场上参与竞争的标准。制造商还指组装、包装、加工或贴上现成产品标签的任何自然人或法人。在进行分包时，制造商必须保留对产品的总体控制，并确保分包商获得履行职责所必需的所有信息。将部分或全部活动进行分包的制造商在任何情况下均不得转让其职责（如转让给授权代表、分销商、零售商、批发商、用户或分包商）。

从设计开始到停止使用，涉及产品制造的责任是巨大的，可通过制定具有确保产品安全要素的完善质量计划来进行保护[1]。质量计划的要素包括以下内容：

- 在产品中实施安全设计。
- 起草并保存所需的技术文件可用。
- 开发一致性生产和后期制作流程。
- 管理风险。
- 符合目标市场适用的标准和法规。

- 获得第三方独立评估和认证。
- 进行广告和营销时要谨慎。
- 与客户合作。
- 监督特定行业中的产品安全。

无论所生产设备的类型或数量,首要的工作是符合道德做法,其次是将安全设备投放市场的责任和义务。为了正确地做到这一点,除上述要素外,每个制造商还应具有训练有素的人员、安全的工作环境及独立和完善的供应链。

15.2 供应链

供应链由任何产品/设备的生产和分销所涉及的过程顺序的表示。该过程顺序是从产品生产开始,一直延伸至这些产品在市场上的服务。

将新产品引入制造业意味着首先要涉及一些管理方面的问题,在这些步骤中,设计团队将通过执行以下任务[2]继续密切协助制造业:

- 制定材料清单,包括关键元器件、法定的供应商和备用元器件。
- 与选定的供应商合作,该供应商必须出现在批准的名单中。
- 管理选定的供应商处所需的审核工作。
- 达到目标成本。

在此过程中,可能会采取纠正措施来规范新产品在市场上的投放。

制造商应负责通过检查或其他方式对所有分包商和供应商进行控制,尤其是制备具有安全隐患的元器件或部件的供应商;所有采购材料和服务应符合规定的要求。订购安全关键元器件时,应要求提供元器件符合适用标准的证据(即证书)。与广告数据表或目录页的引用无关。此外,须考虑符合环境要求(即 RoHS、REACH 和 WEEE)[3-5]。安全数据表[原材料安全数据表(MSDS)]是有关危险(即化学或生物危险)、应急响应及与任何危险材料相关的防护措施的有价值信息来源。经采购元器件的特性、性能和安全认证信息都应提供并进行文档记录(即带 CoC、测试报告和供应商执行的例行测试),并定期通过来料检查进行确认。

在制造过程中实施质量管理体系会产生优势,制造商应将其视为一项投资;根据 ISO 质量标准注册制造地点至少具有以下优点:

- 减少错误和昂贵的处罚。
- 增加对制造商提供的产品和服务的信心。
- 制造商有机会对生产做出更明智、更有条理的决策,并始终保持在定义可持续性的设定范围内。
- 建立整个组织的责任范围。
- 改善供应链内的沟通。
- 明确指出任何不足之处。
- 不断评估和改进的机会。
- 在公共部门工作的机会,最近这些标准已成为强制性标准。

可靠的制造商能更好地利用质量管理体系,且由于质量体系的实施保证了良好的可制造性。

15.3 可制造性

可制造性设计(DFM)是一种在设计周期的早期主动解决产品问题的方法。这是一种用于创建(对制造过程中所使用的工艺和材料的长期动态变化不敏感,且不受使用环境中可预见的产品滥用的影响)稳健产品设计的方法。

DFM 提供了一种方法,可将特定的制造问题集成到产品的设计中,从而获得易于制造且具有出色质量的产品。DFM 必须包括用于制造产品过程的详细理解、如何开发这些过程、如何控制这些过程及如何实现持续改进。为此,要使用工艺标准及面向制造和装配的设计(DFMA)指南。

可制造性设计包括但不限于以下制造方面[6]:

- 优化制造工艺。
- 物料选择。
- 零件成本估算。
- 装配时间。
- 详细装配过程。
- 工具成本预算和降低成本的策略。

ANSI/J-STD-001 根据最终产品用途将电子元器件分为三个类别,用于反映生产能力、复杂性、功能性能要求和验证频率的差异,包括如下：

- 1类或普通电子产品：消费品、计算机和计算机外围设备，以及适用于主要需求是装配完成功能的应用的硬件。
- 2类或专用服务电子产品：包括通信设备、复杂的商用设备和仪器，它们需要高性能和延长使用寿命且最好具有不间断服务。
- 3类或高性能电子产品：包括用于商业和军事产品的设备，在这些设备中，持续的性能或按需性能至关重要的。

关于这些分类，建立了产品可制造性设计标准。

在讨论可制造性时，我们考虑可在目标成本范围内以最大的可靠性制造设备的程度，然后将其保持在产品定义文件中规定的特性范围内。使用"产品设计通用工程技术"是制造产品的简便方法。制造地点的能力，用于生产产品的机械及所有适用的良好生产规范（GMP）要求的实施，都将使产线易于在预期时间限制内进行生产。当电气安全集成被嵌入到制造过程中时，应在制造过程的不同阶段对产品的所有功能要求进行持续监控。

15.4　集成

毫无疑问，电气安全与制造的集成是从设计阶段就意识到产品必须对所有人都是安全的不仅仅针对终端用户。为制造人员提供良好有效的培训，并使制造人员成为第一批客户的举措是非常有必要的。工作场所的安全性是制造商的主要目标，每个公司的内部文化都将该目标进行放大。从所有使用材料开始，到设备制造过程结束，从过程的技术流程中的第一次操作到设备包装和准备交付客户使用，是一个应实现的目标，且不得发生意外事件。对生产设备进行适当的维护，不仅可以确保设备的功能在被检测的参数范围内。此外，它还可安全地工作，同时间接地对生产过程中的工人进行保护功能。

遵守所有涉及制造过程中安全方面的监管文件，这些文件由有管辖权的当局强制执行，这样做不仅用于向工人进行内容展示，而且用于教育他们在其活动期间保持同样的谨慎水平。

在制造过程中集成电气安全考虑因素，实际上表示制造商能够解决

与员工工作场所的电气安全相关标准和法规的要求。实际上,有必要就以下方面对员工进行保护:

- 活动中的危险,如与电能相关的电气设备的安装、检查、操作和维护。
- 员工执行可能会在制造过程中遭受电气危险的其他工作活动的工作规范。

在美国,工作场所电气安全标准 NFPA 70E 中提出了详细考虑这些要求的内容,该标准提醒使用者如果肤浅地对待这些要求将会对员工安全和公司名誉的双重损失。使用 NFPA 70E 的概念和策略可提高公司员工的安全性和生产力,此外,还会给公司带来积极的影响。

为了消除对制造设备全部或部分预防性维护或其他服务而采取的措施可能会对由此制造设备生产的设备产生不良结果。此外,还可能导致召回,甚至可能导致致命的事故。必须从电气设备维护和改良的安全性和效率方面了解法规框架。这将有助于在电气设备的安装、维护、使用和制造过程中遵循 OSHA 法规和 NFPA 70E 的要求。至关重要的是要理解 OSHA 法规比 NFPA 70E 准则更严格,在任何情况下,OSHA 法规都必须优先,且作为联邦法规具有法律效力。

将电气安全要求集成到制造的电气系统的设计中对于确保提供工作场所安全性非常重要。此外,这将激发员工努力确保所制造的设备的安全。设备的使用寿命起于加工的结束,其寿命长度从最终检验过程开始,而最终检验的过程在许多情况下均以生产中的例行测试结束计算。然后,将设备包装好并准备运输至下一目的地,或者将其储存在制造商规定并确定储存条件的仓库中,包括环境条件和保持设备功能的中间过程(如在指定的时间段内将电池充电至指定水平)。最终,设备将运输至终端用户。

15.5 例行测试(产线测试)

在制造结束时(或制造期间)和运输之前,制造商必须证明设备功能正常且安全。通常,安全措施应仅出于安全目的而采用,不应与功能共享任何任务。

对设备进行一组最小化例行测试的方法有：①根据制造商已建立的质量管理体系和使用的产品标准的适用要求来获得存在于每台设备记录中的证据；②与 NRTL 协议中监督方案规定的要求相结合。

这些例行测试（产线测试）是在制造后（或制造过程中）对每个单独的设备（产线的 100％全检）进行的测试，以检测可能通过功能测试而无法检测到的且可能会导致危险情况的制造（或材料）失效和不可接受的公差。这些例行测试旨在评估会受制造过程影响的安全参数（如垫圈的拧紧扭矩、星形垫圈的缺失、配线装置、接地夹、绝缘层、警告标签、绝缘、橡胶圈和环形铁芯变压器），以确定其性能参数。

因此，必须对每种产品的各种基本参数进行验证，包括如下：

- 电介质强度。
- 接地阻抗。
- 正常状态下的漏电流。

在欧洲，所有这些要求都是在工厂检验程序中根据欧洲检测、检验和认证体系（ETICS）发布的统一要求进行规定的，而在北美，国家认可测试实验室参与了设备列表/认证过程。例行测试是在认证产品的工厂进行后续检查的重要组成部分，使确保必要的例程和程序保持在可接受的水平。

为了执行例行测试（产线测试），可使用以下标准：

- EN 50106，用于家用电器。
- EN 50116，用于信息技术设备（ITE）。
- EN 50144 - 1，用于手持式电动工具。
- EN 50514 和 IEC 62911，用于音频、视频和信息技术设备。
- ENEC 303，用于 EN 60598 标准系列所涵盖的灯具。
- IEC/EN/UL 61010 - 1，用于测量、控制和实验室用设备。

例行测试应在完全组装好的设备上进行。在进行例行测试时，切勿对设备进行拆线、改装或拆卸，但如卡扣式护盖和扣件旋钮会干扰测试，则可将其取下。测试期间不应对设备通电，但电源开关应处于接通位置。

电介质强度

电介质强度是对适用产品标准中规定的电压测试，或者由国家认可测试实验室进行的下列测试：

- 基本绝缘，施加在一侧连接在一起的网电源端子与另一侧接地的可触及导电部件之间。
- 双重绝缘，施加在一侧连接在一起的网电源端子和另一侧可触及的低电压（42.4 V 峰值或更低）可触及导电部件（包括端子）之间。对于此测试，打算连接至无危险带电的其他设备电路的任何输出端子的触点均视为可触及导电部件。

测试电压在 10 s 内升高至其指定值，并保持最长 2 s 的时间。不应发生击穿或重复闪络，可忽略电晕效应和类似现象。

警告：切勿在通电的电路或设备上执行电介质强度测试。包括如下：

（1）位置：选择一个远离主要活动的区域，使员工在进行正常工作时不会进入。如由于产线流动而导致不可行，则应将该区域用绳子绑好并张贴"正在进行高压测试"的标记。除测试操作员外，不允许其他员工进入该区域。

如将工作台背对背放置，应特别注意对面测试工作台的使用情况。应张贴以下标志："危险：正在进行高压测试。未经授权的人员不得进入。"

（2）工作区域：如可行，应在不导电的桌子或工作台上执行测试。如无法避免使用导电表面，应确保已将该导电表面连接至良好接地且高压连接与接地表面绝缘。

在操作员与被测产品放置位置之间的工作区域中不应有任何金属物体。工作区域中的任何其他金属都应连接至良好接地，不得"浮地"。测试仪的位置应使操作员不必触及被测产品即可触发或调整测试仪。保持工作区域清洁整齐。所有测试不需要的测试设备和测试引线应从测试台上移开并收起。对于操作员和任何观察者，正在被测试的产品和待测产品之间的差异应显而易见。切勿在可燃环境或存在可燃材料的任何区域中执行这些测试。

接地阻抗

测试将一侧与设备耦合器的地脚或电源插头的接地引脚（对于不可拆卸的电源线）与在另一侧可通过单一故障条件下通电的所有接地的可触及导电部件之间进行接地阻抗测试（图 15.1）。测试电流通常为指定，接地阻抗测试是通过接地阻抗测试仪（即较低刻度的欧姆表）进行的。从设备入口或被测设备的电源插头之间评估这些点与 PE 端子之间的阻抗。

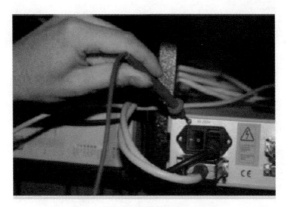

图 15.1　接地连续性测试位置示例

注：测试涂有油漆的金属表面时，应确保探针在隐藏区域中穿透涂料。

为了在测试过程中评估接地阻抗的完整性，接地线应沿其长度弯曲。如在弯曲过程中观察到连续性指示的变化，则可断定接地连接已损坏。

漏电流

根据产品标准的规定，漏电流的测量须使用 MD 盒子进行，该 MD 盒子由电阻和电容组成，旨在模拟人体的阻抗。MD 盒子的位置决定了测试类型（见 14.2.6 节）。

对于漏电流测试时，设备应通电。评估的因素包括对地漏电流、接触（外壳）漏电流及医疗设备患者的漏电流。

注：如执行不正确或不当，例行测试可能会损坏设备。此外，如适用，标准甚至规定了制造商应就生产中的这些例行测试的结果留档。所有例行测试均应使用经过校准的设备进行，且校准记录应可供工厂检查。

表 15.1 包含一个例行测试记录示例表,该示例用于记录由例行测试电气安全协议产生的测试结果。

表 15.1 例行测试记录

安全—产线测试报告

被测设备	序号	电源电压	等级	应用部件类型(如适用)

1. 介电强度测试

描述	预期结果	结果明细(是/否)	合格/不合格
…与…之间的… VAC 或 VDC	如果合格,则测试完成		

使用设备:

描述	制造商和型号	序号	校准到期日

测试人员:_____ 签名:_____ 日期:_____

2. 接地连续性

试验点编号	试验点说明	预期结果	合格/不合格
1		连续性	
2		连续性	
3		连续性	
4		连续性	
5		连续性	

使用设备:

描述	制造商和型号	序号	校准到期日

测试人员:_____ 签名:_____ 日期:_____

（续表）

3. 漏电流

数量	描述	预期结果	实测电流/mA	合格/不合格
	接地漏电流（正常状态）	<…mA		
	接触漏电流（正常状态）	<…mA		
	患者漏电流（正常状态）—如适用	<…mA		

使用设备：

描述	制造商和型号	序号	校准到期日

测试人员：_____ 签名：_____ 日期：_____
验证人员：_____ 签名：_____ 日期：_____
注：_____

产线测试的质量保证（QA）意见：
接受/拒绝
质量保证人员：_____ 签名：_____ 日期：___/___/___

参 考 文 献

[1] U. K. Government Department for Business, Energy & Industrial Strategy, "*Product Safety for Manufacturers*," 2015.

[2] FDA, "Report on FDA's Approach to Medical Product Supply Chain Safety," July 2009.

[3] EU Directive 2002/95/EC, "Use of Certain Hazardous Substances in Electrical and Electronic Equipment (RoHS) Directive," *Official Journal of the European Union*, January 27, 2003.

[4] REACH EC 1907/2006, "European Regulation on Registration, Evaluation, Authorisation and Restriction of Chemicals," Brussels, Belgium, 2006.

[5] EU Directive 2002/96/EC, "Waste Electrical & Electronic Equipment (WEEE) Directive," *Official Journal of the European Union*, January 27, 2003.

[6] Chiang, W. C., A. Pennathur, and A. Mitai, "Designing and Manufacturing Consumer Products for Functionality: A Literature Review of Current Function Definitions and Design Support Tools," *Integrated Manufacturing Systems 12*, 2001, pp. 430-448.

拓 展 阅 读

Bolintineanu, C. , and S. Loznen, "Product Safety and Third Party Certification," in *The Electronic Packaging Handbook* (ed. By G. R. Blackwell), Boca Raton, FL: CRC Press LLC, 2000.

EN 50514, "Audio, Video and Information Technology Equipment — Routine Electrical Safety Testing in Production," CENELEC, Brussels, 2014.

EN 50116, "Information Technology Equipment — Routine Electrical Safety Testing in production," CENELEC, Brussels, 1996.

FDA, 21 "CFR Parts 808, 812, and 820, Medical Devices: Current Good Manufacturing Practice (CGMP): Final Rule," Federal Register, October 7,1996.

Harris, K. , and C. Bolintineanu, "Electrical Safety Design Practices Guide," Tyco Safety Products Canada Ltd, Rev 12, March 14,2016.

IEC 62911, "Audio, Video and Information Technology Equipment — Routine Electrical Safety Testing in Production," Geneva, 2016.

Tang, C. S. , "Making Products Safe: Process and Challenges," *Springer International Commerce Review*, 2008,8,48 - 55.

Wang, X. , et al. , "A Production Planning Model To Reduce Risk and Improve Operations Management," *International Journal of Production Economics*, 124, 2010,463 - 474.

16

合规性和产品安全专业人员的教育和培训

16.1 概述

为了生产出满足社会安全管理要求的产品,制造商必须在技术人员的培训和专业发展上进行大量的投入。参与产品开发的工程师、设计师和其他技术人员须注意将符合性原则和产品安全性工程原理应用到产品的设计、制造和营销中。合规性和产品安全专业人员须接受以下方面的指导:

- 基于危险的安全工程和产品安全理论概念。
- 分析危险情况。
- 测试的基本知识。
- 基本知识和方法。
- 风险评估和失效分析。
- 产品安全性需求须成为产品整个生命周期的一部分(从构思到停止使用)。
- 撰写和提交研发报告。
- 参与设计审核。
- 标准的作用及如何制定和维护。
- 产品安全与产品责任之间的关系。

打造安全可靠的产品,组织需要具有明确的关于计划、设计、开发、测试、实施和停止使用的流程和方法。但由于缺乏一般的监管,尤其是电气安全方面的教育和经验,许多公司的工程人员没有具备足够的知识来执行和实现所需的产品安全目标。

与产品安全工程相关的工程师或技术人员必须有创造性且见多识广,但问题是:如何为产品安全工程的从业人员提供必要的专业信息,以帮助提高产品的安全性和功能性而不损害安全性?在过去的 30 年中,工程学取得了相当大的技术进步,但不幸的是,产品失效、产品责任索赔和产品安全诉讼仍然是一个棘手问题。工程师须了解确定发生何事、何时何地发生、为何发生及如何发生的过程。然而,在许多情况下,工程师无法正确估计、准确评估、严格执行、充分测试、进行安全性分析及充分指导用户。尽管付出了巨大的努力来培训合格的产品安全工程师,但似乎仍然缺少些内容。

通过打开报纸上的“招聘求职”广告,人们可确定产品安全工程师、产品安全员和合规工程师所需的一些技能[1]。以下是一些示例:

候选人将主要确保产品安全方面的实施和维护符合全球准入要求。撰写、审查和维护所有产品安全规范,以确保信息符合当前的全球法规。与法规变更和趋势保持同步,并在需要时采取积极措施实施变更。审核并维护相关设计规范的工作数据库,以供内部使用。根据相关标准协助准备要测试的产品。

候选人应接受过电气或机械学科专业的教育,并具有至少两年的产品安全经验或具有相关资质或工作经验。

候选人应确定设计合规性安全产品的适用要求。还须为关键元器件编写准确、简洁的设计和采购规范,以实现安全合规性目标。

须充分了解欧盟要求,对美国准则有一定的了解将是一个明显的优势。充分了解环境法规和对先进产品安全原则将是一个优势。

很难预测有多少适合的工程师会申请这些职位。许多人虽然拥有电气或机械学科学位,但是在大学教育通常不会获得产品安全性基本经验。

也许一些学术界的专家不同意将产品的安全性作为当今最受欢迎的前沿技术学科。在工程学院中,产品安全并不是重中之重,学术界也没有让工程专业的学生做好准备来支持或替代那些目前参与产品安全项目的工程师。

各界似乎缺乏对这个领域技术支持的长期承诺。虽然大多数专业工程协会指出,产品安全是工程实践和管理中最重要的问题,但这还不够。

各种权威性文本(包括一般安全工程文献、明确指定的产品安全文献和推荐的产品安全标准)都可用于产品安全领域的自我教育。此外,由咨询顾问、私人工作室或未经授权的教育机构提供的培训课程是一种折中的解决方案。由于缺乏方法和内容上的统一,这种教育是不完整的,有时是粗浅的。即使拥有所有这些资源,工程人员也仅可使用数量有限的资源来获得产品安全领域的培训。尽管工程师可使用多种产品安全教育方案,但迫切需要在大学层面进行全面的、正规的安全教育计划。产品安全教育也应在商学院(培养许多商业领袖的学校)和技术营销专业学校中传授。

应进行适当的培训,以确保参与产品安全活动的人员了解自己的责任和作用,并具有适当的技能,来正确地为产品安全活动做出自己的贡献。

所有产品安全从业人员必须具备在安全、有效设计、制造和(或)使用产品的胜任能力。此外,产品安全从业人员须具备在没有直接监督的情况下可安全有效地进行实践的知识、技术和能力。

2005 年 12 月,美国标准策略将标准教育确立为国家优先计划:"将标准教育确立为美国私立、公立和学术部门的高度优先事项。涉及标准制定和实施的教育计划必须成为美国的高度优先事项。这些计划必须关注领导和高层管理人员、参与制定标准的人员、大学生及其他相关方的需求。"

尤其是在亚洲的一些地区,应更加重视标准和产品安全教育。韩国、中国、印度和日本开始看到标准和产品安全的战略价值,并将这些主题引入大学课程。如这些国家打算在标准化、合规性和产品安全性领域花费相当可观的资源来教育工程专业学生,则这些国家将在未来日益复杂的全球市场中获得明显而独特的竞争优势。

在未来的几年中,产品安全工程将继续从工程艺术发展为工程科学。因此,了解产品安全原则的理论和实际应用变得更加必要。产品安全原理的理论和实际应用须成为工程课程的组成部分。应制定产品安全工程计划,以提供质量,以及在全世界入门级和进阶职位所需的知识和技能的深度。

16.2　高级设计课程中的合规性和产品安全工程

为了适当地解决产品安全工程问题,需要广泛的知识和技能,包括以下内容:

- 具有较高的技术理解能力,能够评估、识别和预防各种危险及风险因素。
- 了解相关标准、法规、规范、行为、法律和责任。
- 具有与人打交道、激励他人、清晰沟通及制定和管理计划的能力。

因此,人们进行了培训需求分析,以确定所有员工在产品安全方面的培训需求,以及确保产品安全工程师的能力。人们认为,由培训需求分析得出的拟议合规性和产品安全工程计划具有以下优点:

- 满足行业需求,以市场为导向且以职业为导向。
- 符合专业评审的要求。
- 基于跨学科课程,包括安全、法律、法规、经济、环境和道德方面的考虑。
- 提供完整的工程计划及业务和管理方面的专业知识。

人们认为该拟议计划满足认可标准,且所提议的课程在每种适用的合规性和产品安全性类别中均提供了最低的实际定量要求。

作为项目的一部分,学生可通过讲座、实验室试验、计算机模拟、独立研究和设计任务,以及个人和小组项目的灵活组合来学习并获得经验。将积累的成果记录和介绍给技术和非技术人员。每名学生的进步和成就都可通过多种方式进行评估,包括测试、笔试和口试,以及对项目、报告和演示文稿的独立评估。学生小组设计的新产品,从概念到全球营销。

评估该计划成果的评审委员会应包括学术界、工业界、政府组织和监管机构的代表。

产品安全工程中的典型计划将涵盖以下问题[2]:

- 新产品开发——设计安全。
- 新产品生产——控制安全。
- 新产品评估——测试安全。
- 产品安全危险。
- 一般合规性标准。
- 产品安全标准化。
- 基本安全概念和注意事项。
- 失效模式分析。
- 异常条件。
- 元器件的选择。
- 结构。
- 安全性能。
- 标签(标识和说明)。
- 电磁兼容性。
- 使用辐射设备的安全性。
- 可编程电子系统(软件)。
- 可靠性。
- 风险分析。
- 可用性。
- 监管事宜。
- 安全测试。
- 测试仪器。
- 安全成本估算。
- 全球市场准入。

拟议课程考虑了行业需求和产品监管机构制定的指南。工程师只有通过良好的学术研究和持续的教育来为发挥其合规性和产品安全性角色作用做好准备工作。

16.3 培训资源开发

对于制造商和测试机构,需要有一个持续的计划来培训合规性和产品安全专业人员。国际法规和产品安全标准的变化要求对相关人员的知识进行定期更新。

培训计划应保持更新以符合法规动态变更要求,内部讲座、参加研讨会、会议、网络研讨会和在线课程可作为一些更新信息的方法。合规性和产品安全专家应至少每月参加任何上述活动一次。

类似的培训计划应适用于新雇用的产品安全人员,以便向新员工介绍保持合规和产品安全知识的具体方面。在执行任何工作之前,新员工应完成特定的培训,包括以下内容:

- 公司概况。
- 合规性和产品安全概述的作用。
- 雇用新员工的特定工作的培训。
- 安全生产培训。
- 质量体系培训。
- 道德准则概述。

根据公司质量体系的要求,必须保留员工的定期培训和评估的所有记录。

有许多可用于合规性和产品安全培训的资源,包括图书、杂志、讲习班、内部课程、在线课程和网络研讨会,以及合规性和产品安全社区——IEEE-PSE 协会和 IEEE-EMC 协会。在专业活动中可找到另一种资源,如研讨会、会议、网络论坛和网站。

信息的原材料将成为决定性的性能因素。具有竞争优势的公司是指在收集和传播信息并将信息有效转换为应用知识,特别是在广泛利用这些知识方面取得成功的公司。

16.4 专业认证

专业认证适用于工程师和技术人员,其培训和经验主要集中于减少或消除危险情况相关的问题、工程设计和纠正措施。

专业认证可证明一个人在知识和解决问题的能力上符合特定的标准要求。专业认证可在多个层面上提供帮助。对于认证组织而言,专业认证提供创建行业内的标准做法、提供意识和技术进步,且可提供各组织之间更多的合作。对于雇主而言,专业认证可提高安全水平、提高产品产量并增加客户和员工的信心(这可促成奉献和改善团队合作)。对于经过认证的专业人员而言,专业认证可提供行业信誉、证明知识水平、经验程度和能力高低。此外,专业认证通常会为职业发展和增加收入创造更多的机会。显然,专业认证是一种职业发展方式,可通过了解自己所掌握的知识来增强自信心,从而提高工作绩效。获得专业认证通常需要进行大量的培训和测试。与设施认证的情况一样,这可能意味着该设施遵循符合行业标准要求的工艺。获得专业认证的公司正在寻求确保更高的产品质量和更高的产品优良率。对于个人而言,专业认证可通过对认证人员的技术水平的验证将其区分开来。

为合规性和产品安全专业人员提供个人认证的机构包括如下:

- 国际无线电、电信和电子通信协会(iNARTE)。
- 美国静电放电协会(ESDA)。

在专业认证过程中,必须定期进行学习成功或失败的经验。可经常进行修正以改进过程。在专业认证的每个完整周期中,应评估数量和过程的总学习量。随着不断完善,专业认证计划将保持高质量。

参 考 文 献

[1] DiBiase, A. A., "The Urgent Need to Integrate EMC and Product Safety into Engineering Curriculum of Technical Universities," *Interference Technology*, March 2012.

[2] Loznen, S., "Product Safety Engineering as a Challenge for Academia," *Product Safety Engineering Newsletter*, IEEE-PSES. Vol. 10, No. 4, 2014.

拓 展 阅 读

Blaise, J. C., P. Lhoste, and J. Ciccotelli, "Formalization of Normative Knowledge for Safe Design," Safety Science 41, 2003, pp. 241-261.

Gambatese, J. A., "Research Issues in Prevention Through Design," Journal of Safety Research 39, 2008, pp. 153-156.

术语表

本术语表侧重于在产品合规性和安全性方面具有特定含义的术语。对于某些相关的非特定术语在产品合规性和安全性中起到重要作用,如质量保证和制造中所用术语也包含在内。本术语表主要用于通过提供统一的词汇支持国际产品合规性和安全性群体内部的沟通。本术语表列出了术语及其与本书相关的定义或含义。

非正常状态	产品工作状态(如电压、电流、功率、频率、稳定性、环境及其他意外条件)。
可触及部件	通过标准试验指或任何人体部位可触碰的电气产品零件。
附件	可添加到产品或与产品集成以实现预期用途或扩大产品使用范围的附加元器件。
随附文件	随产品提供在互联网上或其他地方可获取的文件,其中包含为用户提供的信息,说明如何操作产品,并提供安全警告、命令、产品规格及其型号。
精度	测量值与真实值相关的不确定程度。
认可	权威机构正式认可某机构或个人能够展开特定任务的程序(ISO/IEC 导则 2)。
有功功率	用于描述负载所做电功的术语。
导纳	阻抗的倒数(1/Z)。
电气间隙	空气中两个导电部件之间的最短路径。

空气放电   一种测试静电放电保护结构的方法,其中静电放电发生器通过发生器与被测产品之间的电气间隙放电。

交流(AC)   电流方向随时间作周期性变化的电流,其大小随频率以正弦曲线的方式不断变化。

环境温度   特定物品周围空气的温度。

美国线规(AWG)   美国使用的一种标准体系,用于根据两个导体大小之间的几何级数确定电导体的大小。

安培容量   导体在给定使用条件下不超过其温度额定值而可持续携带的电流,单位为 A。

安时容量(蓄电池)   可在规定温度、放电率和电压条件下输送的安时数。

调幅   载波振幅随着输入信号幅度而变化的调制方法。

阳极   正极(正电极)。

视在功率(VA)   供应至负载的交流电路中所施加电压和电流的乘积。

电器耦合器   在不使用工具的情况下将电源线与电气产品相连的机械装置,由电源连接器和电器插座构成。

电器插座   为连接可拆卸电源线而集成或固定到电气产品的零件。

申请人   产品的提交者及文件的所有者。申请人可以是制造商,也可以由代理人代表。

应用部分(医疗产品中)   在产品使用过程中必须与病人产生身体接触才能发挥其功能的零件。

电弧闪络   电弧故障是指电流通过相导体与相导体或与中性点或地面之间空气的流动。电弧故障可能在电弧形成点释放出大量的集中辐射能,为另一种结果的一小部分。

放电器   通过转移电涌电压而进行限制的装置,也称为"电涌放电器"。

插图   将出现在产品文件上的代理标识、控制编号及标准名称和编号的按比例绘制图。

评估	根据给定质量或验收标准来确定产品、服务、活动和工艺的定量值或定性值的活动,与评价类似。
审核	对产品或工艺的独立评价,以根据客观标准确定符合标准、指南、规范和程序。
拥有管辖权的机构(AHJ)	负责强制执行规范或标准要求,或者批准设备、材料、安装、程序的机构、办事处或个人(包括电气检查员)、建筑部门官员和规范执行机构。
自动断开电源	在发生故障时,受保护装置自动运行影响的一个或多个线路导体中断。
自耦变压器	一次绕组和二次绕组的匝数部分或全部相同的变压器。
辅助电源	可供产品使用的替代电源或电力。
带宽	传输路径的数据承载能力,以每秒的位数或字节数为单位。
蓄电池	提供电流的一节电池、两节电池或以上通过电气方式连接在一起的化学电池组。
蓄电池管理单元	锂离子蓄电池中通常使用的控制电路,作为保护电路为一次充放电控制电路提供信息和在一次控制电路失效时作为冗余控制电路使用。
泄流电阻器	一种通常连接在电容上的电阻器,以便在产品处于关闭状态时使电容放电。
连接	导电通路的电气连接,以确保电气连续性(通路的电势相同)。
击穿电压	在允许电流流动的情况下,绝缘材料的绝缘性能遭到破坏的电压。
老化	在将产品投入使用前对产品进行的连续运行,以识别缺陷或失效。
衬套	用于保护贯穿导体的孔的电绝缘衬里。
电缆	一般是指尺寸较大的裸线、具有防水或绝缘的导线,也用于描述一些绞合或组合在一起的绝缘导体。

电缆线束	传输信息信号或电力的一串电缆或电线。电缆可通过夹具、电缆扎带、电缆束带、套筒、电工胶带、导线管、挤压线编织或其组合绑在一起。
校准	在测量仪器指示值和测得参数的相应已知值之间建立关系的一组操作。
电容(或 C,计量单位为 F)	在给定电压条件下可储存的电荷量。例如,电荷可储存于电容或人体中。
容量(蓄电池)	蓄电池在特定条件下和规定时间内提供的电量,通常用 A 表示。
阴极	负极(负电极)。
电池(蓄电池)	由阳极、阴极、隔膜和电解质构成并可将化学能转化为电能的电化学元器件。
充电(蓄电池)	将外部电能转换成化学能并存入电池或蓄电池。
证明	第三方书面保证产品、工艺或服务符合规定要求的程序(ISO/IEC 导则 2)。
电路	电子可以通过其流动的导电通路。
电路板	也称为"印刷电路板(PCB)",是带导电电气轨迹并将元器件连接在一起的绝缘板。
断路器	当电路中的电流超过规定限制时可用于手动开关电路和中断电流的装置。
电路电压	电路两个点之间的势差。
圆密耳(cmil)	直径为 1 密耳(1/1000 英寸)的圆的面积,用于描述导体的横截面积。1 密耳约等于 0.000 000 8 平方英寸。
Ⅰ类	指一种电气产品的术语,其中防触电保护包括通过连接到保护接地金属可触及部件或金属内部零件的附加保护方法,这样在基本绝缘失效时,可以通过危险电压通电(切勿与不同规范中使用的Ⅰ类混淆)。
Ⅱ类	指一种电气产品的术语,其中防触电保护包括双重绝缘或加强绝缘等保护方法。这样的产品无保护接地规定,但可能有功能性接地连接(切勿与不同规范中使用的Ⅱ类混淆)。

分类产品	经调查发现,在未考虑其他危险的情况下(如机械撞击或触电),仅符合火灾等特定风险标准的产品。
低温条件	指在环境温度条件下不通电的电路或电气产品。
合规性	产品满足标准、规范或法规、法律等的能力。
共模噪声	两个或两个以上彼此幅度和相位相等的导体中的不良电信号。
元器件	产品的组成部分(如可能是电气元器件或机械元器件)。
复合物	通过混合两种或两种以上原料制成的绝缘或护套材料。
导电部件	可以传导电流的部件。
导电性	导体允许电流流动的能力,通常用相同大小的软铜导体的导电率百分比表示。
传导	通过电缆或 PCB 连接传输能量。
导体	(1) 可以输送电流的电线或电线组合。导体可能绝缘,也可能裸露。 (2) 允许电子流经其中的任何介质。
导体屏蔽	一种半导体材料,通常为交联聚乙烯,涂在导体上,以在导体和绝缘层之间提供光滑兼容的界面。
导线管	一种用于固定和保护导体与电缆的通道,由金属材料或绝缘材料制成,横截面通常像管道一样呈圆形,也称为"导管"。
合格评定	对产品、工艺或服务满足规定要求的程度进行的系统性检查(ISO/IEC 导则 2)。
连接器	用于将导体连接在一起的连接装置。
一致性	通过标准化实现的统一程度。
约束	通过限制可接受解决方案的范围来修改一项或一系列要求的限制声明。
接触放电	一种静电放电发生器与被测产品直接接触的静电放电试验方法。
冷却	通过辐射、对流、强迫通风或液体方式将产品的热量去除。

协调	与电力系统的保护相关，是协调系统熔断器、断路器和自动重合开关以实现下游设备先运行的过程。
电晕放电	导体表面的一种放电现象，伴随着周围气体的电离作用。电晕是可见的现象，也可以产生可听见的噪声。
库仑	以国际单位制（SI 单位）表示的电荷单位。库仑是电流保持恒定在 1 A 时在 1 s 内通过导体截面的电荷数量。
爬电距离	沿着将两个导体分开的设备测量的两个导体之间最短距离。爬电距离一般是绝缘体或绝缘衬套的设计参数。
峰值	波形的最大值。该值通常与电气故障大小或瞬态有关（峰值因数＝最大值/真均方根值，正弦波的峰值因数＝141/100＝1.41）。
压接端子	将金属套筒以机械方式固定在导体上的连接方式。
撬棒	一种过电压保护装置，在发生故障或应力条件时，用可控硅整流器（晶闸管）或相似电路迫使电源输出电压达到设计值。
限流	输出电流限制在设计的最大输出水平，与施加到输出的负载无关。
客户	产品或服务的当前或潜在买家或用户。
数据表	包含要求试验或标准试验测量结果的文件。
分贝（dB）	用于表示电信号或声音强度变化幅度的单位。电压比 1∶10 等于 20 dB；电压比 10∶1 等于 20 dB；电压比 100∶1 等于 40 dB；电压比 1 000∶1 等于 60 dB。功率比 10∶1 等于 10 dB。
缺陷	元器件或设计中的瑕疵。
降级	预期性能或设计性能中无用的变化。降级不一定会导致故障或失效，但可能与产品的使用寿命结束相关。
降低额定值	由于劣化或缺点而使产品的额定能力降低（温度升高时，电源的输出功率额定值降低）。

可拆卸电源线	拟通过电器耦合器连接到电气产品的软线。
电介质	（1）两个导体之间的电气绝缘介质。
	（2）用于电气隔离或分离的介质。
介电常数	描述材料相对于真空的介电强度的数字，真空的介电常数为1。
介电试验	用于验证固体绝缘系统的试验。在特定的时间段内施加特定大小的电压。
耐压	绝缘材料和绝缘间隔在一段规定时间内（除非另有说明，1 min 内）耐受规定过电压而不发生闪络或击穿的能力。
差模噪声	相对于噪声返回的输出或输入而测得的噪声分量，不包括共模噪声。
浸焊端子	连接器上插入 PCB 的孔内再焊接到位的端子。
直流（DC）	电子只在一个方向流动的电流，与交流相反。
放电（蓄电池）	将电池或蓄电池的化学能转换为电能，将电能撤回负载。
隔离开关	一种用来断开电路的简单开关。
通地［接地（美国）］	参见接地。
有效接地	当连接和导体具有足够低的阻抗能够传导预期电流时，故意将导体或电气设备连接到地面。
电气外壳	可防止接触带电零件以避免电气伤害或触电死亡的外壳挡板。
电气安全	识别与使用电能相关的危险，并采取预防措施防止危险造成伤害或死亡。
触电	电流流经人体或动物体产生的生理作用。
外壳	电气产品或其零部件的外表面，为预期用途提供适当的保护类型及程度。
等电位连接	在导电部件之间提供电连接，旨在达到这些部件处于相同电位的状态。
错误	产生错误结果的人为行为。

静电放电保护 在集成电路的输入和输出引脚上添加的设备,保护内部电路免受静电放电的破坏作用。

电接触 两个或多个导电部件意外或有意相互接触并形成一条连续导电通路的状态。

启发 从人或系统处获得信息的行为。就产品合规性和安全性工程而言,启发是从该领域其他从业者(如制造商和测试人员)处收集需求的过程。

评价 与评估类似。

失效 元器件、产品或系统与其预期性能发生偏差。这种情况的结果可能是良性的,也可能带来危险。

故障合闸额定值 开关设备闭合到特定大小的故障而不产生过多电弧的能力,以安培(A)表示。

故障电流 由于异常条件而流动的电流。此电流可大可小。

固定 指紧扣或以其他方式牢系在某个位置的,可以是永久性的,也可以只能通过工具将其拆下。

阻燃性 绝缘材料或护套材料抵抗燃烧的能力。

闪络 通过两个不同电位之间的空气或对地意外放电。闪络可能发生在两个导体之间,或者穿过绝缘体到地面,或者穿过产品衬套到地面。

浮动输出 不接地或不以其他输出为参考的电源或电源转换器的输出。浮动输出完全隔离,用户以此作为参考正极或负极。非浮动的输出使用一条公共回线,因此可以作为彼此的参考。

跟踪服务 系指确保产品持续符合特定批准要求的过程。通过对制造设备的定期检查(每年一次、每半年一次、每季度一次或以其他既定频率)进行跟踪服务。

频率 在交流系统中,电流改变方向的频率,以 Hz(r/s)表示;是单位时间内波形完整周期数的度量指标。

功能性接地 出于功能性目的而将电路接地。

功能性绝缘 产品正常运行所必需的导电部件之间绝缘。

熔断器	一种在电流超过设计水平后立即断开电路的电气保护装置。
熔断器灭弧时间	打开熔断器以清除故障电流时熔断器灭弧所需的时间。
电流隔离	表示无电阻连接的两个电路之间的隔离。电流阻断通过变压器、光耦合器或其他方式实现。
接地	(1) 指连接到地面的电气术语。 (2) 指一种导电连接,无论是有意还是无意的,都可通过该连接将电路或产品连接到地面。
接地故障	地面与电位之间的意外电流通路。
接地层	用作电路的公共电气参考点的导电表面或导电板。
防护罩	用于通过物理屏障提供保护的产品部件(如外壳、盖子、隔板或门)。
手持型	指在正常使用过程中需要用手支撑的电气产品。
谐波	一种正弦波频率,是基波频率的倍数。
谐波失真	存在将交流电波形从正弦波变为复数波的谐波。
危险带电部件	在一定条件下会产生有害触电的带电部件。
高压	电压超过 1000 VAC 或 1500 VDC 或 1500 V 峰值
保持时间	输入关闭后输出仍保持有效的总时长。
阻抗	(1) 交流电路中对电流的总反作用力。 (2) 影响交流电的电阻和电抗的组合,通常以 Ω 表示。
抗扰性	使产品能够抵抗电气干扰的产品特性。
感应电流	从附近电磁场的导体中感应到的无用电流或意外电流。
电感	(1) 电流变化引起电动势的电路特性。 (2) 阻抗的磁分量。
同相	两种波形同时顺着一个方向跨越基准线的情况。
浪涌电流	产品第一次通电或开启后第一次涌入产品的电流。
绝缘协调	考虑到预期微观环境影响和其他影响应力,电气产品绝缘特性的相互关系。

绝缘失效	绝缘状态,其中相关材料特性(物理、化学、电气)发生了充分变化,从而引起不可接受的风险。
绝缘体	(1) 防止电力、热量或声音传导的材料。 (2) 用于将导体或电气设备与地面或不同电位进行电气隔离的设备。
预期用途(目的)	从功能角度看,根据制造商指定的规范、说明书、信息和特性使用产品。
内部电源	用于运行产品的电源,是产品的一部分,从其他形式的能量(如化学能、机械能、太阳能或核能)中产生电流。
国际单位制(SI)	一种通用的单位制,其中将下列六种计量单位视为基本单位:米(m)、千克(kg)、秒(s)、安培(A)、开氏度数(K)和坎德拉(cd)。
换流器	将直流电转换为单相或多相交流电的设备。
中性点绝缘系统	中性点非有意接地的系统,但用于保护或测量的高阻抗连接除外。
标签	贴在产品、其任何容器或包装上或随产品一同提供与设备识别、技术说明和使用相关的书面、打印或图形材料,但不包括装运单据。
实验室认可	正式认可检测实验室有资格展开特定试验。
捻向	(1) 导体的电线绞合的方向。 (2) 电缆中导体绞合的方向。
漏电流	正常工作条件下通过导电通路的无用电流。
摆脱阈值(电流)	通过人体的最大电流,此时人员可从电源中摆脱。
闪电	闪电是雷暴过程中产生的一种强大静电放电现象。闪电的突然放电伴随着空气的电离和光的发射。
限位开关	满足某些条件(如空气温度或气压安全水平)时,用于开启或关闭电路的保护装置。
限制接近界限	在距离裸露带电部件一定距离的范围内存在触电危险的接近极限。

限制电流源	不管输出电压如何,均向电路提供所须受控电流的电源。
列名	一个组织公布的清单中所包含设备或材料,该组织为拥有管辖权的机构所认可,且与产品评价相关,维持对所列设备或材料生产的定期检查,并且其列名说明设备或材料符合适当的指定标准,或者已经过测试并发现适合特定用途(适用于委员会项目的美国消防协会法规)。
列名元器件	由经认可的认证机构评估的元器件,该机构为拥有管辖权的机构所认可,且与元器件评价有关,维持对生产的定期检查。
带电部件	正常工作中需要通电的导体或导电部件,包括中性导体。带电部件也可能无意带电,引起电击或触电死亡风险。
负载	(1)连接电气设备所需的电量。 (2)电路中所有物件的总电阻或阻抗。
主要保护	一种保护系统,通常用于应对受保护区域中的故障。
电源连接器	可拆卸电源线的零件,用于插入电器插座,使产品与电源相连。
电源部件	用于连接电源的电路。
电源插头	与电气产品的电源构成一个整体或需要连接在电气产品电源上的零件,需要插入电源插座。
电源瞬变电压	由于电源的外部瞬变引起、在电源输入到电气产品时预计产生的最高峰值电压。
电源电压	多相系统的两个线路导体之间的电源电压,或者单相系统的线路导体与中性导体之间的电压。
标识	标识是根据认证系统的规则申请或签发的受保护标识,表明对相关产品、工艺或服务符合特定标准或其他规范性文件有足够信心(ISO/IEC 导则 2)。
保护方法	按照具体要求降低各种危险所带来风险的方法(如绝缘、间隔、阻抗、保护接地和保护罩)。

兆欧计(高阻表)	一种施加直流电压并测量导体电阻或产品绝缘性的测试装置。
多重列名人	多重列名人是指将出现在列名产品的代理商目录上的公司名称,该公司并非申请人,但除同一产品的相同产品类别下的申请人以外,还将列出该公司的名称,尽管产品型号可能有所不同。多重列名人以其他品牌名称及型号销售申请人的列名产品,但并不负责产品生产,或者产品与某些测试或评价标准的符合性。
中性点	星形连接多相系统的共同点或单相系统的接地中点。
中性导体	在多相电路中用于传输不平衡电流的导体。在单相系统中用于电流回路的导体。
标称(值)	供参考所报的正常工作值,受约定的公差限制。
非功能要求	与功能性无关但与可靠性、效率、可用性、可维护性和便携性等特性相关的要求。
正常单一故障条件	所有保护方法都完好且符合预期的条件。
正常使用	产品的预期使用,包括产品维护(切勿与预期用途混淆)。
现用软件	针对一般市场(即大多数客户)开发并以相同格式交付给大多数客户的软件产品。
开口	存在于外壳中的间隙或缝隙,或者以规定力量施用测试探头形成的间隙或缝隙。
开路故障	同一电路中两个点之间意外出现高阻抗,导致电路故障。
开放式框架结构	部件(如 PCB 和电源)未配备外壳时采用的结构技术。
输出负载	通过输出端子外部连接的电路或设备的总有效电阻或阻抗。

过电流释放器	当装置中的电流超过预先设定值时，促使电路通电的保护装置（不管有无延时）。
过载	超过设计限值且可能导致应力超限和失效的情况。
帕累托分析	一种决策过程中的统计技术，用于选择产生重大总体影响之因素的限制数量。就质量改进而言，大多数问题（80％）是由几个关键原因（20％）产生。
峰到峰	从正峰值到负峰值测得的交流波形幅度。
峰值工作电压	系统中做功的最高峰值或电压，不包括外部瞬变。
尾线	非常短的跳线或接线适配器。
极性	用于表示电压与参考电位之间关系的电气术语。
极化	以只允许正确连接和电压极性的方式形成的插头和连接器。
便携式	该术语是指预计由一人或多人携带时将其从一个位置移动到另一位置的可移动设备。
电位均衡	电气产品与电气装置的电位均衡汇流条之间的直接连接（而不是连接至保护接地或中性点）。
功率因数	传输至负载的有效功率（W）与视在功率（VA）之比。
电源线	固定或组装在电气产品上的软线，为产品提供电源。
保护	用于检测电力系统中的故障或其他异常条件的措施，以清除故障，终止异常条件及启动信号或指示。
保护接地	将Ⅰ类产品的导电部件连接到外部保护接地系统，以实现保护。
质量	元器件、产品、系统或工艺符合特定要求和用户/客户需求和预期的程度。
质量保证	侧重于提供满足质量要求信心的质量管理部分。
准	在某种程度上或某种意义上相似。
辐射	通过接线、天线或回路经空气传输能量。
额定值	产品、元器件或材料的标称工作限值。
电抗	电感和电容对交流电的阻抗等于电流和电压之间的角相位差的正弦乘积。
无功功率	不产生任何实际功率（W）的视在功率（VA）的元器件。计量单位为无功伏安（VAR）。

实际功率	交流电路中电压和电流在固定一段时间内的瞬态乘积平均值。
插座	一种凹面法兰安装布线设备,导电元件嵌在配合面之后。通常称为电源插座,用于提供电源。因此,插座连接到电源。
认可元器件	预期用于符合相关标准的产品零件或子装附件。认可元器件的结构特征不完整,或者性能受限,需要对最终产品的元器件可接受性进行评价(UL 术语和首字母缩略词列表)。
冗余	存在多种发挥相同功能的手段。
可靠性	产品在规定的条件下,在规定的时间段内或规定的操作次数内执行其预期功能的能力。
要求	(1) 用户解决问题或实现目标所需的条件或能力。 (2) 系统、产品或元器件满足合同、标准、规范或其他正式实施文件所必须满足或拥有的条件或能力。
限制接触区域	只有经适当授权的技术熟练、训练有素或经验丰富人员才能进入的区域。
可逆输出电流	可逆转极性的输出电流。
涟波	直流信号在过滤后的交流变动幅度。涟波通常表示为额定输出的百分比。
RJ - 11	标准插座 11。标准电话连接器,带有可卡入插槽的卡舌,必须按下该卡舌才能从电话或插座中移除。通常容纳 2 根电线,但最多能够容纳 4 根电线。
RJ - 45	标准插座 45。通过多条线将计算机连到局域网或电话的连接器。能够容纳 8 根电线,是 RJ - 11 的两倍。
RoHS	《关于限制在电子电气设备中使用某些有害成分的指令》,是规定特定产品生产过程中不得使用材料的欧洲指令,其限制的材料包括铅、汞、镉、六价铬、多溴联苯和多溴联苯醚。

均方根	交流电流或电压的有效值。均方根值将交流电流或电压等同于提供等效功率(相同热效应)的直流电流或电压。
安全	免受不可接受的伤害风险。
安全工作负载	产品正常使用中允许的最大外部机械负载(质量)。
屏幕	旨在减少电场、磁场或电磁场对特定区域穿透的装置。
二次电路	通过至少一种保护方法与一次电源部件相分离的电路,接收来自变压器、转换器等效隔离设备或来自内部电源的电力。
示意图	以图形符号的方式显示电路电气连接的图形。
短路	两个或两个以上导电部件之间意外或有意导电通路,迫使这些导电部件之间的电位差接近零伏。
单一故障条件	单一保护方法存在缺陷或存在单一异常条件的状况。
单相	单相电力是指使用电压源自三相电源中一个相位的系统分配电力。这表明其属于仅使用两条电线供电的电源或负载。一些"接地"单相设备也采用了第三根电线,仅用于安全接地,但不以除安全接地以外的任何其他方式连接到电源或负载。
集肤效应	在交流系统中,随着交流频率的增加,导体的表面部分承载更多电流的趋势增加。
切缝	指隔离绝缘平行线。
卡扣	一个零件简单快速地与另一个零件连接或分离。
火花试验	生产过程中在某种类型导体上进行的高压试验,确保绝缘无缺陷。
稳定性	系统由于干扰而不再处于稳定状态后返回其原始状态的特性。
固定式	指设备预计不会从一个地方移到另一个地方的术语。

储存条件	通过温度等影响量范围确定的条件,或者可以储存产品(不工作)而不会造成损坏的任何特殊条件。
剥离	指从导体/电线拆除绝缘或护套材料。
网电源	来自电网的电力。
温度额定值	绝缘可保持其完整性的最高温度。
温升	由电气设备携带的电力负载引起的温度升高。
抗拉强度	物质在不撕裂或破裂的情况下可以承受的最大纵向力,也称为"极限抗拉强度"。
端子	端子是来自电气元器件、设备或网络的导体末端,为外部电路提供一个连接点。
温度保险丝	在温度超过预设极限的异常条件下,电动打开电路以终止电流的设备。
接触电流	人员触碰到产品的一个或多个可触及部件时,通过人员流到地面或外壳另一零件的电流。接触电流是接触点皮肤电阻,以及人体电容和电阻的函数。
三相	三相系指由三个导体组成的一条电路,其中每个导体(相位)的电流和电压相位差分别为 $120°$。
真均方根值	(1) 不论波形失真与否,交流电流或电压值的有效值。 (2) 具有与相应直流电流或电压相等功率传输能力的交流测量值。
总负载	产品的最大总负载,包括最大安全工作负载及正常使用中产生的静态力和动态力(如适用)。
夹住区	当人体或人体某一部位暴露于夹住、碾压、剪切、冲击、切割、缠绕、卷入、刺穿或擦伤危险时,产品或产品环境中的可接触位置。
未列名元器件	根据适用于元器件类型的要求单独研究,以及将产品仅作为完整产品的组成部分而进行研究的元器件。
可用性	确定有效性、效率、用户易学性和满意度的特性。
确认	通过检验和提供客观证据来确认满足具体预期用途或应用要求。

验证	通过检验和试验确认满足具体要求。
V 模型	描述软件从要求说明到维护的开发生命周期活动的框架。V 模型说明如何将测试活动融入软件开发生命周期各个阶段。
短路时的对地电压	指定点和参考点之间测得的电压。
预热时间	从产品开启到其输出符合所有性能规范的时间间隔。
电线	一股或一组多股导电材料,通常为铜或铝。
工作电压	当电气产品在正常条件下工作时,所考虑的绝缘或元器件所承受或可以承受的设计电压。
抗屈强度	拉伸某一材料所需的力。

首字母缩略词和缩略语列表

AAC	全铝导体
AC	交流
A/D	模拟数字转换
ADC	模拟数字转换器
AFI	电弧故障断路器
AHJ	拥有管辖权的机构
AKA	也称为
AIC	电弧开断电流
AM	调幅
ANSI	美国国家标准学会
AQL	可接受质量限
ASME	美国机械工程师学会
ASTM	美国材料与试验协会
ATE	自动试验设备
ATM	异步传输模式
AUI	附加单元接口
AWG	美国线规
BEAB	英国家用电器电工认证局
BMU	蓄电池管理单元
BW	带宽
CAD	计算机辅助设计

CAG	主席咨询小组
CAM	计算机辅助制造
CASE	合格评定系统评价
CAT	计算机辅助测试
CB	认证机构
CCA	欧洲电工标准化委员会认证协议
CCITT	国际电话电报咨询委员会
CCTV	闭路电视
CDF	结构数据表
CENELEC	欧洲电工标准化委员会(Commission Européenne de Normalisation Électrique)
CFM	每分钟立方英尺
CISPR	国际无线电干扰特别委员会(Comité International Spécial de Perturbations Radioélectriques)
COTS	商用现成品或技术
CRT	阴极射线显像管
CSA	加拿大标准协会
CW	连续波
dBm	以 1 mW 为基准的分贝值
dBmV	75 Ω 阻抗下以 1 mV 为基准的分贝值
D/A	数字模拟转换
DAC	数字模拟转换器
DBA	以某公司的名义从事商业活动
DC	直流
DFS	动态频率选择
DIN	德国标准化学会(Deutsches Institut fur Normung)
DMM	数字万用表
DoC	符合性声明
DSO	数字存储示波器
DUT	被测装置
DVM	数字电压表
ECITC	欧洲信息技术测试及认证委员会

ECN	工程变更通知
ECO	工程变更指令
ECR	工程变更请求
EEPCA	欧洲电气产品认证协会
EFTA	欧洲自由贸易联盟
EIA/J	电子工业协会(美国/日本)
ELF	极低频(低于 $3\,kHz$)
EMC	电磁兼容性
emf	电动势
EMF	电磁场
EMI	电磁干扰
EN	欧洲标准(Européenne Norme)
ENEC	欧洲标准电气认证(对证明符合欧洲标准的电气产品的标识)
ESD	静电放电
ETICS	欧洲测试、检验和认证体系
ETSI	欧洲电信标准协会
EU	欧盟
EUT	被测设备
FA	失效分析
FCC	联邦通信委员会
FFI	首次工厂检验
FIT	故障隔离测试或者测试时间失效
FM	调频
FUS	跟踪服务
GF	接地故障
GFCI	接地故障断路器
GMP	良好生产规范
GND	接地
GUI	图形用户界面
HALT	高加速寿命试验
HAR	欧洲协调电缆

HASS	高加速应力筛选
HAST	高加速应力试验
HBM	人体模型
HD	谐波失真
HF	高频（3～30 MHz）
hipot	高电位
HV	高压
I/O	输入/输出
IEC	国际电工委员会
IECEE	国际电工委员会电工设备及元件合格评定体系组织
IEE	电气工程师学会（英国）
IEEE	电气和电子工程师协会
IPI	初始产品检验
IR	红外线辐射
ISA	美国仪表协会
ISM	工业、科学和医疗设备
ISO	国际标准化组织
ITE	信息技术设备
ITU	国际电信联盟
JEDEC	电子器件工程联合委员会
JIS	日本工业标准
JSA	日本标准协会
LCC	关键零部件清单
LED	发光二极管
LF	低频（30～300 kHz）
LNA	低噪声放大器
LPC	有限产品认证
MDA	制造缺陷分析程序
MF	中频（300～3 MHz）
MOP	防护措施
MOU	谅解备忘录
MRA	互认协议

MTBF	平均故障间隔时间
MTTR	平均修复时间
mW/cm^2	功率密度的单位，$1\,mW/cm^2 = 10\,W/m^2$
N/C	常闭
N/O	常开
NCB	国家认证机构
NEC	《美国国家电气法规》(NFPA 70)
NEMA	美国电气制造商协会
NFPA	美国消防协会
NIST	美国国家标准技术研究所
NRTL	国家认可测试实验室
NTC	负温度系数
OCV	开路电压
OEM	原始设备制造商
OSHA	职业安全与健康管理局
OVP	过电压保护
p-p	峰到峰
PCB	印刷电路板
PCM	动力控制模块
PDN	配电网络
PE	专业工程师
PEBS	保护等电位联结系统
PF	功率因数
PLC	可编程逻辑控制器
POV	峰值工作电压
ppm	百万分之
psi	每平方英寸磅数(压力单位)
PTB	德国联邦物理技术研究院(Physikalisch-Technische Bundesanstalt)
PTC	正温度系数
PWB	印刷线路板
QA	质量保证

QC	质量控制
QMS	质量管理体系
RCA	美国无线电公司
REACH	《关于化学品注册、评估、许可和限制法案》
RH	相对湿度
RFI	射频干扰
RMS	均方根
RTD	电阻温度检测器
SFC	单一故障条件
SELV	安全特低电压
S/N	信噪比
SQC	统计质量控制
SWR	驻波比
TC	热电偶、温度系数或者技术委员会
TAG	技术咨询小组
THD	总谐波失真
TMB	技术管理委员会
TQM	全面质量管理
TÜV	德国技术监督协会(Technische Überwachungs Verein)
UHF	超高频(300 MHz～3 GHz)
UL	保险商实验室
UPS	不间断电源
USB	通用串行总线
UUT	被测单元
UV	紫外线
V/m	电场强度单位
VA	伏安
VAR	无功伏安
VDE	德国电气工程师协会(Verband Deutscher Electro-techniker)
VHF	甚高频(30～300 MHz)

VLF	甚低频($3 \sim 30\,\mathrm{kHz}$)
WG	工作组
XTALK	串扰
XMTR	变送器

作者简介

    斯泰利·洛兹宁(Steli Loznen)   1952 年出生于罗马尼亚,1974 年获得布加勒斯特理工大学电子系理科硕士学位。在罗马尼亚曾任职于 Tehnoton and Iassy University of Medicine 生理学系,与 Florin Topoliceanu 教授(博士)一起为生物工程活动奠定了基础。在以色列,曾担任特拉维夫大学生物医学工程系临床工程和医学伦理学讲师;曾担任 Stelco-Bioengineering 总经理,并在霍隆技术教育中心(Center for Technological Education Holon)担任电气和电子设备标准化的讲师;曾担任以色列远程信息处理标准机构首席工程师、以色列测试实验室有限公司质量保证和认证经理;曾担任特拉维夫 ETL 和 TUVRNA 检查中心的协调员。工作重点是国际法规及医疗和实验室电气设备的安全性。专业领域主要包括:

- 医疗器械、实验室和信息技术设备的国际标准化(ISO、IEC、UL、EN 和 ANSI)。
- 产品安全、国际监管程序和质量保证。
- 风险管理计划(危险识别、风险分析、风险评价和风险控制)。
- CE 标志(医疗器械指令、体外诊断医疗器械指令、低电压指令和电磁兼容性)。
- 美国食品药品监督管理局程序。
- ISO 9001(质量体系)、ISO 18001(环境)、ISO/IEC 17025(测试和校准)、ISO/IEC 17065(认证)、ISO 13485(医疗器械制造)和 ISO 14155 - 1(临床试验)。

洛兹宁是 IEC 小组委员会 62A/MT62354(医疗电气设备通用测试程序)和 SC62A/MT 29(机械危险)的召集人、IEC/TR 62354"医疗电气设备通用测试程序"的项目负责人及 IECEE-RMETFMED(医疗设备风险管理专家工作组)的成员。其获得以下认证:

- 国际电工委员会电工设备及元件合格评定体系组织——CB 体系主管和技术评估员。
- 国际审核员注册协会(IRCA)的 QMS 首席审核员。

洛兹宁是电气电子工程师学会产品安全工程协会(2005 年)的创始成员之一,自 2012 年以来一直是电气电子工程师学会产品安全工程协会理事会成员及美国实验室认可协会(A2LA)的成员。

Loznen 出版了 6 部图书、发表了 62 篇论文,并在会议上做了 90 多次演讲,涉及与产品合规性和安全性工程相关的各种主题。

康斯坦丁·博林蒂内亚努(Constantin Bolintineanu) 目前就职于 Tyco Safety Products Canada-江森自控国际(Johnson Controls)的 DSC 测试实验室(这是一家获得 17025 认证的信息技术设备测试实验室)。自 1977 年以来,一直在合规性法规领域工作,专门从事测试、设备评估和全球法规认证,以及产品要求和标准(电气安全)。

1995—1998 年期间,担任加拿大密西沙加市 Intertek 测试服务公司电气部门的技术经理,提供包括电磁兼容性、电气安全和电信领域各种设备的测试、评估和认证。1998 年,成为英国电信认证委员会(BABT)在数字安全控制范围内所有技术相关问题的直接批准联络工程师。

自 2001 年以来,他一直担任 DSC 测试实验室的主任。作为美国实验室认可协会(A2LA)认可的测试实验室的技术主任,负责开发和管理在实验室认可下进行的电气安全、电信和环境测试相关的所有测试和评估活动。

他具有根据欧洲、北美、南美、南非和澳大利亚/新西兰对信息技术设备的要求和标准进行电气安全测试和评估方面的丰富经验(超过 35 年的经验)。

1972 年,博林蒂内亚努获得罗马尼亚布加勒斯特理工大学电子工程学理科硕士学位,并于 1997 年毕业于多伦多莱尔森工业大学的 ASQ 认证课程,获得质量保证学位。自 1997 年以来,他已获得加拿大安大略省的专业工程师执照,且自 2004 年以来,已获得美国国家无线电与电信工程师协会(NARTE)电气安全工程师的认证。

1972—1994 年期间,他在 Florin Teodor Tanasescu 的指导下,在罗马尼亚布加勒斯特的电工技术工程研究中心担任研究员。

他是与医疗电气设备和电气安全相关的全球出版的多本技术图书和 40 余篇科学论文的作者,在医疗电气设备和电气安全相关领域拥有多项专利。这些专利在罗马尼亚、美国和日本得到认可。他与同事洛兹宁在由 G. R. Blackwell 编辑的《电子包装手册》(CRC 出版社,2000)中撰写"产品安全和第三方认证"一章。

扬·斯瓦特(Jan Swart) 具有南非开普半岛科技大学的电气工程硕士学位及美国加州海岸大学的工程管理博士学位,在国际上发表过多篇论文,并在南非进行了有关电子和控制系统的演讲。此外,还担任过大学执行理事会成员。他在南非、德国和美国担任过各种技术和研究职位,目前在美国担任顾问。斯瓦特博士将工程和科学原理应用于失效分析和消费品失效调查,并利用其失效分析经验为客户提供有关在新产品设计阶段减少安全风险的建议。斯瓦特博士专注于医疗器械、便携式消费品、电信行业备用电源系统、公用事业行业能量储存及汽车应用的电池系统方面的研究。

译者简介

何骏　上海市医疗器械检验研究院副院长,全国医用电器标准化技术委员会副主任委员,全国齿科设备与器械分技术委员会副主任委员,医疗器械分类技术委员会放射治疗和医用成像器械专业组副组长,IEC/SC62D JWG35、JWG36 工作组成员,德国 TUV 南德授权检测工程师。长期从事医用电气设备检测及标准化工作,负责起草了《医用电气设备　第 1 部分:基本安全和基本性能的通用要求》(GB 9706.1—2020)等十几部国家和行业标准。

尹勇　通标标准技术服务(上海)有限公司电子电气医疗实验室部门经理,兼元力曼(苏州)医疗产品可用性评估服务有限公司实验室主任,全国医用电器标准化技术委员会委员,医用电子仪器分技术委员会委员,中国医疗器械行业协会人因工程专委会副主任委员,IEEE/PSES/MDTC召集人,国际电工委员会 TC62/SC62A WG14、MT28、JWG4 和 ahG34四个工作组成员,IECEE 注册 CB 技术评审员,CTL/ETF-03 专家工作组成员。

对医用电气的安全和医疗可用性有较强的研究兴趣,积极参与国际标准技术讨论和国内标准的起草审定工作。目前主要研究方向除医疗电气安全领域外,还包括与相关科研机构进行有源植入产品的安全性能研究。